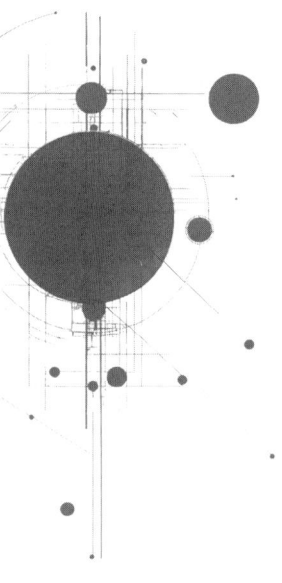

The Digital Media Ecosystem
Automation, Posthuman, and Activism

J&C 新闻与传播研究丛书

论数字媒体生态
自动化、后人类与行动主义

The Digital Media Ecosystem
Automation, Posthuman, and Activism

常江 ◎ 著

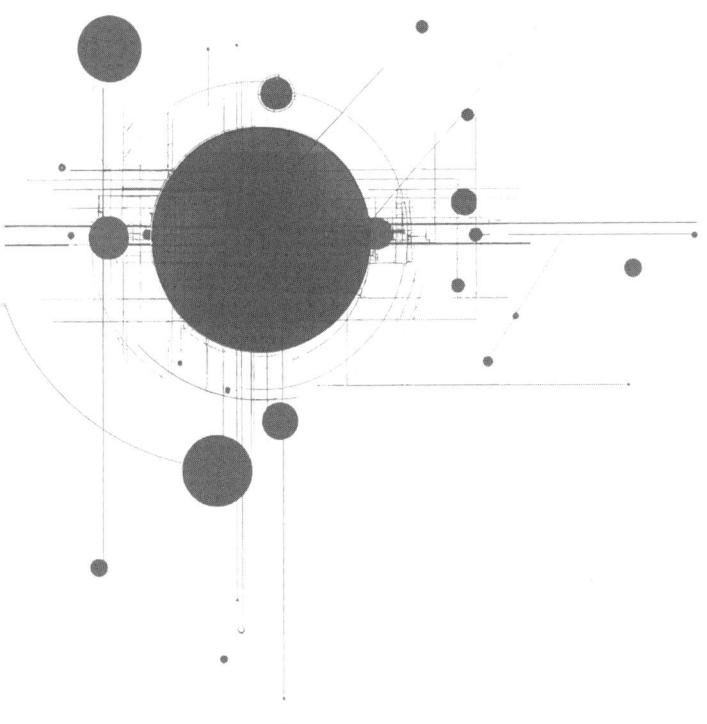

图书在版编目(CIP)数据

论数字媒体生态：自动化、后人类与行动主义 / 常江著. -- 北京：北京大学出版社，2025.8. -- (新闻与传播研究丛书). -- ISBN 978-7-301-36486-4

Ⅰ.TP37

中国国家版本馆 CIP 数据核字第 2025J3L298 号

书　　　名	论数字媒体生态：自动化、后人类与行动主义 LUN SHUZIMEITI SHENGTAI: ZIDONGHUA、HOURENLEI YU XINGDONGZHUYI
著作责任者	常　江　著
责 任 编 辑	赵云怡　董郑芳
标 准 书 号	ISBN 978-7-301-36486-4
出 版 发 行	北京大学出版社
地　　　址	北京市海淀区成府路 205 号　100871
网　　　址	http://www.pup.cn
新 浪 微 博	@北京大学出版社　　@未名社科-北大图书
微信公众号	北京大学出版社　　北大出版社社科图书
电 子 邮 箱	编辑部 ss@pup.cn　　总编室 zpup@pup.cn
电　　　话	邮购部 010-62752015　　发行部 010-62750672 编辑部 010-62765016
印 刷 者	大厂回族自治县彩虹印刷有限公司
经 销 者	新华书店
	650 毫米×980 毫米　16 开本　17.5 印张　255 千字 2025 年 8 月第 1 版　2025 年 8 月第 1 次印刷
定　　　价	79.00 元

未经许可，不得以任何方式复制或抄袭本书之部分或全部内容。
版权所有，侵权必究
举报电话：010-62752024　电子邮箱：fd@pup.cn
图书如有印装质量问题，请与出版部联系，电话：010-62756370

目 录

上编 概念基础与价值目标

第一章 进步的代价：数字媒体生态的内涵、特征与文化 / 3
  一、什么是数字媒体生态？ / 5
  二、开放生产机制 / 7
  三、网络化结构 / 10
  四、介入性文化 / 13
  五、进步的代价 / 17

第二章 机器逻辑：人工智能与数字媒体生态的演进规律 / 20
  一、理解人机关系的思想脉络 / 22
  二、自动化作为机器逻辑的核心法则 / 28
  三、媒介意识与"人"的重新定义 / 34

第三章 失控的风险：数字媒体生态的结构性悖论 / 41
  一、弥散网络与控制的专门化 / 44
  二、可计算性与区隔的精细化 / 47
  三、自动化与消极精神的常态化 / 51
  四、如何应对失控的风险？ / 54

第四章 自动化的困境：数字媒体生态与未来信息文明 / 57
- 一、"自动化"的数字媒体生态 / 60
- 二、"自动化"的媒介文化效应 / 64
- 三、以"介入性"制约"自动化"？ / 71
- 四、我们需要什么样的未来信息文明？ / 73

中编 技术拆解与文化反思

第五章 信息失序：数字媒体生态的价值失调与文化校准 / 77
- 一、原理：技术、市场和政治的交叠 / 78
- 二、信息安全危机、真实性危机与共识危机 / 86
- 三、反思：人工智能时代人的位置与价值 / 94

第六章 审美茧房：数字媒体生态下的大众品位与社会区隔 / 97
- 一、从媒介间性到审美延迟 / 101
- 二、"媒介间性"的消失和大众品位的反公共性 / 105
- 三、审美茧房的形成与破茧的可能 / 108

第七章 数据拜物教：量化自我背后的人类主体危机 / 112
- 一、量化自我的观念史 / 114
- 二、数据拜物教的形成与维系 / 118
- 三、离身性：后人类状况下的人类主体危机 / 124
- 四、"再丰裕"的知行路线 / 127

第八章 模拟想象：从后人类媒介到新文艺复兴 / 129
- 一、人工智能想象力的技术原理 / 131
- 二、数字媒体生态的感官转向 / 134

三、人类中心主义的衰落 / 138

四、呼唤人本主义的"新文艺复兴" / 142

下编　实践观察与行动想象

第九章　人工智能时代的新闻行动：人机比较与未来生态 / 149

一、人工智能是什么样的新闻行动者？ / 151

二、人类新闻实践的独异性 / 156

三、人机共生的未来新闻生态 / 166

第十章　作为知识文化的数字出版：一种生态主义阐释 / 168

一、什么是数字出版？ / 169

二、数字出版的架构 / 176

三、数字出版的生态 / 179

四、数字出版的普惠性 / 184

五、小科学的复兴 / 187

第十一章　媒介尚古主义：后人类状况下的人类文化行动 / 192

一、什么是媒介尚古主义？ / 195

二、人工智能与媒介文化的后人类状况 / 198

三、媒介尚古主义行动的基本特征 / 201

四、媒介尚古主义的潜力和困境 / 210

第十二章　数字极简主义：重建有机生活的媒介抵抗行动 / 211

一、少即是多：数字极简主义的内涵 / 213

二、身份仪式：数字极简主义的全球实践 / 216

三、文化挪用：作为商品的数字极简主义 / 221

四、何以燎原：数字极简主义的潜能与局限 / 225

第十三章　被遗忘权：数字痕迹与自足人类历史主体的复归　/228
　　一、数字痕迹及其数据化　/230
　　二、人工智能重写人与文化的关系　/234
　　三、对被遗忘权的媒介文化解读　/238
　　四、"被遗忘"的认识论价值　/242

参 考 文 献　/245

后　　记　/273

上 编

概念基础与价值目标

第一章　进步的代价：数字媒体生态的内涵、特征与文化

我们正处在一个由技术逻辑引导和支配的媒体生态之中。在物质层面，网络通信与数字媒体的设备和协议正在成为日常生活的新基础设施，为行动的展开设定框架，为意义的流通创立规则，为生活方式的培育提供土壤，成为社会运转须臾不可离开的基本要素。① 在文化层面，内嵌于上述数字基础设施的一系列价值观念，包括信息生产机制的透明和行动者群体的异质与开放，以及日益指向公共生活重建目标的新伦理等，则在人类日常的信息经验中不断占据主导地位，推动媒体生态向普泛性、参与性和去地方化的方向演进。② 对于普通人来说，上述媒体生态的形成具有多重意味：一方面，个体拥有了更多的选择，并得以在日新月异的技术工具的辅助下施展其文化能动性，逐渐摆脱被动的"受众"身份并投身于对自己所处信息环境的塑造中，媒体生态因此呈现出前所未有的勃勃生机③；另一方面，数字化进程背后的

---

① 参见 Jean-Christophe Plantin, and Aswin Punathambekar, "Digital Media Infrastructures: Pipes, Platforms, and Politics," *Media, Culture & Society*, 41(2), 2019, pp. 163-174。
② 参见陈昌凤、雅畅帕：《颠覆与重构：数字时代的新闻伦理》，《新闻记者》2021年第8期，第39—47页。
③ 参见常江、朱思垒：《从主动受众到情感公众：介入性新闻的技术缘起与文化阐释》，《新闻界》2023年第8期，第4—13页。

论数字媒体生态：自动化、后人类与行动主义

科技资本主义和民粹主义意识形态也在不断侵蚀着传统的媒体权威，为极端话语和修辞暴力提供土壤，导致全球舆论场加速极化，这给所有深陷其中的人带来了一系列精神、价值、道德乃至存在的危机①。更充分的"自由"并未带来更深刻的"解放"，这实在是包孕于人类社会数字化进程中的一个难解的悖论。

对于上述悖论形成的原因，不同的理论传统或有不同的解释。从较为中层的社会建构论来看，数字媒体生态（digital media ecosystem/ecology）必然会在不同方面呈现出自相矛盾的结构，这是因为社会的发展并不是单向的和直线的，不同的传统、制度、惯例和习俗会在技术框架的剧烈变动中发生持续的冲突和妥协，动态地塑造我们所处的媒介环境，而真正意义上的"成果"则要在更长的时间中方能实现结晶化。② 而在批判理论或政治经济学的观点中，我们所经历的一切不过是资本决定文化走向和意识形态的古老故事的新版本，只要技术创新的动力源仍被掌握在跨国高科技公司的手中，所谓的"解放"就永远只能是海市蜃楼。③ 自然，也有单纯从个体角度展开的反思：若以人类行为的情感逻辑为起点，我们很容易得出总体性生态是由个体情感驱动的无数亚生态所汇聚而成的归纳性观点。④ 这些批评均在其适用范围内有很好的解释力，但在它们的话语体系中，有一项基础工作始终是不充分的，那就是对数字媒体生态核心特征的准确描述。这项工作之所以重要，不仅因为它应当成为各种解释得以形成的前提，更因为它是一个客观发生的、有其必然性的历史过程。对于这一过程的客观性

---

① 参见王晓培：《从技术赋权到平台逻辑：社交媒体舆论极化形成与治理》，《中国出版》2023 年第 14 期，第 11—17 页。
② 参见 Nick Couldry, *Media, Society, World: Social Theory and Digital Media Practice*, Polity Press, 2012。
③ 参见 Christian Fuchs, *Digital Capitalism: Media, Communication and Society*, Routledge, 2022。
④ 参见田浩：《原子化认知及反思性社群：数字新闻接受的情感网络》，《新闻与写作》2022 年第 3 期，第 35—44 页。

和必然性的尊重,应当成为我们选择既有解释框架或创设新解释框架的原点。框架先行往往会导致倒果为因,无益于真正有价值的理论的形成。

本书即尝试回归上述原点,以一种客观的视角对这个被我们宽泛地称为"数字媒体生态"的概念的经验性特征做出描述,并尝试据此自下而上地做出解释。在这一章中,我期望回答两个最基本但时常被流行的批评话语含糊处理的问题:第一,数字媒体生态到底是一种什么样的结构或环境?第二,我们应当基于一种什么样的逻辑对它的文化做出解释和反思?

一、什么是数字媒体生态?

数字媒体生态这一表述显然来源于传播与媒介研究的生态主义传统,这一传统与芝加哥学派的城市研究、媒介环境学以及近年来渐趋成熟的新闻生态理论有密切的关系。[①] 简言之,**数字媒体生态就是主要由数字化的媒介技术、文化和价值要素构成的信息与传播环境,这一环境主要通过身处其中的信息和行动者之间的动态平衡维系着自身的相对稳定性。**既然是"生态",就必然存在"健康"或"恶化"的问题,而且也毋庸置疑地与总体性历史进程产生有机的关联。因此,我们既可以将数字媒体生态视为一种社会存在,也可以将其看作一种认知方式或思考范式,它决定了我们在数字时代的媒介观(及其折射的历史观)应当是流动性的、关系性的以及反思性的。

数字媒体生态的形成无疑是技术发展的直接产物。数字技术从诞生初期就因循几个基本的"偏向"演进,这些"偏向"在不断定型的过程中凝结为数字媒体的一系列技术可供性,包括可复制性(replica-

---

[①] 参见常江、何仁亿:《新闻生态理论:缘起、演变与前景》,《江西师范大学学报(哲学社会科学版)》2022年第2期,第101—110页。

论数字媒体生态：自动化、后人类与行动主义

bility)、可固续性(persistence)、可编辑性(editability)、可关联性(association)等等。正是基于这些可供性及其相互之间的复杂互动关系，一种关于媒介信息和文化的新认识论得以形成。[①] 在空间形式上，数字化的媒体生态比其传统版本更为扁平，其构成部件和运作机制也较传统媒介系统更为"可见"，这使得大众参与生产和泛向的交流互动成为可能，其结构似乎更符合流行的文化民主理想。而在演化规律上，数字媒体生态更多地受到各种类型的关系的支配，包括行动者与其所处环境之间的关系，以及人类和非人类行动者彼此间的关系，而由于关系一定是在特定语境下产生的，它有着一种内生的物质性和历史性，因此这种新生态也显得极富流动感和挥发性，很难从单纯的行为或结构要素出发加以把握。

但这并不意味着我们不能从经验出发对数字媒体生态在一个特定的时间周期内所呈现出的总体结构特征做出准确的描摹。这是因为，内部与外部条件的快速变化和流动固然会让数字媒体生态显得极为多变，但信息传播终究是一个社会实践范畴，它的程式、规则、理念和价值会随着实践成果的汇聚而不断结晶化[②]，并获得一种"准"超时空性。换言之，任何一种实验性的创新实践，一旦经实践者的反复验证而被集体性地"确立"为适宜和有效，就会获得一种相对稳定的合法性，并作为典范被后续的创新实践效仿。例如，在十年前，将大数据和可视化工具用于新闻叙事还被视为一种冒险的尝试，但今天，可视化的数据新闻业已成为较为成熟、充分合法的新闻样态。所以，从实践的角度出发，我们可以更好地捕捉变幻莫测的数字媒体生态在演变过程中的"关键瞬间"，通过对凝结在业已主流化的创新实践之中的成熟理念和价值体系的归纳，剖析数字媒体生态的核心特征。

---

① 参见黄雅兰、罗雅琴：《可供性与认识论：数字新闻学的研究路径创新》，《新闻界》2021年第10期，第13—20+32页。

② 参见姜红、印心悦：《作为"实践"的新闻——一个后科学知识社会学的视角》，《国际新闻界》2021年第8期，第41—53页。

尽管数字媒体生态的高度流动性决定了传统的"5W"描述框架已不再适用,但为了使我们的分析更为清晰,本章还是采纳一种"生产—流通—接受"的准线性的思路来组织观点。从媒介研究理论的发展和经验材料出发,我们可将数字媒体生态的核心特征归纳为如下三个方面:开放生产机制、网络化结构、介入性文化。

二、开放生产机制

开放性(openness)既是数字媒体生态在生产维度的基本创新方向,也是一套正在逐渐完成主流化转型的规范体系。全球媒体的开放生产是开源软件与数据、协同性内容创制平台、大众化数据分析和可视化工具、生成式人工智能等前沿技术在过去二十年间不断普及的直接结果。各类操作简单、成本低廉、接口广泛的开放性平台与项目吸引普通受众参与媒介生产,不断消解传统新闻与传媒行业的专业权威,并极大地拓展了整个媒体生态的文化和政治光谱。具体而言,数字媒体生态下的开放生产实践体现在生产工具、生产资料和生产者三个方面。

生产工具的开放,指的是各类协作式生产平台(cooperative production platforms)和大众化内容创制应用(popular content generating apps)在媒介生产中的广泛应用。这不仅为大量非专业行动者参与媒介生产创造了可能,也使得媒介内容与产品的制作超越了时空的限制,形成了一种灵活的液态机制。在一些情况下,某些极受欢迎的工具甚至可以直接催生、培育新的信息样态。比如,以剪映为代表的大众视频剪辑软件的流行,就是社交短视频近年来从无到有、迅猛发展的一个重要原因,这些工具通常可以跟抖音等主流短视频平台无缝衔接。此外,研究显示,可视化数据新闻的成熟也与MySQL、D3.js、

论数字媒体生态：自动化、后人类与行动主义

Datawrapper等数据处理工具的大众化普及相关。① 在更深的层次上，媒介叙事也正因智能化生产工具的开放而呈现出从"文本中心"到"界面中心"的转型，不断生成新的语态和语法。②

生产资料的开放，通常是指来自非传统信息源的资料——比如开源数据、媒体用户在互联网空间留下的海量"数字痕迹"，以及围绕特定生产目标而专门收集的公共信息等——被充分而"合法"地纳入媒介生产体系。这些新型生产资料尽管在权威性和结构化等方面仍面临严肃的质疑，但事实上它们已成为完成特定媒介生产项目不可或缺的要素，对其在理论上予以合法性追认只是时间问题。比如，知名开源网站贝灵猫（Bellingcat）致力于推动关于叙利亚内战和美国情报泄露等事件的媒体调查项目，以及莫奇拉（Mozilla）和奈特（Knight）两个基金会发起的多样性新闻创新社区OpenNews，就在一些高难度阐释性和调查性报道的生产中发挥了积极作用。当然，关于非传统信息源，目前仍存在一些难以解决的法律和伦理问题，涉及知识产权、隐私和数据道德等多个领域③，但媒介环境在生产资料层面的"开放性承诺"被视为理所当然，是目前一个不可逆转的趋势。

至于生产者的开放，则描述的是大量曾经处于"边缘"或"局外"的非专业行动者，以及以自动化技术及其附带的传播制度为代表的非人类行动者涌入媒介生产领域的现状——数字媒体生态因此成为一个建基于异质行动者及其相互关系的动态网络。④ 在很大程度上，"众包"（crowdsourcing）成为生产者开放的基本方式，"人机关系"则是

---

① 参见 Adegboyega Ojo, and Bahareh Heravi, "Patterns in Award Winning Data Storytelling: Story Types, Enabling Tools and Competences," *Digital Journalism*, 6(6), 2017, pp. 693-718。
② 参见何天平：《从文本构造到界面连接：生成式人工智能对数字新闻叙事的重塑》，《新闻界》2023年第6期，第13—21+61页。
③ 参见 David J. Hand, "Aspects of Data Ethics in a Changing World: Where Are We Now?," *Big Data*, 6(3), 2018, pp. 176-190。
④ 参见黄文森、廖圣清：《同质的连接、异质的流动：社交网络新闻生产与扩散机制》，《新闻与传播研究》2021年第2期，第18—36+126页。

有待厘定和规范的最新状况。① 这种机制不仅被用于从事专门的集体性生产项目(如澎湃新闻在汶川地震十周年报道中推出的"我的汶川记忆"H5 产品),而且也被用于常态化地吸引和激励普通用户参与媒介生产(如梨视频在全球范围内推出的拍客招募活动)。

开放生产机制的形成以及这种机制的持续建制化对于数字媒体生态的形成具有奠基性作用。一方面,根植于传统媒介环境的行动准则(如新闻的客观性法则)和道德原则(如大众传媒的社会公器属性)面临挑战或逐渐失去约束力,媒介系统亟须与社会和历史之间建立新形式的连接。这种连接被期望同时满足普通人的生活需求和信息传播的公共性价值主张,这促使各种类型的媒介专业主义逐渐从权威性的精英认同转化为更具调和性与沟通性色彩的文化认同,媒体生态与日常生活之间因此形成了更加紧密的联系,同时也呼唤着新的媒介阐释与评判标准的诞生。另一方面,开放生产也导致了信息认知资源的严重冗余,信息过载与信息疲乏成为生活的常态。在少数出于特定目标积极参与媒介生产的行动者之外,大量被信息轰炸和舆论计划搞得疲惫不堪的普通用户,开始在越来越多的情况下避免新闻接触②、展开"数字戒断"运动(参见第十二章),甚至倡导"逆历史潮流而动"的"尚古主义"或"虚无主义"(参见第十一章),这使得对技术话语的批判性反思和在媒体生态建设中重振人文主义理想显得极为紧迫。

因此,作为数字媒体生态的核心特征之一,开放生产机制主要发挥着对一般性媒介与信息生产系统的祛魅效用。伴随开放性而来的,既有旨在(最终)拆除机构与专业话语黑箱的可见性(visibility)与透明性(transparency)的文化民主革命,也有以知识权威坍塌、评判标准失

---

① 参见 Seth C. Lewis, Andrea L. Guzman, and Thomas R. Schmidt, "Automation, Journalism, and Human-Machine Communication: Rethinking Roles and Relationships of Humans and Machines in News," *Digital Journalism*, 7(4), 2019, pp. 409—427。

② 参见仇筠茜:《再造信任:数字新闻生态下新闻回避的路径与应对策略》,《新闻与写作》2023年第7期,第16—25页。

效、信息价值琐碎化为表征的后现代状况。当媒介生产的首要目标不是生成可流通并有公共记录功能的最终产品,而是被狂飙突进的技术话语所"神化"的大众参与或情感动员过程本身,我们便很难说这样的媒体生态是"人本"的或是负责任的。因此,从经验的角度看,"开放性"应当是一种路径——或者说,是数字媒体行动者的一种自觉选择——而非一个可观察和评判的结果。开放的后果是好还是坏,不取决于开放与否本身,而取决于是否存在与其相匹配的创新机构形式和大众媒介素养水平。总而言之,我们从开放生产的核心特征中看到的是数字媒体生态游弋于拥抱个体经验与追求公共性理想之间的"矛盾动力学"(the dynamics of contradiction),对于这一客观状况的清醒认识应当是我们展开理论阐释和干预工作的前提。

三、网络化结构

如果我们将媒体生态视为一种流通体系(a system of circulation),那么它无疑是一种具有鲜明的网络化特征的结构。① 这一结构建立在相互契合的两类基础技术架构之上:第一,具有高度可复制性和高保真性的比特化信息持存形式,这确保了信息的流动在最大程度上免于各类技术和文化噪源的影响;第二,全球性的数字通信与社交网络对人群的无差别连接和对各色趣缘社群的培育,使信息的交换与共享活动成为社会关系得以形成的新创衍模式。正是基于这样一种结构,以比特为基础单元的信息从诞生那一刻起就处在连绵不断的社交扩散状态之中。扩散中的信息与处在统一的网络化结构中的行动者之间构成了一种动态交互关系,他们在形式上表现为平等的网络节点,而

---

① 参见常江、何仁亿:《物质·情感·网络:数字新闻业的流程再造》,《中国编辑》2022年第4期,第29—35页。

传播活动的意义和价值则在他们的交互性流动之中不断生成和修正。① 这种动态交互关系就如同数字媒体生态的能量源,一方面为各种具体传播议程的演化提供资源和动力,另一方面也确保新的认知方式和身份认同得以源源不断地生成以持续推进整个生态的自我更新。

尽管从互联网诞生之日起,我们的社会关系即已注定要走上网络化的不归路;但实际上,基于 Web 2.0 技术架构的社交媒体的崛起及其在全球范围内的平台化进程,才是使一种网络化的媒体生态成为人类信息文明基础结构的支配性力量。因此,尽管在理论上我们对于"网络"或有多样的解释,但在现时的经验层面,"网络化"约等于"平台化"。无论是综合性的社交媒体平台(如已更名为 X 的推特和中国的公共社交平台微博),还是专门化的知识共享网站(如维基百科)或传统媒体与新兴媒体创设的新闻客户端,莫不致力于通过拓展协议和开放接口的方式来推动信息的自由流通和关系的顺畅缔结,并在最大程度上维系两者的商品属性。所以说,平台作为数字媒体环境的基础构成要素,确保了信息和关系的"泛在"——它们既无所不在,也以各种方式、在所有的方向上持续存在。这种以关系为基础单元的意义生成机制正在对现实世界产生直接的影响。2013 年一项关于美国国会议员的推特使用行为的研究显示,利用大众社交平台与意向选民建立层次细腻的对话关系正在成为政治修辞的主流形式,而基于社交媒体的影响力的数据表现则已成为所有政客在数字时代的重要象征资本。② 在传统媒体时代,这种对于悬殊信息等级的逾越是不可想象的,而新的网络化结构使不可能成为可能。

在马特·卡尔森(Matt Carlson)看来,流通既是"物质的",包括媒

---

① 参见黄文森:《可供性、扩散、秩序:数字新闻流通的网络》,《新闻与写作》2022 年第 3 期,第 24—34 页。
② 参见 Heather L. LaMarre, and Yoshikazu Suzuki-Lambrecht, "Tweeting Democracy? Examining Twitter as an Online Public Relations Strategy for Congressional Campaigns'," *Public Relations Review*, 39(4), 2013, pp. 360-368。

论数字媒体生态：自动化、后人类与行动主义

介信息扩散和交换的技术；也是"话语的"，即共享特定意义和阐释的文化机制。两者不可分割。① 换言之，"网络"既是一种可被观察和评述的、客观存在的流通结构，也是一种凝结在上述结构之中并为所有行动者所下意识遵循的世界观。数字媒体生态的网络化结构所产生的最主要的文化影响，就是预设了一种平等主义的信息认识论。在前数字时代，媒体生态是静止且层级化的，这使得来自资本逻辑和专业意识形态的控制力量拥有巨大的运作空间，信息的流通也因此而存在严重的衰减问题，不同机构、群体和个人则依其在此流通体系中所处的相对位置共同构成了一个与社会等级体系相平行的文化等级体系。但在数字媒体的网络化结构中，所有"节点"至少在理论上是平等的，传播资源的交换如今存在于所有相互连接的节点之间，而非像过去那样只能在相邻的层级间单向地发生，这就使得一种更符合福柯（Foucault）模型的、同时也更少压迫性的微观权力实践体系得以确立。当然，资源分配的不平等与源自历史优势和传统观念的"单数"权力结构仍然存在——我们很难说《纽约时报》（The New York Times）这样的老牌媒体机构跟个人自媒体之间有真正的平等——但至少这种权力的张力比过去更加可见，它所附带的主要由各种类型的专业主义话语所构建的"灵韵"（aura）也较过去远为暗淡。若无这种网络化结构对传统媒体权威的侵蚀，我们很难想象两次当选美国总统的唐纳德·特朗普（Donald Trump）可以如此肆无忌惮地对主流媒体做出"假新闻"攻击，以及"后真相"话语在全球范围内的深入人心。在有的研究者看来，这种新的生态是"有序与无序的混杂、专业与业余的并存，是公共生活与私人生活的互动，也是媒介景观与社会景观的共融"②。

当然，与开放生产相比，网络化往往意味着更小的能动性空间和

---

① 参见〔美〕马特·卡尔森、李思雪：《数字新闻流通与数字新闻认识论》，《新闻界》2021年第10期，第4—12+32页。

② 彭兰：《数字时代新闻生态的"破壁"与重构》，《现代出版》2021年第3期，第17页。

更多的结构性约束。最初作为一种处于"平等主义"安排之下的数字流通网络,随着时间的推移和传统社会力量对其文化特质的"挪用"(appropriation),完全有可能培育出新的权力关系和等级制度。这种权力关系和等级制度因网络所宣称的"公开透明"与"平等节点"很容易被行动者忽略。一项针对微信的研究表明,该平台所创造的无远弗届的信息交换和人际连接表面上破坏了传统的社会等级,实际上却将原本局限于公共场所的权力结构再生产行为延伸到私人领域,制造了一种"永久的可观察性"(permanent observability)[①]——福柯式"全景敞视监狱"。此外,这种似乎是"永动"的网络化结构也对媒介生产环节产生了影响——如今"流通"似乎成了生产的目的而不是手段。换言之,在数字媒体生态日益精细化的网络结构中,一切信息内容与产品都是为了"被流通"而"被生产"出来的,"可流通性"由是反讽地凝结成一项重要的生产标准。毕竟,当流通的动力不再源于不同信息权威层级间在历史中形成的传播势能差,而来自分布于无数网络节点间杂乱无序的交互活动时,那么任何信息产品都必须确保自己具备在一定范围内可被交流和共享的品质,方可获得被生产的资格。流通的法则对生产的法则的僭越,是数字媒体生态对整个社会文化和信息文明产生的最关键的影响之一——它重新界定了文化和文明的被生成和传承的方式。

四、介入性文化

如果我们从接受(reception)的角度来观察数字媒体生态,不难发现它的另外一个核心特征:建立在海量用户/行动者的参与实践基础

[①] Xiaoli Tian, "An Interactional Space of Permanent Observability: WeChat and Reinforcing the Power Hierarchy in Chinese Workplaces," *Sociological Forum*, 36(1), 2020, pp. 51-69.

论数字媒体生态：自动化、后人类与行动主义

上的介入性文化。有研究者以"激进的受众转向"(a radical audience turn)来描述这种文化得以形成的最初动力[①]——当受众不再是单纯的接受者，而拥有了开放生产机制与网络化结构所赋予的传播主体地位，他们也必然会成为一种新形式的动力(force)，从自身作为非专业、非机构行动者的精神需求和身份认同出发，参与对媒体生态的塑造。这样一来，一种普通人通过技术使用和话语创衍实践介入(engage)媒介议程，并借此推动媒介议程更深度地介入社会议程乃至社会进步事业的行动主义(activism)，就从无到有、从小到大地发展起来。

媒体用户对媒介议程的介入，首先源于其作为个体的情感需求，以及这种需求在社会化过程中转型而成的文化主动性。[②] 在各类带有公共性价值指涉的数字媒体实践中，情感驱动力逐渐获得了观念上的合法性。一方面，大量持有进步性目标的数字集体行动(如"冰桶挑战"和"Me Too"运动等)在全球范围内的成功，印证了情感化的连接和动员尽管有悖传统媒介专业主义的疏离主张，却完全有可能塑造出同等有效的公共信息传播结构并实质地推动社会进程的发展，这打破了"公共性只能源于专业理性"的迷思[③]，强化了情感作为建设性动力机制的合理性；另一方面，用户的介入性实践将普通人的生活经验和情感结构引入媒介议程，也极大地拓展了原本为专业把关体系所垄断的媒介再现、叙事和意识形态光谱的范围，显著提升了媒介议程对社会总体进程的代表性(representativeness)，这不啻赋予了传媒行业乃至整个媒体生态第二次生命。因此，帕帕克瑞斯(Papacharissi)认为，"情感公众"(affective publics)完全可以是理性和建设性的，他们在日渐成熟

---

① 参见 Joëlle Swart, et al., "Advancing a Radical Audience Turn in Journalism. Fundamental Dilemmas for Journalism Studies," *Digital Journalism*, 10(1), 2022, pp. 8—22。

② 参见田浩:《文本疗愈：数字新闻业的情感化叙事及其介入性效应》，《新闻与写作》2023年第7期，第26—34页。

③ 参见 Nico Carpentier, "Identity, Contingency and Rigidity: The (Counter-)Hegemonic Constructions of the Identity of the Media Professional," *Journalism*, 6(2), 2005, pp. 199—219。

的数字媒体实践中不断形成并完善自觉的社会介入意识,探索建立具有普遍约束力的行为准则,并有可能成为连接媒体与公共文化的重要纽带。①

在经验层面,数字媒体生态的介入性文化是在大量全球性或本地性的参与性媒介实践中被不断培育出来的,代表性的创新实践形式包括建设性新闻②和数字集体记忆项目③,以及标签运动④,等等。这些媒介实践在理念上普遍具有三个共同特征:第一,发展的假设和建设性主张,即认为媒介实践理应与社会进程保持更密切的关系,并致力于对结构性社会问题的解决;第二,倡导社区感和地方文化价值,追求通过协同性媒介生产与解释实践重建有机而有益的社区情感结构;第三,增强媒介经验与日常生活之间的联系,打破现有的新闻和公共传播惯例,以更广泛的人类经验和精神体验改造媒介系统既有的文化议程。而媒体生态的外在样态——包括信息产品的呈现形式,以及人际、人机交流关系中体现出的话语组织形式等——也因多元异质行动者的介入性实践而获得一种感观化或审美性的维度。例如,个人情感和个体经验的驱动促使用户的媒介参与更加追求"可体验性",这就逐渐培育了信息生产可视化、沉浸化和游戏化的新实践逻辑⑤;一项针对原生数字新闻样态的研究则提出了"新闻感官"的概念,并指出数字媒体生态通过创造更丰富的线索和更细腻的感官体验的方式来吸引用

---

① 参见 Zizi Papacharissi, *Affective Publics: Sentiment, Technology, and Politics*, Oxford University Press, 2015。
② 参见常江、田浩:《从数字性到介入性:建设性新闻的媒介逻辑分析》,《中国编辑》2020 年第 10 期,第 23—28 页。
③ 参见 Thomas Birkner, and André Donk, "Collective Memory and Social Media: Fostering a New Historical Consciousness in the Digital Age?," *Memory Studies*, 13(4), 2020, pp. 367-383。
④ 参见 Dhiraj Murthy, "From Hashtag Activism to Inclusion and Diversity in a Discipline," *Communication, Culture & Critique*, 13(2), 2020, pp. 259-264。
⑤ 参见何天平:《可视化、沉浸化与游戏化:数字新闻美学的实践逻辑》,《江西师范大学学报(哲学社会科学版)》2023 年第 1 期,第 83—91 页。

户投入更多的认知资源。① 简言之,这种介入性的文化不仅改变了媒体生态的作用机制,而且也为其赋予了新的"风貌"。表面上看,数字时代的媒体生态如同一个众声喧哗、声色犬马的"大杂烩"(hodgepodge),这在传统专业人士眼中自然是品质和道德的双重沦陷;但实际上,数字媒体生态只是变得与我们所处的真实社会更加相似和同构而已——它不再是社会现实经多重过滤后形成的"表征",而成为社会现实的一个更粗粝、更接近真实的复制镜像。

当然,我们也要看到一个很容易被决定论者所忽略的事实——无论是"参与"还是"介入",这其实是少数人而非多数人的选择;至于那些选择了参与和介入的精力旺盛的行动者,其在公共性精神和媒介素养方面的表现也有可能判若霄壤。传统的媒体生态在大众日常生活中扮演的角色是如此的局促,以至于少数新行动者的加入就可以带来翻天覆地的变化。但随着时间的推移,我们将愈发察觉既有媒介伦理体系发展的滞后和"数字的"专业意识形态的缺位可能导致严重的文化后果。事实上,一些难以化解的矛盾局面已经出现:至 2023 年 6 月,全世界移动互联网用户已达 64.7 亿人,且这些人日均花在各种互联网应用上的时间高达 4.8 小时②;但与此同时,新闻媒体的权威性与公共信任却几乎在所有国家和地区都呈现下降趋势,且这一趋势有愈演愈烈的迹象③。这实在是一种"连接的悖论":当人们拥有更多的渠道和方法来对包裹自己的媒介环境进行改造时,他们却在总体上对改造后的新环境更为冷漠和疏离。这提醒我们,或许在从社会建构或政

---

① 参见王晓培:《声色的厚度:数字新闻的感官化实践趋势探析》,《新闻界》2023 年第 7 期,第 13—22 页。

② 参见 Laura Ceci, "Mobile Internet Usage Worldwide: Statistics & Facts," Statista, May 16, 2024, https://www.statista.com/topics/779/mobile-internet/#topicOverview, 2024 年 10 月 3 日访问。

③ 参见"Digital News Report 2023," Reuters Institute, June 21, 2023, https://reutersinstitute.politics.ox.ac.uk/digital-news-report/2023, 2024 年 10 月 1 日访问。

治经济的角度对不甚令人满意的媒介文化现状进行剖析的同时,还应在更大程度上回归对人本身的关怀:人的社会存在所需要的基本资料究竟有哪些,以及到底应当如何界定人的"健康"和"福祉"。

五、进步的代价

数字媒体生态因其开放生产机制、网络化结构和介入性文化的核心特征而逐渐形成一种进步主义(progressivism)的意识形态。在这种意识形态的支配下,数字媒体行业及相关的行动者群体普遍对技术创新持欢迎态度,认为意义和价值必然会在单向演进的变动中生成,并致力于建立一种去中心化的信息文明。从社会建构论或政治经济学的维度看,数字媒体生态体现出的进步主义无疑有其结构性的原因;但本章对其做出的解释,则期望更深刻地观照人本的立场。从这一立场出发,有两个问题是无法回避的:第一,这种进步主义的媒介生态环境,是否为真正意义上的人的生存和发展所需要?第二,人在这种生态下获取的经验、创造的意义和共享的准则,是否具有历史和道义上的充分正当性?笔者认为,对这两个问题的反复重顾是我们创立真正有解释力、有建设性的媒介研究理论框架的基础。当然,它需要我们超越很多思维局限——包括由个人倾向和制度环境导致的局限,并在更大程度上将人视为有着共同命运的价值共同体。

限于能力和本书篇幅,笔者无法对上面两个问题做出系统性的回答。但仅就当下的经验观察和理论推演来看,至少"进步的"数字媒体生态自始至终伴生着两个巨大的文化代价。

其一,公共性的内涵被"开放""网络"和"介入"的话语劫持乃至篡改。作为信息传播和文化传承的"管道",媒介系统必须具备基本的公共属性,这是一种不容置喙的前置价值,也是新闻传播学科得以存

论数字媒体生态：自动化、后人类与行动主义

在的根基。从历史经验看，任何形式的公共性都要建立在某种形式的知识权威体系的基础上。这是因为，"公共"（the public）这个概念本身，就意味着对个人需求的某种超越和对个人利益的某种让渡。公共性并不必然等同于集体主义，但它一定在某些甚至诸多方面限定个人意志。而在数字时代的进步主义狂热中，我们看到越来越多的论调将民粹式的集体狂欢与对一切权威和标准的嘲讽视为公共性的胜利，这实在是一种令人遗憾的谬误。因此，一种更符合媒介公共性本意的生态环境的确立，既需要平等的传播结构和广泛的大众参与，也需要更多自觉且有节制的专业主义行动者的引领。在这个意义上，传统媒体机构和具有未来眼光的传统媒体从业者的创新实践，需要我们给予更多的价值观照和理论支持。

其二，在一些人被动员起来的同时，另一些人却被排斥和边缘化。表面上看，数字媒体生态在更大范围的个体和群体间建立了连接并为其提供了协同创造的可能；但实际上，维系交流行为的文明和体面的一系列机制也在这一过程中被渐渐破坏。人们比过去更清晰、直接地看到了与自己相异、相对甚至水火不容的观点，并同时拥有了反馈和反击的便捷工具。随着无差别连接用户的全球性平台的发展，整个数字媒体生态反而加速"部落化"。人与人、群体与群体之间的区隔随着交流的普及不断加深，趣缘社群之间围绕日常审美标准乃至更为琐碎的议题发生接连不断的冲突，这进一步推动那些原本就对网络舆论的民粹主义倾向持怀疑态度的用户采取回避乃至戒断的方式来寻觅精神上的安宁。一种在日常生活中制造更多暴力、分化和排斥的媒体生态，显然背离了其最初的文化民主承诺，成为社会不安（social unrest）的来源甚至社会控制的工具。所以，对身处数字媒体生态之中的人的精神状况和道德期许的紧密观测是至关重要的，它确保我们在对媒介环境的解释和反思中，能够自始至终地立足于最终极的利益相关

者——每一个普通人的存在需求与价值。

在人类社会进行剧烈的数字化转型的十字路口上,我们或许无法就所有问题找到确凿的答案,但不息的寻找过程本身,或许也是一种有价值的回答。

第二章　机器逻辑：人工智能与数字媒体生态的演进规律

2023年7月,《自然》(*Nature*)刊发了一个震惊世界的消息:最新的研究显示,ChatGPT已经突破图灵测试,生成式AI的发展正式进入人类心智无法想象的阶段,科学界认为应当以新的方式来评估人工智能的演化现状。① 2024年2月,ChatGPT的开发者OpenAI正式推出文生视频大模型Sora,该模型可以通过高质量机器学习建立强大而丰富的世界模型,并据此全自动地生成时间长达60秒,且包含详细场景、复杂摄像机运动以及多元角色的高清视频。在中国科技业界专业人士看来,Sora的诞生意味着通用人工智能(artificial general intelligence, AGI)的实现"可能从10年缩短至一两年"②。越来越多的证据表明,人类旨在改善生存处境而发明的智能技术正处于"失控"状态;而伴随着这种失控状态的,则是人类无法遵循自我意志实现"自决"的文化风险(参见第三章)。

媒介是"人的延伸",传播是"人的活动"——长期以来,这似乎是

---

① 参见 Celeste Biever, "ChatGPT Broke the Turing Test: The Race Is on for New Ways to Assess AI," *Nature*, 619(7971), 2023, pp. 686-689.
② 范佳来:《周鸿祎:Sora意味着实现通用人工智能可能从10年缩短至1年》,澎湃新闻,2024年2月16日,https://www.thepaper.cn/newsDetail_forward_26369095,2024年10月3日访问。

不言自明的观念,也是主流的中层和宏大媒介理论的观念基础。但这种人类中心主义的认识论在人工智能崛起的当下正陷入丧失经验土壤的境况。在传媒业界,以生成式 AI、自动化推荐算法为代表的技术类行动者正在重塑传统的信息生产和分发机制①,它们在新闻报道、影视制片,乃至艺术创作等关键领域扮演高拟真的"类人"角色,导致一种以人机混杂和人机协同为特征的新的劳动分工体系在数字媒体生态中逐渐形成。在这种新的劳动分工体系中,人类不再是生产活动的主导者,而要通过与人工智能的技术可供性进行互动的方式来达成目标。在日常生活中,人的媒介实践也日益深刻地受到人工智能技术偏向的支配。② 全球范围内的数字媒体用户源源不断的行为数据既是生成式 AI 最主要的学习资源,也是智能推荐算法取之不竭的养料,这使得日常经验得以在数字媒体生态下实现个体化、精细化的自动生成。据此,人对外部世界的理解、对生活意义的判断,乃至对自我存在的体察,都在不同程度上成为一种技术配置。

从现实出发可知,作为关键技术类行动者,人工智能正在为当下的媒介实践与媒介文化提供一种基础性的"机器逻辑"(machine logic)——这不仅表明人工智能的技术特征正在成为人类经验得以形成的基本中介,而且也意味着整个数字媒体生态乃至社会文明正日益深刻地遵循着由人工智能所界定的技术-文化的演化路径。机器逻辑如何在经验世界运作?我们又应当如何据此展开对数字时代媒介理论的建设?对于这些问题的回答不仅决定了我们应如何在新的历史条件下理解传媒业态、媒介专业主义、新闻与信息民主等关键实践议题,而且也关乎人类经验如何在人机关联的数字媒体生态下生成、人应当以何种框架理解自身在人工智能时代的主体性等重要的存在性议题。

---

① 参见陈昌凤:《生成式人工智能与新闻传播:实务赋能、理念挑战与角色重塑》,《新闻界》2023 年第 6 期,第 4—12 页。
② 参见 Laura D. Tyson, and John Zysman, "Automation, AI & Work," *Daedalus*, 151(2), 2022, pp. 256-271。

论数字媒体生态：自动化、后人类与行动主义

一、理解人机关系的思想脉络

什么是机器逻辑？这是我们首先需要思考的问题。其实，早在人工智能技术得以大规模应用之前，对于这一概念的探讨已广泛地存在于虚构文艺作品的想象之中。大体而言，我们对于机器逻辑的认识经历了从"人机二元对位"到"人机交融共生"的转变。

（一）阿西莫夫的机器道德与维特根斯坦的语言游戏

美国科幻小说家艾萨克·阿西莫夫（Isaac Asimov）的作品常被视为当代有关人机关系的诸多哲学和社会学讨论的重要的想象力来源。由他在20世纪40—50年代创作的一系列有关机器人的短篇小说汇编而成的小说集《我，机器人》（*I, Robot*）同时从原理和道德两个层面深入探讨了人与机器之间的一种理想化的关系。通过自创概念"机器人心理学"（robopsychology），阿西莫夫提出了对后世的创作与思考影响深远的"机器人三定律"，并以之作为界定一种理想化人机关系的标准。这三个定律是：机器人不能伤害人类；机器人须在不违背上一条定律的情况下始终服从人类的命令；机器人须在不违背上两条定律的情况下保护自身的存在。在美国哲学家苏珊·雷·安德森（Susan Leigh Anderson）看来，阿西莫夫的作品对于技术哲学最大的贡献在于其明确将元伦理（metaethics）作为思考人机关系的基石烙印在这一思想脉络的发展中。[①] 在人类无法想象人工智能究竟会在未来的社会生活中扮演何种角色的情况下，"机器道德"（machine ethics）将是一切有关人机关系的思考中不可或缺的价值要素，对这一价值要素的坚守也就意味着对人类作为人工智能主宰者的主体地位的确信。

---

① 参见 Susan Leigh Anderson, "Asimov's 'Three Laws of Robotics' and Machine Metaethics," *AI & Society*, 22(4), 2008, pp. 477–493。

有关机器逻辑的另一个重要的思想源头是维特根斯坦(Wittgenstein)的语言哲学。在出版于1953年的《哲学研究》中,维特根斯坦提出了著名的"机器作为象征"(machine as a symbol)命题,它指的是"以机器或机器的图示作为特定行动模式象征",即将与特定行动有关的因果律解释为一种与某个具有自动化特征的系统结构的互动机制;维特根斯坦进一步指出,"机器作为象征"可被视为一系列行动的起点,这种象征"驱动人类采取一系列行动……以更好地认识和适应机器"。① 不难发现,机器在维特根斯坦的观念中扮演着和语言相似的角色,其本质是"语言游戏"(language games)的一种——尽管并非有关世界的本质的、连贯的表达,却是诸多有意义的实践的前置条件,为人类活动的目的论(teleology)注入了随意性要素。② 不过,维特根斯坦始终主张将机器的力量局限于自然语言的形式范畴,认为它与人类语言根本不是一类事物,并认定机器不能共享人类的"生命形式"(forms of life)。一如那句广为人知的维氏名言所说:即使狮子会说话,我们也理解不了它。(If a lion could speak, we could not understand him.)在维特根斯坦看来,机器的语法规则超越了人类语言的限定,是对于人类逻辑而言的"不可言说之物",对此人类也只能"沉默以待之"。③

维特根斯坦有关"机器作为象征"的观点对我们理解人工智能崛起后的媒介生态有着深刻的影响:人与机器的关系,并不是简单的使用与满足机制,而是关乎支配行动的不同"语法"是否兼容、在多大程度与何种意义上兼容的问题。④ 维特根斯坦从语言学的角度为各种形式的人机关系提供了一种总体性解释,那就是由人类和技术共同构成

---

① 参见 Ludwig Wittgenstein, *Philosophical Investigations*, The Macmillan Company, 1953。
② 参见 Srećko Kovač, "Machines, Logic and Wittgenstein," *Philosophia*, 49(5), 2021, pp. 2103–2122。
③ 参见 Ludwig Wittgenstein, *Tractatus Logico-Philosophicus*, Routledge, 1961。
④ 参见徐英瑾:《心智、语言和机器:维特根斯坦哲学和人工智能科学的对话》,人民出版社2013年版。

的复杂行动生态,在本质上体现为人与机器的"语言学冲突",即支配他们行动的深层逻辑的不可通约性。在当代哲学家罗姆·哈瑞(Rom Harré)看来,这种不可通约性在经验维度体现在两个方面:第一,借由人际交流(interpersonal communication)实现的对主体性的确认,在人工智能的语法体系下极易发生错位(misplacement),是不可能完成的任务;第二,人类基于其心境(mind state)完成的精神活动,将日益深刻地脱离由机器语法生成的、纯粹目标导向的客观经验。[1] 不过,哈瑞认为这种冲突必将导致经验世界的破裂,而维特根斯坦却据此得出了"机器无法替代人"的乐观结论。

阿西莫夫有关机器人的道德设计和维特根斯坦对人机差异的语言学定义之间,并不存在明显的思想关联,但两者却在目的论意义上形成了某种共振:人与机器之间的关系天然是,且应当是"功能决定形式"的关系,即机器之所以存在是因为人的意愿需要其存在,而人机关系发展的归宿在于两个"物种"在某些本质层面(如语言、道德、心灵)的截然区隔。这种带有鲜明人本主义色彩的认识论框架在很大程度上仍是启蒙主义的延续,其坚信唯有人类主体才拥有将自身从蒙昧状态中解脱出来的认知理性,而机器及其运作机制的发生则源于人类发展上述认知理性的需求。这一观念在20世纪80年代兴起的后人类主义哲学中受到系统性的反思。正如德国社会学家尼克拉斯·卢曼(Niklas Luhmann)在《对现代的观察》(*Observations on Modernity*)一书中指出的:整个欧洲理性主义的历史,就是人类观察者与外部世界建立关联的理性连续统(rationality continuum)不断消亡的历史。[2]

---

[1] 参见 Rom Harré, "Wittgenstein and Artificial Intelligence," *Philosophical Psychology*, 1(1), 1988, pp. 105–115。

[2] 参见 Niklas Luhmann, *Observations on Modernity*, trans. William Whobrey, Stanford University Press, 1998。

(二) 后人类主义的兴起和卢曼的自创生系统

语言问题是理解人机关系的关键。在很多后人类主义哲学家看来,以维特根斯坦为代表的传统现代主义思想家通过在社会的复杂行动者体系中建立人类语言优先级的方式实现对世界的清晰理解,这不仅是怠惰的,而且是错误的。唐娜·哈拉维(Donna Haraway)便鲜明地指出:维特根斯坦有关人类语言学独异性(human linguistic uniqueness)和人类生命形式之间关系的确信,实际上在当代语言学的发展中已被证伪①;人类与非人类(机器)的交流方式在语法上存在本质差异的观点至多是一个有待验证的假设,更不能作为"人类例外主义"(human exceptionalism)的基础②。于是,自20世纪80年代起,有"后人类"倾向的哲学家和社会理论家开始在重新评估维特根斯坦语言哲学的基础上,尝试将由机器和人共生其中并通过两者间的交互实践维系自身稳态的混杂系统视为理解文化和文明的关键——兼具稳态与混杂正是数字媒体生态的当下特征。一如凯瑞·沃尔夫(Cary Wolfe)在《维特根斯坦之狮的阴影:语言、伦理与动物问题》一文中反问的:既然语言的发展本身在本质上就是一个并非由人类主导的进化过程,那么我们将语言作为区分人与非人标准的依据何在?③

人工智能在现实世界中的迅速崛起和广泛应用显然为这种新的系统论的形成打下了坚实的经验基础。在经历了近30年的低谷期之后,人工智能技术自20世纪90年代起进入发展的黄金期:一方面,过去那种对拥有类人外部形态的机器人的研发让位于对智能化数字平

---

① 诺姆·乔姆斯基(Noam Chomsky)等语言学家也有类似的观点和研究,参见 Marc D. Hauser, Noam Chomsky, and W. Tecumseh Fitch, "The Faculty of Language: What Is It, Who Has It, and How did It Evolve?," *Science*, 298(5598), 2002, pp. 1569-1579。

② 参见 Donna J. Haraway, *When Species Meet*, University of Minnesota Press, 2008。

③ 参见 Cary Wolfe, "In the Shadow of Wittgenstein's Lion: Language, Ethics, and the Question of the Animal," in Cary Wolfe, ed., *Zoontologies: The Question of the Animal*, University of Minnesota Press, 2003, pp. 1-57。

论数字媒体生态：自动化、后人类与行动主义

台与应用的研发，人工智能得以超越"身体"的物理局限，转而以无形的方式塑造人们的工作和生活，从"实体"转变为"框架"；另一方面，随着计算机硬件技术的突飞猛进和算力的巨大提升，基于海量数据分析和实时判断反应的自动化机器人系统也成熟起来，人类劳动在越来越多的领域被智能算法取代。人工智能的这一突破性进化过程几乎与后人类主义思想的崛起相同步。通过对人工智能所具有的潜能的观察和预测，研究者逐渐摒弃经典现代性中包孕的人类中心主义假设——不仅在价值层面否定人的理性，而且在事实层面承认机器逻辑与人类逻辑并非截然可分，而前者有消融后者的趋向。用布鲁诺·拉图尔（Bruno Latour）的话来说，在多元行动者构成的网络中，"人类形式与非人类形式是同等不可知的"；因此，与其不假思索地将机器把握为人类的对立面，不如在"性态"（x-morphism）维度上去谈论两者的关系[①]，这样或许反而更加有助于我们思考人类主体性问题。

上述极富相对主义色彩的文化和文明观念，在卢曼提出的社会系统论中得到全面理论化。卢曼认为，应当将一切由人、技术、制度以及其他复杂要素基于交互形成的结构理解为一个**自创生系统**（autopoietic system），即可以通过不断自动生产系统维系所需的要素以确保系统始终趋向稳态演进的系统。[②] 自创生系统是一个既开放又封闭的生态系统（ecosystem）：开放指的是这类系统对不同类型的行动者敞开怀抱，是一种真正意义上的混杂结构；封闭则意味着其系统演化的过程几乎无须依赖与系统外要素的资源交换，便能够充分实现对自身存在所需的各种必要条件的自我再生。在卢曼的理论观念中，由于自创生系统必须要依赖相当程度的自动化机制来有效实现对系统的"熵减"，因此

---

① 参见 Bruno Latour, *We Have Never Been Modern*, trans. Catherine Porter, Harvard University Press, 1993。

② 参见 Niklas Luhmann, "The Autopoiesis of Social Systems," in Felix Geyer, and Johannes. van der Zouwen, eds., *Sociocybernetic Paradoxes: Observation, Control and Evolution of Self-Steering Systems*, Sage, 1986, pp. 172-192。

维持系统稳态的主导性力量必然不是极具"挥发性"的人类心智,而只能是遵循可计算性原则的机器语法。

需要指出的是,卢曼提出"自创生"概念,并非为了区分不同的社会(亚)系统,而是为了更加准确地描述人机共生既成事实的、作为总体的后人类社会。在这种新的"现代性"里,由于人类语言的独异性不复存在,因此也就不存在人与机器截然对立的二分法。相反,人与机器的边界是极为模糊的:人被视为与不同形式的技术性(technicity)和物质性(materiality)协同进化的"义体生物"(prosthetic creature),而机器则是拥有意图并使交流(communication)——共享意义——成为可能的类人体(parahuman)甚至"超人类"(transhuman)。① 卢曼认为,对于"自创生"的发生来说,最重要的行动者品质是"自反性"(self-reflexivity),即在行动的同时进行自我观察与调适的能力。在人机共生的系统中,这一品质同时存在于人工智能和人类身上,不同之处在于人工智能的自反性往往具有敏捷的自动性,而人类的自反性则往往牵涉复杂的道德因素且发生缓慢。因此,与其说道德是人相对于机器的智识优势,不如说它是导致机器逻辑吞噬人本主义的直接原因。② 在约翰·哈特利(John Hartley)和杰森·波茨(Jason Potts)看来,"自创生"的基础不是行动者的道德自律,而是普遍性行动规则的确立与合法化,这些规则由"行动者的意图、系统的生成力(productivity)、创造物的可读性(readability)、技术促进,以及行动的累积序列(cumulative sequence)"协同生成,其如同语言中的语法一样,成为系统赖以维系的基础构架。③

---

① 参见 J. Storrs Hall, *Beyond AI: Creating the Conscience of the Machine*, Prometheus Books, 2007。
② 参见 Felix Geyer, "The Challenge of Sociocybernetics," *Kybernetes*, 24(4), 1995, pp. 6-32。
③ 参见 John Hartley, and Jason Potts, *Cultural Science: A Natural History of Stories, Demes, Knowledge and Innovation*, Bloomsbury Academic, 2014。

论数字媒体生态：自动化、后人类与行动主义

可以说，从阿西莫夫的"机器人三定律"到维特根斯坦的"机器作为象征"，再到卢曼的"自创生系统"，我们得以清晰地看到技术在现代社会中的存在方式及其对行动施加影响的路径——也即本章要探讨的"机器逻辑"——如何使人们一步步脱离启蒙主义的束缚，逐渐获得认识论上的自洽性。最初，机器是纯粹对象化的，它是人类意图和人类社会功能需求的产物，而机器的逻辑则被视为一种迥然有别于"人类逻辑"的语法。机器逻辑由于道德和生命形式的缺席而被视为"非交流性"的，因而也就不能为世界赋予完整和连贯的意义。渐渐地，人们认识到将机器逻辑视为"残缺的语言"以及从人类中心视角出发设想的二元对位的人机关系并不符合基本的经验现实，遂开始强调人类语法与机器语法的不可通约性以及两者认识论地位的不可知性。随着社会系统论的发展，尤其是卢曼的"自创生"概念的提出，一种极富后人类色彩的技术史观逐渐成形，这一史观主张在协同进化的基础上理解机器逻辑：机器与人在形式上始终交融共生，其存在方式也没有本质的区别；但在日益普泛的"自创生系统"中，以人工智能为代表的机器却因其更敏捷的自反能力和不受道德约束等"优势"而成为系统维系稳态的关键行动者，占据了更优的系统生态位。上述思想脉络将成为我们理解数字媒体生态下机器逻辑的起点。

二、自动化作为机器逻辑的核心法则

基于前面的梳理和讨论，我们不妨从媒介理论视角出发，对数字媒体生态下的机器逻辑做出界定。**所谓机器逻辑，就是数字媒体生态基于其主导性技术的可供性形成的行动规则体系**。这些规则在形式上是在多元行动者的交互和协商中形成的，但其本质是机器为维持系统稳态而不断进行"自创生"的结果。在经验层面，机器逻辑首要体现为对系统维系自身稳定所需的各种资源的自动生成，这使得即使在人类行动者极为有限参与的情况下系统也能维持运转和扩大。因此，我们可以将"自动化"(automation)视为机器逻辑的核心法则——以及数字媒体生态的基础文化泛型(参见第四章)。

人工智能作为现代社会的前沿技术类行动者,以极为深刻的方式空前强化了机器逻辑的自动化法则。在前人工智能时代,自动化通常被视为一种"常规偏向的技术变化"(routine-biased technological change,RBTC),其演化方向是对人的辅助而非替代人类劳动。这是因为早期人工智能往往只能实现那些惯例化、非创意性领域的自动化,从而的确可以将人从庸常的重复性工作中解放出来。而基于生成式人工智能的自动化则正在加速摆脱上述路径依赖,不断在过去那些高度倚重人类认知、情感和审美的领域取代人类劳动,包括深度报道、剧本创作、影像创意等。如时代涌现(FancyTech)这样前沿的视觉向生成式人工智能平台,甚至改变了传统时尚工业(公认最强调人类创意的劳动范畴)的运作机制。① 正因如此,有研究者将人工智能称为"打了类固醇的RBTC",并认定它的普及将重新定义"工作"和"生活"。②

当下的数字媒体生态是多元行动者、媒介内容、传播规律与惯例,以及通信基础设施交互共生的典型"自创生系统",源于数字媒体技术的"数字性"(digitality)成为其机器逻辑的"元语法"。③ 数字媒体的可供性层次丰富、内涵复杂,既包括媒介本身的"可固续性"(persistence)、"可复制性"(replicability)、"可编辑性"(editability)等,也包括交流过程的"可关联性"(association)、"可分享性"(sharability)、"可获得性"(availability)等④;但究其实质,这些"数字属性"其实共同凝聚为

---

① 参见 Laure Guilbault, and Stephanie Hirschmiller, "LVMH Bets on Generative AI with Innovation Award," Vogue, May 23, 2024, https://www.voguebusiness.com/story/fashion/lvmh-bets-on-generative-ai-with-innovation-award, 2024 年 10 月 3 日访问。

② 参见 Laura D. Tyson, and John Zysman, "Automation, AI & Work," *Daedalus*, 151(2), 2022, pp. 256–271。

③ 参见 Sy Taffel, *Digital Media Ecologies: Entanglements of Content, Code and Hardware*, Bloomsbury Academic, 2019。

④ 黄雅兰、罗雅琴:《可供性与认识论:数字新闻学的研究路径创新》,《新闻界》2021年第 10 期,第 13—20+32 页。

论数字媒体生态：自动化、后人类与行动主义

同一个演化目标，那就是通过促进内容和关系的自动化生产来维系整个数字媒体生态的稳定并不断拓展其边界。因此，自动化也就成了数字媒体生态最重要的文化特征，令人类面临一系列诸如时间异化、真实与信任分离，以及量化意义等超出其媒介经验范畴的认识论困境（参见第四章）。

机器逻辑是我们在经验和观念层面把握数字媒体生态的立足点。在经验层面，我们所处的媒介环境的确处于"自创生"状态，最典型的表征就是该生态下最重要的资源——内容的自动化生产机制的成熟。其中，尤以新闻这样的公共信息内容和以视频为代表的创意类内容最值得关切。2024 年 6 月的数据显示，人工智能生成新闻（AI-generated news）的全球市场规模预计以 11.1% 的复合增长率增长，新闻业格局面临重新洗牌，以 GraphIQ、Heliograf、Automated Insights、Yseop、Arria Studio、Press Association 等为代表的自动化新闻大模型将成为与传统和数字媒体机构同等重要的新闻生产主体。这些大模型只有少数为媒体机构所有，大部分则隶属于平台或高科技公司。与结构化、程式化的新闻文本的自动化趋势相比，创意类视频的自动化生产趋势更加令人震惊。2023 年 5 月的调查数据显示，目前全球范围内有近 75% 的视频内容制作是在人工智能辅助下完成的，且人工智能生成视频的市场规模预计在未来五年迎来 22.37% 的年复合增长率。① 在传统电影工业重镇好莱坞，几乎所有的制片和发行公司都使用人工智能来辅助创作和决策：迪士尼用 FaceDirector 来评估演员的表演效果，福克斯用 IBM Watson 来生成电影预告片，华纳兄弟则通过与人工智能

---

① 参见 Research and Markets，"Artificial Intelligence（AI）for Video Production Market Report 2023: Growing Adoption of Video Content as a Marketing Strategy Boosts Sector," Global News Wire, May 29, 2023, https://www.globenewswire.com/en/news-release/2023/05/29/2677609/28124/en/Artificial-Intelligence-AI-for-Video-Production-Market-Report-2023-Growing-Adoption-of-Video-Content-as-a-Marketing-Strategy-Boosts-Sector.html，2024 年 10 月 3 日访问。

公司 Cinelytic 的合作来预测市场和决定演员阵容。① 电影工业对人工智能日益深度的依赖在美国电影从业者群体中制造了巨大恐慌，并因此引发了好莱坞历史上耗时最长、规模最大的罢工。在中国，基于 AI 仿真技术的"虚拟制作"也正在成为常见的电影制片手段，如 2023 年上映的电影《长空之王》就通过将天空素材投射于 LED 屏幕的方式来营造"飞行体验"。② 至 2024 年 4 月，中国已有 117 个本土研发的大模型在中央网信办完成生成式人工智能服务备案，包括中国移动九天、百度文心一言、阿里巴巴通义、华为云盘古、腾讯混元助手、OPPO 安第斯智能云、vivo 蓝心智能等。③

在观念层面，机器逻辑在数字媒体生态下的确立和普泛化也正在深刻地改变人获取媒介经验的方式、人在信息和文化流通网络中的地位，以及人对于历史和文明应向何处去的期望。例如，一个近年来在学界和业界都颇受关注的争议焦点是：信息生产可以自动化，那么意义、文化和制度是否同样能够自动化生成？这一争议的本质，其实仍是机器逻辑和人本主义之间的边界在何处的问题——在数字媒体生态下，有关社会现象的解释、对外部世界的价值判断，以及据此形成的社会理想化安排这些原本完全由人类心智所决定的议题，是否也被纳入了机器逻辑的"势力范围"？对于这个问题，我们目前很难找到确定的答案，但它造成的认识论困境却是实实在在的。牛津大学互联网研究院于 2023 年发布的报告即体现出了新闻学研究者群体在观念上的某种无所适从——报告既认为自动化新闻（automated journalism）

---

① 参见 Neil Sahota, "The AI Takeover in Cinema: How Movie Studios Use Artificial Intelligence," Forbes, March 8, 2024, https://www.forbes.com/sites/neilsahota/2024/03/08/the-ai-takeover-in-cinema-how-movie-studios-use-artificial-intelligence/，2024 年 10 月 3 日访问。

② 参见金佳:《〈长空之王〉，电影工业又一次主动冒险》，澎湃新闻，2023 年 5 月 9 日，https://m.thepaper.cn/newsDetail_forward_22978097，2023 年 10 月 3 日访问。

③ 参见柯文:《我国 117 个大模型完成生成式 AI 服务备案》，新华网，2024 年 4 月 10 日，http://www.news.cn/tech/20240410/cc09b9f19d194a1ab105303416293d04/c.html，2024 年 10 月 3 日访问。

论数字媒体生态：自动化、后人类与行动主义

事实上已是成熟的生产机制，却也同时表明无论现有的新闻学理论还是民主框架都难以对其合法性做出判断。① 越来越多的研究者尝试在观念层面锚定机器逻辑的"势力范围"，即究竟哪些东西能够自动化、哪些则不能（或不应）自动化。技术哲学家珊农·维勒（Shannon Vallor）认为，最重要的工作在于重新界定"智能"（intelligence）和"智慧"（wisdom）之间的区别：智能是一种可计算的即时反应、调适和环境改造机制，而智慧则是建基于"总体价值判断"（holistic value judgments）的智识性专长，两者的本质差异就是"目的论"和"价值论"的差异。② 换言之，机器逻辑只关注"是否"与"如何"的问题，而人本主义则要明辨对错。但这种修辞性强于经验性的词义辨析，实在很难用于指导行动。

对于全球数字媒体生态来说，机器逻辑和人本主义之间的矛盾随着生成式人工智能的迅速发展而日益尖锐，几乎要成为一场意识形态战争。但这一矛盾又几乎无法解决，因为从后人类主义的视角看，人和机器本来就是你中有我、我中有你的共生关系——人工智能通过模拟人的思维方式和情感图式将意义的自动化生产伪装成自然状态，而人也越来越多地以量化和计算的法则来规划商业和政治行动从而越来越像机器人。在这个意义上，机器逻辑虽然源于数字技术可供性，但其维系却由数字媒体生态下所有的行动者——包括人和 AI——共同完成。因此，我们已经不能不假思索地认定人本主义是"人的主义"，因为构成它的核心概念"人"早已不是启蒙主义意义上的人。例如，发端于 2007 年的"量化自我运动"（the Quantified Self movement）

---

① 参见 Amy Ross Arguedas, and Felix M. Simon, "Automating Democracy: Generative AI, Journalism, and the Future of Democracy," Oxford Internet Institute, https://www.oii.ox.ac.uk/wp-content/uploads/2023/08/BII_Report_Arguedas_Simon.pdf, 2025 年 5 月 20 日访问。

② 参见 Shannon Vallor, "AI and the Automation of Wisdom," in Thomas M. Powers, ed., *Philosophy and Computing: Essays in Epistemology, Philosophy of Mind, Logic, and Ethics*, Springer, 2017, pp. 161-178。

已在全球范围吸引了大量的参与者,其早期倡导者、科技传媒先驱加里·沃尔夫(Gary Wolf)和凯文·凯利(Kevin Kelly)认为,人只有将自身的存在数字化才能实现对自己的准确理解,因而主张人应在更大程度上将自己生活的方方面面——包括生物体征——转化为数据。很多积极践行这一理念的人都是技术乌托邦主义(techno-utopianism)的鼓吹者,而日新月异的可穿戴技术及其从人的身体获取的"生命数据"的可供性是这一运动的技术缘起。[①] 在安德烈亚斯·赫普(Andreas Hepp)等批判学者看来,这种主动的自我数据化实践体现了数字时代的人处在纠结于自我确信和自我拒绝的矛盾之中。[②] 而在机器逻辑的视野里,这不过是"自创生"的一个具体表现而已。

同样不能忽视的是,机器逻辑日盛的现实不仅源于技术进化的迅猛速度以及人对自身历史、属性和文化独特性的(部分)放弃,也有着坚实的政治经济基础。毕竟,唯有确保媒介生态系统的稳健和持续拓展——也即"自创生"机制的顺畅运行——科技资本主义才能获得源源不断的生产资料和利润实现其扩张。正因如此,对人工智能技术的研发成为全球科技公司在当下最重要的成长策略。数据显示,2022年全球投入人工智能研发的资金达将近2.5万亿美元,这一数字超过绝大多数发达国家的年GDP总量;其中,美国用于人工智能研发的总资金投入达到7600亿美元,中国也高达6200亿美元。[③] 在应用端,基于生成式人工智能的媒介服务则是成长最为迅猛的科技创新领域之一,其2023年的全球市场总规模达到14.12亿美元,年预期复合增长率高

[①] 参见陈凯宁:《附身的技术:"可穿戴新闻"的生命数据与生活叙事》,《新闻界》2024年第5期,第23—34+45页。

[②] 参见 Andreas Hepp, Susan Alpen, and Piet Simon, "Beyond Empowerment, Experimentation and Reasoning: The Public Discourse around the Quantified Self Movement," *Communications*, 46(1), 2021, pp. 27-51.

[③] 参见 Einar H. Dyvik, "Research and Development Worldwide-Statistics & Facts," Statista, July 3, 2024, https://www.statista.com/topics/6737/research-and-development-worldwide/, 2024年10月3日访问。

达26.3%。① 科技资本主义的结构支撑,使得全球数字媒体生态下新的内容样式和传播模态层出不穷,新的商业模式和利润增长点也不断迸发。人类实践者或兴奋或疲乏地追随新的技术潮流,始终缺少反思人本主义原则、拓展因应机器逻辑的人类行为伦理的时间和心境,从而不可避免地沉溺于机器逻辑带来的便利。

从很多方面看,自动化作为人工智能时代机器逻辑的核心规则,在不到20年的时间里令全球媒介生态发生了根本性的变化。在人机共生、人与技术的差异日渐模糊的经验现实里,机器逻辑俨然已经成为一种支配性的"基架逻辑",其演化的终极目标在于彻底消弭传统意义上人与机器在行为模式上的差异,使一切行动者都自觉地成为推进数字媒体生态"自创生"的目的论元素。正如有新闻学研究者指出的,人与世界的关系是新闻世界的基础,但人工智能的兴起使得"数码物"不断凸显和增殖并拓展了新闻世界②;这对媒介生态来说是"自创生"的进化,但此时的新闻是否仍是被用于联结人与世界的新闻?人本主义是现代新闻业与媒介文化的基石,如今却陷入难以自圆其说甚至无话可说的境地。对此,媒介理论又应做些什么?

三、媒介意识与"人"的重新定义

厘清了机器逻辑的演化脉络和作用机制,我们接下来需要回答的是"怎么做"的问题。对于这个问题的探索,需要我们以一种新的框架来重新理解人机共生时代的"人"。

---

① 参见"Generative AI in Media and Entertainment Market," Market.us, April 1, 2024, https://market.us/report/generative-ai-in-media-and-entertainment-market/,2024年10月3日访问。
② 参见姜华:《从机械复制到数智传收:论新闻世界的内涵、价值构造与延展》,《新闻界》2024年第3期,第16—27+61页。

（一）媒介意识作为人与机器的边界

对于作为"自创生系统"的数字媒体生态来说，机器逻辑的盛行是维系自身存在的必要条件，因此它是无法被摒弃的；但与此同时，机器逻辑给当代媒介文化和信息文明带来的"非人"的影响，也不可避免地危及人类社会赖以生存的基本公义。一个最直接的例子就是：假若不对全球社交媒体舆论进行政治干预，则一种高度极化的结构必然会生成，因为在机器逻辑的"观点"里，情感化的个人体验话语在自动为系统创衍内容和流量方面的能力要远远强于理性的公共话语，这也就成为数字媒体生态为追求"自创生"而必然选定的演化方向。[①] 如此一来，本应不言自明的理性、建设性、公共性和协商民主精神在人工智能时代反而成为"异端"，其作为人类为自身文明发展设定的基本价值路径的认识论地位也将逐渐在机器逻辑的侵蚀下丧失现实根基。因此，假若我们认为强调人类作为历史进程主体的人本主义仍然有着不可替代的观念意义，假若我们同意人类应在接受人机共生现实的前提下尽可能追求自身对生活与生命意义的裁决权，那么首要的任务就是重新定义"人"。

不同于维特根斯坦的语言学定义和哈拉维等后人类主义哲学家的"赛博格宣言"[②]，本书从媒介理论的视角出发，尝试锚定人与机器之间可能存在（或者必须存在）的边界：人与机器的本质不同在于，人能够察觉媒介系统的存在，机器则不能。本书将这一区分人机差异的依据称为"媒介意识"（media awareness）。人类具有媒介意识，这体现在人自诞生之日起的整个社会化过程都是依靠中介系统来完成的，因此这一系统的存在被作为一种社会化的常识为所有人所认知和接

---

① 参见王晓培：《从技术赋权到平台逻辑：社交媒体舆论极化形成与治理》，《中国出版》2023年第14期，第11—17页。
② 参见 Donna Haraway, "A Cyborg Manifesto," in Imre Szeman, and Timothy Kaposy, eds., *Cultural Theory: An Anthology*, Wiley-Blackwell, 2011, pp. 454–471.

论数字媒体生态：自动化、后人类与行动主义

受——除非这个人像电影《楚门的世界》(*The Truman Show*)中的楚门一样,从生下来那一天起就与社会隔绝。对媒介系统的明确辨识,使得人自始至终都在潜意识里将有关真相、价值观和民主的概念视为叙事的产物。他们或许会选择相信、跟从、质疑或对抗,却不会在根本上混淆中介化现实和本真现实。对此,杜克大学教授马克·汉森(Mark Hansen)的观点是很有启发意义的,在他看来,媒介的本质就是"生命的环境",它的存在为人类演化提供了一个坚实的形式,是人类这一物种真正意义上的"技术缘起"(technogenesis)。①

而人工智能不具备媒介意识,是因为其存在和演化所倚赖的基本资源是数据(data)而非中介化的叙事。数据的本质是对事物进行计算和安排的方法论,它因"计算和安排"的目的而存在,在本质上与本真世界及其现实之间仅有形式上的关联。换言之,人工智能在捕获数据后,不会主动对其做出超出"取值"的理解,更不会以质疑的目光检视其被生产出来的机制。被用于描述现实世界的数据可以为真、为假、被污染或操纵,但在机器逻辑的"视域"内,这只是方法优化问题,而与道德或价值无关。也正因如此,人工智能无法意识到媒介系统的存在——它本身就是真实世界的媒介系统的一部分,而这一系统只有自创生的演化目标,没有申明意义的价值目标。

数字媒体生态的演化无疑是技术驱动的,但媒介并不等于技术——前者的外延要比后者广阔得多也复杂得多。② 作为信息、知识和意义的过滤系统,媒介自始至终为人类保留着质疑叙事、审视周遭环境的行动可能性,而清醒的人类行动者应当充分利用这种可能性。不可否认,在很多情况下,人会屈从于机器逻辑,享受自动化为生活带来的便利,甚至热情投入量化自我运动,但由于媒介意识的存在,人永

---

① 参见 Mark B. N. Hansen, "Media Theory," *Theory, Culture & Society*, 23(2-3), 2006, pp. 297-306。

② 参见 Raymond Williams, *Television: Technology and Cultural Form*, Routledge, 2003。

远不会将中介化的信息、叙事或话语与本真的现实混为一谈,更不会认为自己所相信的东西背后存在绝不会被折射的公理。换言之,只要一个人进入了社会化的进程,他就不会认定有什么东西"本应如此",他的一切相信——包括各种宗教、意识形态和道德标准——都是选择的结果,因为人的本质是"媒介的动物"。就像19世纪末苏格兰哲学家詹姆斯·赛斯(James Seth)所感叹的:不可知主义(agnosticism)简直就是人的天性。①

(二) 重振人本主义的行动方案

综上所述,在由人工智能支配的数字媒体生态下重振人本主义的关键,就在于不断询唤(interpellate)人的媒介意识。此处借用阿尔都塞(Althusser)的意识形态理论中的"询唤"概念,正是因为在机器逻辑的强大影响下,人本主义已经成为数字媒体生态下一种重要的抵抗性意识形态。只有通过各种机制——包括国家机器的机制、社会整合的机制,甚至群体和个体的自我教育和约束机制——来持续提醒人类行动者信息、知识和意义的中介系统的存在,并不断凸显媒介系统目前正在机器逻辑的支配下持续进行"自创生"的痕迹,人对自身主体性的自觉才会被适时激发,人遵循自主意志的行动也才成为可能。

在日常实践中,一切可被用于打破自动化媒介环境给人带来的舒适感的行动都应受到鼓励。比如,过去十年间由许多职业媒体人所倡导和践行的"慢传媒"(slow media)运动就有巨大的象征意义——这场运动以创办出版周期极长(例如每年只出4期)、只刊登深度报道或调查报道(例如单篇报道的容量均在1万单词以上)的电子新闻期刊为主要的行动方案,培育了诸如《延迟满足》(*Delayed Gratification*)、《乌龟传媒》(*Tortoise Media*)等极具文化标杆意义的成功项目。一如其名称所预示的,慢传媒运动就是要打破建基于智能推荐算法架构的信息

---

① 参见 James Seth, *The Roots of Agnosticism*, Nabu Press, 2012。

论数字媒体生态：自动化、后人类与行动主义

自动化趋势,通过刻意放大数字时代时间异化状况的方式来提醒大众机器逻辑对媒介生态的改造,从而实现对自知自觉的媒介经验的重建。① 而另一个更具激进色彩的行动方案,则是主张有意识地消减智能媒体使用,甚至以类似"脱瘾"的决绝方式完全戒除媒介接触的数字极简主义(digital minimalism)运动。数字极简主义实践的原理类似于"戒断疗法",其倡导者将人对智能媒介生态的沉浸视为一种依赖症状,主张采用与之完全断绝的治疗方案来实现对自动化经验的快速剥离,并尝试在这一过程中重建自身与媒介系统之间的有机关系。对此,我们将在本书的第十一章、第十二章中深入讨论。

在人工智能时代询唤人的媒介意识,除个体和专业群体的努力外,还需要社会性制度的支持。一项至关重要的工作,就是在法律和教育领域不断提升公众对人工智能的原理与影响的正确认识,如同小说《三体》中的"思想钢印"一样,不断强化"人工智能是媒介系统的一部分""人工智能如同其他媒体一样也会被操纵"等信念的社会认知。近年来,学界热烈讨论的"算法素养"议题,就有着重大的实践意义——哪怕不将人工智能视为工具,而将其视为与自身共生的"技术伴侣",我们也要时刻警惕对方对自己的身心控制以及随之而来的文化风险。② 而在法律领域,除针对信息隐私、网络暴力等具体侵犯行为的立法议程外,一些带有终极价值关怀色彩,甚至在某些情况下似乎颇为"形而上"的立法观念也应积极发展。其中,过去十年间全球范围内关于"被遗忘权"(the right to be forgotten)的讨论就极具观念解放价值——完全清除自己被人工智能技术所捕获和存留的数字痕迹,究竟是不是人的一项基本权利? 若答案是肯定的,那么人与媒介之间的关系就不仅仅是生活意义上的,还是法律意义上的。正如三位法学研究

---

① 参见 Jennifer Rauch, *Slow Media: Why "Slow" Is Satisfying, Sustainable, and Smart*, Oxford University Press, 2018。
② 参见彭兰:《如何实现"与算法共存"——算法社会中的算法素养及其两大面向》,《探索与争鸣》2021 年第 3 期,第 13—15+2 页。

者所指出的:机器只知怎样"记住",人类才懂如何遗忘。① 将遗忘界定为数字时代的一项"人权",其实也就是对"自动化"最有力的宣战。基于"被遗忘权"的互联网或人工智能立法,将对人的媒介意识产生持续而深刻的询唤效应,从而有力地抑制机器逻辑对人本主义的挤压。对此,我们将在第十三章做更深入的讨论。

就像阿尔都塞所强调的,意识形态既可以是一种虚幻的观念,也可以是一种实在的物质实践。② 在机器逻辑的阴影里不断唤起人的媒介意识、重塑人与世界之间有距离的关系,需要越来越多的人和机构投身于具体的人本主义(后)媒介行动。

总而言之,在由人工智能支配的数字媒体生态中,我们正面临着前所未有的"后人类状况"。在这一语境下,机器逻辑既是当代媒介系统赖以维系的行动规则,也是人机共生得以实现的技术保障。但也正是在这一过程中,人类行动者在语言和智识上的独异性持续消解,人与机器的本体论边界不断模糊,人的认识论地位也从外在于媒介系统的历史主体渐渐转变成拥有"机器义肢"的系统的构成部件。面对这一状况,唯有通过各种旨在询唤人类媒介意识的行动方案,不断在人类认知中强化对机器逻辑的疏离感,才能实现对人本主义的重振,进而重申人类价值观对文明演化方向的主导权。

对于媒介理论的发展来说,当下最主要的任务是同时从经验和规范两个维度出发,重新厘定人、技术和媒介系统之间的复杂关系。数字媒体生态看似无远弗届,究其实质却始终关乎设备、行动、协议和意识形态等诸多文化要素的配置与安排。在这个意义上,技术只是关键驱动力而非不言自明的主导者,而人工智能强权的形成在很多情况下

---

① 参见 Eduard Fosch Villaronga, Peter Kieseberg, and Tiffany Li, "Humans Forget, Machines Remember: Artificial Intelligence and the Right to Be Forgotten," *Computer Law & Security Review*, 34(2), 2018, pp. 304-313。

② 参见 Louis Althusser, *On Ideology*, Verso Books, 2020。

其实是人类让渡自主权的结果——一如热闹非凡的量化自我运动。机器逻辑虽影响日盛,却绝然无法统摄全部媒介行动。因此,在当下,我们比其他任何时候都需要拥有强大自我意识的人类行动者,他们的种种反连接、反异化、重申人权的媒介抵抗行动将成为人类文明赓续的火种。

第三章 失控的风险:数字媒体生态的结构性悖论

数字媒体生态的演化在对日常生活的逻辑进行重新结构化的同时,也给全球公共文化带来了难以预知的风险。

一方面,人的信息经验持续数字化,人借由上述信息经验形成的交往模式和生活方式也深受数字媒体平台的核心技术与文化构型(figurations)的影响①,社会关系网络从未显得如此紧密,但散布于网络不同节点上的人却仿佛比过去更为原子化和疏离,这在公共生活领域制造了一系列新形式的矛盾。另一方面,由于新闻生产的社交化和强势平台的崛起,传统新闻权威加速衰落,平台的新规则体系不断取代过去的新闻专业性评判标准,全面支配了新闻生产、流通与接受的完整环节,新闻失去其作为"真相标识物"的认识论地位,新闻业曾经不言自明的文化民主价值预设也受到社会公众日益严肃的审视。② 总而言之,信息与媒介的数字化革命似乎并未带来早期互联网理论家所预期的乐观结果,数字媒体生态在塑造了更多开放性与个性化的同

---

① 参见 Andrea Hepp, *Deep Mediatization*, Routledge, 2020, pp.1-20。
② 参见 Matt Carlson, *Journalistic Authority: Legitimating News in the Digital Era*, Columbia University Press, 2017, pp.163-179。

论数字媒体生态：自动化、后人类与行动主义

时,也制造了更新形式的区隔、偏见与极化。① 这启示我们在广泛探讨数字化进程的功能性效应的基础上,要时刻保持对数字媒体生态的历史与文化反思。

近年来,一些学者开始有意识地"超越"经验维度,对技术在个体经验、生活方式、机构文化和历史进程等方面的生态性影响做出批判性的考察。既有的理论争鸣大致体现出两种主流的辨析路径。第一,越来越多的研究者认为,数字化进程中"人"的文化主体地位的衰微是愈演愈烈的信息失序现象的核心症结。当流行的行动者网络理论(actor-network theory)因在认知上将人与机器、技术、制度等非人类要素视为平等的行动者而获得某种广泛的解释力,一个关于数字媒体生态的令人不安的真相也全面暴露出来,那就是人对自身所处的信息与文化环境的界定权和主导权的让渡。② 在新闻领域,这集中体现在智能推荐算法对新闻流通环节的支配——从业者在欢呼自新闻业诞生以来就梦寐以求的"精准发行"的理想终于实现的同时,骇然发现以人的判断为中心的传统新闻价值体系也被"请"进了历史博物馆③,成为各色观念考古的热门对象,这显然值得深思。第二,数字媒体作为一种生态性的文化构成(an ecological cultural constitution),在全面包裹、浸润和重组日常生活的过程中,获得了一种基础设施地位,这意味着它不仅给新的行为和观念模式提供支持,更为新的文化和政治结构的出现提供逻辑④,这种新的数字化和媒介化的逻辑不可避免地与平台背后的科技资本主义意识形态紧密结合,重新定义了劳动、闲暇、交往

---

① 参见杨洸、邹艳雪:《数字媒体与情感极化:表征、成因与对策》,《新闻界》2023年第9期,第15—24页。
② 参见 Ralph Schroeder, "Towards a Theory of Digital Media," *Information, Communication & Society*, 21(3), 2017, pp. 323-339。
③ 参见 Tony Harcup, and Deirdre O'Neill, "What Is News? News Values Revisited (Again)," *Journalism Studies*, 18(12), 2017, pp. 1470-1488。
④ 参见 Jean-Christophe Plantin, and Aswin Punathambekar, "Digital Media Infrastructures: Pipes, Platforms, and Politics," *Media, Culture & Society*, 41(2), 2019, pp. 163-174。

和社群等人类社会的基本动力要素,为诸种古老的压迫形式带来了新的生命力。我们可以在风行一时的标签运动(hashtag movements)中清晰地看到上述逻辑的运作方式——平台如何通过创造一种新的动员模式,将特定的文化政治观念商品化,并使之最终成为整个平台基础设施不断实现自我更新的养分。[①]

尽管上述两种辨析路径为我们反思数字媒体生态提供了启发,但它们仍缺少对这一无远弗届的"环境"的核心技术构型及其文化指涉的细致剖析,这使得我们在做出看似合乎情理的价值判断的时候,仍然面对着难以化解的矛盾。比如,从实践角度看,机器人写作和生成式人工智能在媒介内容生产中的使用,似乎尚未涉及全球主流媒体的日常生产观念与机制[②],更被排除在那些真正对社会议程产生影响的重大严肃报道项目之外,那么它为何可被视为"人的退场"的表征?再如,从高度网络化和分布式的构成上看,数字媒体生态毫无疑问是指向一种更平等的传播结构的[③],它极其显著地消解了公共文化中的精英主义,那么为什么这样一种切实存在的(material)的构成方式,却造成了实质上的反民主的结果?要回答这样的问题,我们需要求助于更精细的媒介分析,并借助一些技术哲学批评工具的帮助。这正是本章期望完成的任务。

具体而言,本章主要采用一种技术-文化共生论(techno-cultural symbiosis)视角,将媒体生态的特定技术构型视为与之共生的某种文化构型的前提、依据和观念合法性的来源,并在此基础上对我们正置身其中的数字媒体生态做出细致的批判性考察。这一视角反对将技

---

① 参见 Dawn L. Rothe, and Victoria E. Collins, "The Illusion of Resistance: Commodification and Reification of Neoliberalism and the State," *Critical Criminology*, 25(1), 2017, 609-618.

② 参见陈昌凤:《生成式人工智能与新闻传播:实务赋能、理念挑战与角色重塑》,《新闻界》2023年第6期,第4—12页。

③ 参见黄文森:《可供性、扩散、秩序:数字新闻流通的网络》,《新闻与写作》2022年第3期,第24—34页。

术视为单独发挥作用的动力机制,并主张任何一种形式的技术创新都一定会对应着某种形式的文化创新,而技术正是通过与之共生的文化构成方式对社会进程施加影响的。① 基于这一视角,本书提出数字媒体生态的三重结构性悖论:弥散网络与控制的专门化、可计算性与区隔的精细化、自动化与消极精神的常态化。

一、弥散网络与控制的专门化

数字媒体生态在结构上的一个最基础的特征,就是为多元行动主体的社会参与和文化介入活动提供了广泛的接口。与传统媒体时代的各类信息流通渠道相比,数字通信网络无论是在经济上还是在文化上均极大地降低了准入门槛,并至少在理论上赋予了每个接入者同等的权力。数量庞大、取向各异的"另类"行动主体的不断诞生持续冲击着既有的信息传播架构,传统媒体机构因此不得不面对一种形态日益弥散的流通网络和一个竞争日趋尖锐的内容市场。

多元行动主体作为构成数字媒体生态的决定性要素,为新文化的生成提供了全新的逻辑。一方面,传统媒介环境中被用于决定劳动分工和身份认同的各种文化标准——如记者职业的定义[②]、信息理性和情绪感官的边界[③]、信息生产主体与生产工具之间的关系等[④]——几乎被完全重构,媒介文化从过去那种建制化、科层制、合理化取向的结构转变成一种极富流动性甚至混沌性的新生态,确凿无疑的评判标准难以长期存留,一切对于效用和价值的衡量都要在关系的维度上完

---

① 参见常江、狄丰琳:《从智能分发到"审美茧房":数字时代的文化公共性反思》,《中国出版》2023 年第 14 期,第 3—10 页。

② 参见徐笛、胡雅晗:《数字时代记者职业的重新领地化》,《中国出版》2023 年第 16 期,第 15—20 页。

③ 参见何天平:《可视化、沉浸化与游戏化:数字新闻美学的实践逻辑》,《江西师范大学学报(哲学社会科学版)》2023 年第 1 期,第 83—91 页。

④ 参见彭兰:《数字新闻业中的人-机关系》,《新闻界》2022 年第 1 期,第 5—14+84 页。

成。另一方面,传媒行业传统意义上的"知情公众"(informed publics)和"协商民主"(deliberative democracy)的价值理想,逐渐为一种更直接的草根行动主义(grassroots activism)所取代,情感化的"介入"(engagement)开始作为一种一般性的媒介经验获取方式被广泛践行[1],曾经人与内容、人与人之间保持必要的距离被视为审慎的信息理性得以形成的前提,如今却在大多数时候被批评为一种反动的精英主义意志而遭到摒弃,其结果则是形成一种带有鲜明的民粹主义倾向的文化氛围。

然而,传统标准、权威和理想的瓦解以及大众力量的崛起,并未带来很多理论家所预想的文化多元主义——恰恰相反,被全球性平台联通的媒体生态在重新领地化的过程中,形成了一种更具排他性色彩的身份政治结构。过去那种大体可以实现"和而不同"的交流模式,在各种协商空间和批判性距离(critical distance)被挤压殆尽的情况下演变成高度意识形态化的"效忠游戏",复杂的社会和文化议题则在过于热烈的舆论氛围中被简化为非黑即白的道路选择。这种在形式上是"直接民主",实际上是对文化公共性的背离的状况,在近年来欧美国家的政治选举[2],以及新冠肺炎疫情时期的网络讨论中得到反复印证[3]。这一状态多少有些反讽地揭示出技术乐观主义者对于"去中心化"的想象有多么的天真:"去中心化"并不必然等于"没有中心",也绝不承诺"多个中心"的并存;在传统政治经济结构的基本逻辑几乎保持恒定的情况下,形式上的"去中心化"结构只会以更有创造力的形式被商品化。

因此,对于数字媒体生态下网络弥散状态的考察,必须要跟全球

---

[1] 参见田浩:《以亲密关系重塑公共生活:介入性新闻的观念、实践及创新限度》,《新闻界》2023年第8期,第14—23页。

[2] 参见 Luca Buccoliero, et al., "Twitter and Politics: Evidence from the US Presidential Elections 2016," *Journal of Marketing Communications*, 26(1), 2018, pp. 88-114。

[3] 参见 P. Sol Hart, Sedona Chinn, and Stuart Soroka, "Politicization and Polarization in COVID-19 News Coverage," *Science Communication*, 42(5), 2020, pp. 679-697。

论数字媒体生态：自动化、后人类与行动主义

互联网的平台化(platformization)趋势结合起来。作为数字媒体生态发展的一个当下阶段，平台或许不是培育多元行动主体的初始力量，却是在当下的历史和社会条件下维系上述"多元"和"弥散"状态的基础技术框架，它不仅全方位地支持维系去中心化的信息和观念流通的结构，而且通过自身的一系列技术构型实现了对整个数字媒体生态的控制。作为一种带有强烈集约化色彩的规模经济模式，数字媒体平台对早期科技资本主义经济模式的超越主要体现在它对数据(data)的商品化。[1] 由于弥漫于互联网文化的草根行动主义热情，各类"志愿"数据创衍活动的劳动本质被长期遮蔽[2]，因此，平台在获取最基本的生产资料的过程中投入的成本几乎可以忽略不计。对于平台的生存和发展而言，两条"铁律"因此形成：第一，一般而言，数字媒体生态的行动者数量越多、诉求越广泛，其衍生的数据量越庞大，平台(作为一个总体性经济范畴)可以从中获取的潜在收益也越可观，这意味着平台永远欢迎"众声喧哗"的民粹主义、抵触节制和审慎的"知情公众"；第二，平台可以通过对数据流向、分布和演变趋势的掌握，不断实现对自身经济模式的优化，而随着这种"掌握"机制的日渐精细化，数据也就获得了一种新的文化政治意涵——从单纯的科技资本主义生产资料，转变为平台对日常生活进行监控和殖民的"中介"。

平台以"数据管理"为工具实现了对整个数字媒体生态的全面控制。这一过程是通过两条并行"路线"实现的。第一条路线是对以算法为代表的前沿人工智能技术的不断研发和广泛采纳，借助人工智能在辅助信息生产与流通方面的自动化效能，厚筑信息茧房和价值观回音室，持续消解平台用户在参与和决策中的自主性[3]，间接加剧整个数

---

[1] 参见 Matthew Crain, "The Limits of Transparency: Data Brokers and Commodification," *New Media & Society*, 20(1), 2016, pp. 88–104。

[2] 参见 Tai Neilson, *Journalism and Digital Labor: Experiences of Online News Production*, Routledge, 2021, pp. 105–115。

[3] 参见彭兰：《算法社会的"囚徒"风险》，《全球传媒学刊》2021 年第 1 期，第 3—18 页。

字媒体生态的极化结构。第二条路线则是不断塑造包括网红经济、饭圈经济、直播带货等在内的新型数字经济模式,用远超传统线下经济模式的盈利神话树立典范效应,持续解构包孕在初代互联网文化中的朴素的公共性基因,引导用户心甘情愿地让渡自己的数据主权。据此,两位学者以"平台监控"(platform surveillance)这一概念来描述平台借由数据管理对媒体生态进行控制的基本模式:平台以多种隐秘的方式系统性地将社会实践和社会关系转化为监控性中介以获取大量可用于营利目的的数据的过程。①

因此,数字化革命所培育的多元主体和去中心化结构不但没有带来预期的文化民主,反而最终在平台的政治经济学的作用下演变为一种更具专门化色彩的控制网络,这构成了数字媒体生态的第一重悖论。数字平台对媒体生态全面控制的本质是对人的数据化和对人本主义价值原则的消解;而对其展开反思的关键在于,准确把握平台作为当代科技资本主义"典范"(incarnation)的再生产逻辑,以及人在数字时代的人机交互实践中获得的新惯习。

二、可计算性与区隔的精细化

从构成和组织方式上看,数字媒体生态实现了一种全方位的"量化转向"(quantitative turn)②,其基本逻辑是为各种属性、价值和倾向赋予数量上的标准,从而实现对于总体文化的"可计算性"(computability)转化。在日常运作中,数字媒体生态不断建立以数量标尺为基准的一系列内部流程和评判体系,包括用于衡量影响力的综合流量计

---

① 参见 David Murakami Wood, and Torin Monahan, "Platform Surveillance, "*Surveillance & Society*, 17(1-2), 2019, pp. 1-6。

② 参见 Mark Coddington, "Clarifying Journalism's Quantitative Turn: A Typology for Evaluating Data Journalism, Computational Journalism, and Computer-Assisted Reporting," *Digital Journalism*, 3(3), 2015, pp. 331-348。

论数字媒体生态：自动化、后人类与行动主义

算体系、作为基础性生产资料的结构化数据库体系，以及旨在为各种自动化内容生产提供支持的智能机器学习体系等。这些体系各有自己所在维度上的"亚生态"，且互为依托、彼此交错，使整个数字媒体生态如一架精密运转的仪器般工作。

数字媒体生态基于可计算性技术构型，逐渐形成了一种"可预测"（predictable）和"可控"（steerable）的文化，这种文化产生了双刃剑效应：既在最大程度上实现了对原本为形形色色的机构理性所遮蔽的迷思（包括各种类型的精英话语）的祛魅，也借由新的透明性流通法则放大诸种极端主义的能见度，为其在公共信息场域的传播提供了合法性空间。例如，有研究发现，新闻业的数字化转型就体现了上述复杂性：新闻传播的流程完整地"接入"平台生态后，传统机构媒体的专业权威很快被高度可计算的平台规则体系消解；与此同时，新闻业的意识形态光谱也向左右两端急速扩张，初创的原生数字新闻机构毫无保留地将数据主义价值观内化为自己的新专业标准，从而令新闻业成为流量经济和民粹主义的热土。[①]

不过，数字媒体生态的可计算性技术构型带来的最重要的文化后果，是重新定义了社会区隔（social distinctions）的实践形式。事实上，对人群进行区分始终是传媒行业发展的一个副产品，一切媒介使用行为的背后都存在着边界和阶层的问题。[②] 在大众化报纸的时代，"质报"（quality papers）和"小报"（tabloids）的差别不仅体现为不同的选题趣味和报道方针，更指向社会阶层各异、掌握不同类型文化资本的读者群体，以及这些群体间的文化权力分配结构。电视纵然被广泛地视为最具大众性的媒介形式，但英国广播公司（BBC）的历史纪录片生产

---

① 参见 Colin Porlezza, "The Datafication of Digital Journalism: A History of Everlasting Challenges between Ethical Issues and Regulation," *Journalism*, 25(5), 2023, pp. 1167-1185。

② 参见 Johan Lindell, "Battle of the Classes: News Consumption Inequalities and Symbolic Boundary Work," *Critical Studies in Media Communication*, 37(5), 2020, pp. 480-496。

和中国中央电视台科教频道早期的运营策略还是体现出对于某种"品位的政治"(politics of taste)的捍卫,折射出"公共电视"概念的复杂性。进入数字时代,尽管互联网在很大程度上延伸了过去的文化资本运作模式①,但传统媒体的社会区隔效应在精细度上与数字媒体生态中的不可同日而语——后者依托其对海量数据的掌控和强大的计算能力,几乎穷尽了对人群进行区分和隔离的全部方式。由于可计算性的作用,机构和平台对用户行为的判断不再基于某种模糊的经验,而是以数据化、算法化的"画像"为依据,每个用户都会因其媒介使用历史而拥有独一无二的"画像"。这些以"数据簇"为存在形式的用户画像,成为机构和平台进行有针对性的内容分发、品牌营销和政治影响的凭据。用户和用户、群体和群体之间的"区别待遇",因此拥有了无比细腻的维度:A 和 B 或许因内容消费习惯的不同而属"异类",却又因相近的价值观倾向而属"同类",数字媒体生态因而成为无数既相互区隔又彼此交错的亚生态动态构成的复杂网络。

与此同时,可计算性还在很大程度上实现了对被区隔对象的"物理隔离",使差异的双方难以察觉对方的存在,并在自己既有的维度上加深极化。在数字媒体生态下,尽管建立连接十分容易,但不同利益、兴趣和价值群体间的沟通性却远不如前数字时代,这在很大程度上是因为精细的计算过程显著放大了小众和边缘文化的可见性,使其实践者产生了与事实不相符合的身份认同。有研究即指出,各种类型的极端主义(extremism)曾经必须依自身与"主流"的关系和距离锚定自身在社会中的定位,但在数字媒体环境下,它们获得了一种自洽的认知地位和相对独立的话语空间,不再认为有必要通过与"主流"的沟通来

---

① 参见 Jonas Ohlsson, Johan Lindell, and Sofia Arkhede, "A Matter of Cultural Distinction: News Consumption in the Online Media Landscape," *European Journal of Communication*, 32(2), 2017, pp. 116-130。

论数字媒体生态：自动化、后人类与行动主义

调适自己的姿态。① 在新闻领域，像布莱德巴特新闻网（Breitbart News）这样的极右翼媒体机构和"匿名者Q"（QAnon）这样狂热的网络阴谋主义运动，在传统媒体生态下完全没有生存土壤，却在数字时代中拥有了自己相对隔绝的领地和稳定的追随者。② 数字媒体生态还通过制造"审美茧房"不断激化不同趣缘群体之间的冲突并破坏公共美学得以形成的实践基础，这在网络饭圈文化充满张力的发展中得到集中体现（参见第六章）。

总而言之，当一切均可被量化和计算，那些原本不彰、对弥合分歧而言却至关重要的细微差别（nuances）便被放大，并开始作用于认知、态度和行为诸层面，压缩沟通和协商的空间，诱发话语冲突和审美暴力。数字媒体生态的可计算性特征在形式上维系着一种各安其事的文化部落化分布结构，通过将原本粗线条的社会区隔精细化的方式，在总体上弱化了传统社会结构中的基本矛盾，却在更大范围和更深程度上揭示出个体与个体之间在诸多基本议程上的不同。阶层、性别、地域、年龄、国族、信仰、兴趣、习惯……所有这些在理论上可被用于区分人群的指标，都被纳入数字媒体生态的计算体系。因此，正如有学者指出的，只要将标准琐碎化到一定程度，每一个人都会发现自己或多或少陷入某种"不同意"状态，这是由数字媒体自身的属性而非人的意愿所决定的。③ 据此，平台有效地分化了人群，杜绝了持久性变革力量的生成，并在数字媒体生态内部营造了一种持续性的冲突结构。换

---

① 参见 Marten Risius, et al., "The Digital Augmentation of Extremism: Reviewing and Guiding Online Extremism Research from a Sociotechnical Perspective," *Information Systems Journal*, 34(3), 2024, pp. 931-963。

② 参见 Philipp Müller, and Anne Schulz, "Alternative Media for a Populist Audience? Exploring Political and Media Use Predictors of Exposure to Breitbart, Sputnik, and Co.," *Information, Communication & Society*, 24(2), 2021, pp. 277-293。

③ 参见 Matthew Barnidge, "Exposure to Political Disagreement in Social Media Versus Face-to-Face and Anonymous Online Settings," *Political Communication*, 34(2), 2017, pp. 302-321。

言之,通过以无数形式的微观文化政治遮蔽社会基本矛盾,数字媒体生态反而实现了对自身的去政治化。

三、自动化与消极精神的常态化

智能化是数字技术演进的一个基本方向。表面看来,通过普及智能技术的方式将人从一部分重复性劳动分工中解放出来,使之从事更需要想象力和创造力的工作,是一种充满乌托邦主义色彩的愿景。但实际上,这是一种过于天真的乐观主义。至少在新闻传播领域,智能化带来的首要的文化后果是人文精神的衰落而非"创造力"的提升。在规范理论层面,这一局面所预示的是"元伦理"层面的危机。[①]

如第二章所述,智能化的技术演进趋势指向了一种以自动化为核心特征的文化创衍模式。一方面,以推荐算法和生成式 AI 为代表的人工智能技术使得建立在机器学习基础上的大规模、结构化、持续性的信息生产成为可能,这意味着随着人工智能学习能力的不断提升,其生产的内容将无限度地接近(尽管永远不会等同于)人类生产的内容,并在相当程度上褫夺人类行动者对整个信息环境的塑造权。另一方面,不间断的自动化生产导致信息流通网络的"永动性"和人类有限的认知能力之间存在着永远无法化解的矛盾,人类越来越难以把握和理解这个几乎不由自己主导的媒介环境,故而开始以回避、戒断乃至犬儒主义的策略对其进行消极抵抗,这进一步助推了人本精神与媒体生态的脱离。简言之,自动化的必然结果就是哲学家哈特穆特·罗萨(Hartmut Rosa)所言的"由社会加速所导致的新异化":我们自愿所做之事并非我们真正想做之事,而我们在特定历史条件下生产出来的对

[①] 参见陈昌凤、雅畅帕:《颠覆与重构:数字时代的新闻伦理》,《新闻记者》2021 年第 8 期,第 39—47 页。

论数字媒体生态：自动化、后人类与行动主义

象反过来支配并压抑了我们的主体。①

关于人在日趋自动化的数字媒体生态下形成的诸种行为模式，目前仍欠缺系统的理论化工作。本书基于学界关于新闻回避和数字戒断的讨论，将这些逃避或抵触的实践定义为一种总体性的"消极精神"（negative ethos）在行为层面的体现。在这种时代性精神结构的支配下，很多人因深刻的无力感而逐渐失去对外部信息环境的兴趣和信任，甚至践行一种自我隐遁（self-reclusive）的生活方式，从而与那些积极投身于网络民粹主义活动的"介入者"形成鲜明的对比。当然，从文化理论的角度看，即使是消极的生活态度，也是某种程度上自主选择的产物。而且，在大多数情况下，无论是"回避"还是"戒断"，往往都是暂时性或局部性的，且背后大多有科技资本主义操纵的身影。但无论如何，当一种日益壮大并呈现出主流化态势的集体精神气质选择以逃避主义（escapism）为主要诉求，我们自然很难让自己去想象一个能够为全人类带来"福祉"的数字化未来。

数字媒体生态日趋加剧的自动化态势和其行动者日趋消极的精神状态之间的张力，有力地揭示出平台化语境下文化权力运作的基本模式。平台通过建立一套强制性而非惩罚性的规则体系，塑造了一种表面多元平等、实则极化排外的内部生态：那些最热烈和最极端的"介入者"，往往最难被机器学习的"最大公约数"法则覆盖，他们通常在这一规则体系下得到最高的酬赏；而那些温和、中性、富有协商精神的"沟通者"，则因缺乏鲜明的个性标识而最容易被人工智能取代，因此他们只能被迫在随波逐流和自我放逐之间做出选择。已有不少研究指出，被智能算法支配的信息网络已形成某种高度"自恋"的语法体系，用户只有通过刻意放大自我呈现中的偏激、傲慢和极端要素，才能

---

① 参见 Hartmut Rosa, *Alienation and Acceleration: Towards a Critical Theory of Late-Modern Temporality*, NSU Press, 2010。

获得流量的青睐。① 这也是极化(polarization)现象在数字时代如此牢固和持久的一个重要原因——未必所有我们可见的极端话语都有实在的社会基础,但算法支配下的自动化架构决定了极端化是当下最有效,甚至是更符合个体尊严需求的文化参与方式。

过去十年间,消极精神在全球范围内的弥漫已是确凿的经验事实。越来越多的人在将每天大部分的清醒时间用于接触各类电子通信设备的同时,在心理和情感上与它们所代表的文化逐渐疏离。牛津大学路透新闻研究所的《2023年度数字新闻报告》用翔实的数据印证了这一问题的严肃性:一方面,越来越多的人对算法推荐新闻持怀疑态度,日常性地回避新闻接触,且全球新闻信任度连年稳步下滑;另一方面,活跃在TikTok、Instagram和Snapchat上的网红却成为最受关注和信赖的信息源,他们是当下主流算法规则中首要的受益者。在某种程度上,这一局面是上一节中讨论过的"精细化区隔"的延续:以智能算法为骨架的自动化文化权力结构通过一套隐形的行为规则将那些最有可能被机器替代的人辨识出来并将其边缘化,从而实现对自身效能和收益的最大化。

普遍性消极精神的常态化最令人不安之处在于,它是一个"别无选择的选择"——既然数字媒体生态实现了一种对日常生活的无限性覆盖,那么即使是"自我放逐",又有何处可去呢?② 英国爱丁堡大学教授汤姆·莫尔(Tom Mole)就提出了一个令人不安的观点:在未来,要想摆脱过载、琐碎而极化的数字信息环境,光靠个人意志绝难实现,这需要坚实的经济和文化资本的支持——只有富裕阶层才能真正实现可持续的"回避"和"戒断",大多数人则因其基本谋生手段业已跟数

---

① 参见 Ying Wang, et al., "Lonely, Impulsive, and Seeking Attention: Predictors of Narcissistic Adolescents' Antisocial and Prosocial Behaviors on Social Media," *International Journal of Behavioral Development*, 47(6), 2023, pp. 540-547。

② 参见"Digital News Report 2023," Reuters Institute, June 21, 2023, https://reutersinstitute.politics.ox.ac.uk/digital-news-report/2023, 2024年10月1日访问。

字劳动体系牢牢绑定而注定永远无法完全摆脱日益"非人化"的算法环境。① 所以,与弥散网络和可计算性相比,自动化带来的文化后果最为严重,因其对大多数人来说就如同一片没有边界的流放之地,且其膨胀的速度远远超过个体所能达到的逃逸速度的极限。

四、如何应对失控的风险?

本章基于一种技术-文化共生论的视角,对我们置身其中的数字媒体生态做出了批判性的考量。研究认为,当下的数字媒体生态是在三重结构性悖论的基础上实现了一种有序的"非人化"演进,弥散网络、可计算性和自动化的技术构型非但没有带来预期中的文化多元和信息民主,却导致了控制的专门化、区隔的精细化和消极精神的常态化等异化后果。在上述分析的基础上,我们得以对数字时代的媒介文化及其社会效应做出总体评估。

首先要强调的是,数字媒体生态的异化本质是缺少人文精神制衡的技术乌托邦主义诱发技术失控(technological derailment)所产生的文化风险(cultural crisis),其根源不在技术本身,而在人类社会普遍遵循并具有广泛合法性的科技意识形态的非历史性。在数字技术革命带来的震惊效应的冲击下,技术创新等同于社会进步的简单归因论深入人心,且这一点令人意外地并未因政治制度和文化传统的差异而体现出本质的不同。发达国家通过构建平台资本主义体系收获利润并延续传统的权力优势,后发国家则大多期望通过加速数字化进程实现"弯道超车"。技术乌托邦主义话语同时满足了不同层次的权力机构和社会群体的利益诉求,因而成为一种不言自明的政治正确。技术乌托邦主义的逻辑和话语不仅是非历史的,而且是与平台资本主义合谋

---

① 参见 Tom Mole, *The Secret Life of Books: Why They Are More than Words*, Elliot & Thompson, 2019, pp. 29-31。

的,它通过多样的技术手段不断压缩各种类型的约束性观念体系(如协商理性、人文价值、批判性思维等)的话语空间,并最终确立起量化标准对整个生态环境的绝对统治。这让我们深刻地意识到传统的信息价值和媒介伦理体系已不合时宜到何种程度,以及缺少批判精神的知识界懒惰到何种程度。对于数字媒体生态的异化状况的拨正,如今需要不同社会领域的协同努力。

在明确症结所在的基础上,我们需进一步意识到真正的解决路径存在于实践而非空谈之中。传播观念是传播实践的产物,而一切传播实践都要依托既有的媒体生态完成。因此,以实践为武器实现的对数字媒体生态异化的反拨,就如同电影《黑客帝国》所呈现的那样,必然是一场自内而外的、艰苦的战斗。所幸,在过去五年中,我们已经看到了一系列以建立新专业规范体系为目标的新闻实践模式在推动媒体生态重归社区和人本传统方面的可贵努力,以及这些努力取得的虽有限但值得期望的成果——包括前文提到过的旨在对抗"时效性异化"的慢传媒运动,通过重建受众与媒介叙事之间的心理距离来唤醒有机社区情感的新闻剧场(news theatre)项目[1],以及倡导提升新闻的公共美学诉求以推动进步性文化议程的感官新闻(sensory journalism)创新样态[2],等等。这些探索中的专业实践或许采取了不同的策略、拥有不同的形式,却有着一个共同点:对数字媒体生态下的主导性媒介逻辑采取了内化和改造的策略——它们所追求的是一种内生于数字化土壤的革新力量,而不是对数字媒体环境的单方面逃避。这无疑是一种务实而负责任的态度。

总而言之,尽管当下的数字媒体生态结构性压迫沉重、人文精神

---

[1] 参见田浩:《数字新闻剧场:情感连接与社区构建》,《中国出版》2022年第22期,第29—35页。

[2] 参见王晓培:《声色的厚度:数字新闻的感官化实践趋势探析》,《新闻界》2023年第7期,第13—22页。

低迷,但数字化的技术和文化在演进过程中仍然为人类张扬主体性、构建公共信息文明预留了充裕的空间。只有保持对环境的反思,坚持对客观世界进行源自历史和经验的价值判断,并维持一种积极务实的精神状态,数字化的未来才有可能是一个真正属于人本身、服务于人的意志和道德选择、致力于给全人类带来福祉的未来。

第四章　自动化的困境：数字媒体生态与未来信息文明

在当下的数字媒体生态中，全球传媒业最引人注目的现象莫过于生成式人工智能技术在主流媒介生产中的采用，以及大量传统和新兴媒体机构对人工智能的媒介逻辑进行内化和驯化的过程，人与技术之间的复杂关系在这一过程中进一步凸显。在绝大多数媒体机构专为人工智能内容生产制定的规则中，"人类监督"(human oversight)被置于中心地位。例如，路透社(Reuters)将人类监督界定为"通过有意义的人类参与促使人工智能产品与数据的使用始终服膺于对人类的公平对待"；《卫报》(*The Guardian*)具体规定，其新闻室的一切人工智能使用活动都必须得到"一位高级编辑的明确许可"；法国的《巴黎人报》(*Le Parisien*)则郑重承诺，绝不会发布任何未经人类编辑审核过的人工智能生成作品。① 这似乎表明传媒业的决策者和实践者对来势汹汹的人工智能技术持有警惕或至少是审慎的态度。

然而，一些权威调查数据似乎揭示了与此不大相同的趋势。例

---

① 参见 Hannes Cools, "Towards Guidelines for Guidelines on the Use of Generative AI in Newsrooms," Medium, July 10, 2023, https://generative-ai-newsroom.com/towards-guidelines-for-guidelines-on-the-use-of-generative-ai-in-newsrooms-55b0c2c1d960，2024 年 10 月 7 日访问。

如，伦敦政治经济学院和谷歌新闻实验室展开的一项涵盖46个国家的联合调查结果显示，已有超过90%的新闻机构在不同程度上依赖人工智能进行新闻生产工作，超过80%的新闻机构建立起智能化的新闻分发网络，且对AI时代的到来持有欢迎态度的新闻从业者(85%)显著多于对人工智能相关的伦理问题表示担忧的新闻从业者(40%)；而且，几乎没有新闻机构针对机器人新闻生产中存在的诸多问题——如偏见的产生、对弱势群体的错误呈现或边缘化、新闻报道品质的总体性下滑——提出有效的解决方案。① 与此同时，目前在传媒行业应用最为广泛的生成式人工智能工具有很多就是由传统媒体机构研发推出的，包括彭博新闻社(Bloomberg News)的BloombergGPT、《华盛顿邮报》(*The Washington Post*)的Heliograf，以及路透社的Lynx Insight，等等。对此，技术哲学学者马莫尔(Mármol)做出了令人深思的评价：传媒业在面对生成式人工智能浪潮时出现的话语和行动上的分裂，是互联网的"信息自由理想"内在矛盾性的表征——人工智能既代表着一种信息生产和流通不受人的局限性约束的终极自由状态，却也预示着人类对"何为信息自由"的界定权的丧失，这使得所有媒体人都陷入了追逐外部世界成就与维系自身主体性的认识论冲突。②

媒介生产领域的"后人类状况"，在削弱了人类行动者主体性的同时，也凸显出物质性的媒介经验和实践的重要性。一如哲学家西奥多·沙茨基(Theodore Schatzki)指出的：正是在经验和实践中，我们发现"人类和非人类共同决定彼此的"的可能性，以及"某些客体脱离人

---

① 参见 Charlie Beckett, and Mira Yassen, "Generating Change: A Global Survey of What News Organizations Are Doing with AI," JournalismAI, https://www.journalismai.info/research/2023-generating-change, 2025年5月19日访问。

② 参见 Jesús A. Mármol, "Artificial Intelligence and the Press: The Paradox of Freedom of Information?," Medium, July 17, 2023, https://medium.com/institute-for-ethics-and-emerging-technologies/artificial-intelligence-and-the-press-the-paradox-of-freedom-of-information-8066e01cdf12, 2024年10月7日访问。

类行动和概念化获得独立地位"所产生的巨大认识论意义。① 如第二章所述,若要在认识论上准确把握数字媒体生态的这种后人类状况,我们必须在相当程度上超越人作为经验和实践唯一主体的传统认知,以一种平等主义的视角重估人类和非人类行动者在文化构成中的角色、功能,并尝试归纳适用于所有经验和实践主体的"规律范畴"(law-spheres),或如哲学家赫尔曼·杜伊维尔德(Herman Dooyeweerd)所界定的经验之"体"(aspects)。②

面对一个更加智能化的时代的到来,不止狭义上的专业媒体机构陷入了分裂和矛盾,绝大多数人的一般性媒介经验也面临着持续的变动、重组乃至颠覆。随着主导性媒介技术智能化程度的不断提升,整个媒介环境对人的日常生活、精神世界乃至身体的入侵性(intrusiveness)都在进一步深化,人工智能正在以令人难以察觉的方式介入人在不同经验范畴的决策活动。人在不知不觉间,逐渐将信息、关系、金融乃至情感等领域的决策权让渡给人工智能,出现了所谓的"算法增殖"(algorithmic appreciation)现象,其结果就是人越来越难以左右自己究竟能够在多大程度上拥有界定生活意义的自主性,以至于有欧洲学者感慨:"我们相信上帝"(in God we trust)已经被"我们相信 AI"(in AI we trust)所取代。③ 例如,关于最具代表性的"超级应用"(super apps)——微信的研究已表明,在人工智能技术和科技资本主义的联合作用下,我们所处的媒介环境已经呈现出聚合化、金融化、平台化和

---

① 参见 Theodore R. Schatzki, "Introduction: Practice Theory," in Theodore R. Schatzki, Karin Knorr Cetina, and Eike von Savigny, eds., *The Practice Turn in Contemporary Theory*, Routledge, 2001, pp. 10–23。

② 参见 Herman Dooyeweerd, *A New Critique of Theoretical Thought*, Paideia Press, 1984, p. 4。

③ 参见 Theo Araujo, et al., "In AI We Trust? Perceptions about Automated Decision-Making by Artificial Intelligence," *AI & Society*, 35(3), 2020, pp. 611–623。

论数字媒体生态：自动化、后人类与行动主义

基础设施化的发展趋势①，这使得文化理论所倡导的那种"有机的"、有意义的个体经验的形成变得日益困难。

因此，我们必须要在震惊于 AI 技术对人类媒介经验的"提能增效"的同时，透过这种"烈火烹油"般炽热的表象，看到其背后深藏的文化危机。一方面，人工智能时代的到来催生了精确、集约和普惠等一系列人类信息文明长期以来致力于追求的某种理想状态；另一方面，人也在享受智能化带来的行动便利与经济红利的同时，不断被机器的量化逻辑消解自身的文化主动性、改造自身的存在方式，从而陷入了前所未有的存在危机。② 人机交互持续且日益深刻的实践正在颠覆曾经不言自明的"人类中心"（human-centered）的传播观，既呼吁新的媒介认识论的出现，也呼吁新的媒介规范和伦理体系的构建。③

本章以数字媒体生态的构成方式为理解的出发点，剖析人工智能技术与当下的数字媒介生态之间的共生关系，以及这种关系如何令自动化成为当代文化的基础逻辑和基本框架。以此为基础，本章将综合调用丰富的思辨性理论传统，对智能时代的媒介文化困境做出批判性的反思，并对一种理想的未来信息文明进行展望。

一、"自动化"的数字媒体生态

如前文所述，数字媒体生态概念的生发既有深厚而复杂的理论背景，也源于当代一些媒介理论家做出的价值选择，其核心要义在于：不

---

① 参见 Lianrui Jia, David B. Nieborg, and Thomas Poell, "On Super Apps and App Stores: Digital Media Logics in China's App Economy," *Media, Culture & Society*, 44(8), 2022, pp. 1437–1453。

② 参见 Karen Asp, "Autonomy of Artificial Intelligence, Ecology, and Existential Risk: A Critique," in Teresa Heffernan, ed., *Cyborg Futures: Cross-Disciplinary Perspectives on Artificial Intelligence and Robotics*, Palgrave Macmillan, 2019, pp. 63–88。

③ 参见陈昌凤：《人机何以共生：传播的结构性变革与滞后的伦理观》，《新闻与写作》2022 年第 10 期，第 5—16 页。

仅要将媒介视为客观存在的"外部环境",更要针对其进行有明确价值诉求的干预式理论化工作,将构建一种平衡、健康、有利于共识达成的媒介生态作为理论发展的优先目标。在克里斯·安德森(Chris Anderson)看来,以"生态"为认知框架和核心隐喻,我们对自身所处的媒介环境的理解得以实现"实践"和"意义"的有机结合,形成一种具有总体性解释力和行动力的媒介观。① 这是本书全部论述的观念起点。

数字媒体生态的形成既是数字技术革命的直接产物,同时也为这场革命的持续提供结构性支持。一方面,数字媒体生态以技术和文化之间的持续互动为基本的动力体系,技术本身的发展及其不断培育的新文化样态就是维系该生态稳定性的"燃料",因此,数字媒体生态天然地倾向于不断推进新技术的发明和应用,以避免内部结构的失衡。另一方面,从行动者网络理论出发,我们得以将技术本身视为参与数字信息传播过程的重要行动者,这也决定了数字媒体生态的一个基本演化方向,即促进信息与媒介经验的增殖和丰裕。② 在上述数字媒体生态的演进逻辑的支配下,当代媒介技术朝着一些基本的方向发展,包括开放性的协同行动工具、密集和精确的连接网络,以及诉诸感官的终端等。无论在哪个方向上,对新型人工智能工具的研发都被平台、媒体机构和高科技公司赋予了最高的优先级,它们或将智能化转型视为既有传媒体制适应新技术环境、维持生存发展的方法,或从这种转型中看到新的商业或影响力成长模式。但是,无论何种情况都是殊途同归的:人工智能成为数字媒体生态在当下发展的核心动力,人机关系成为构成数字媒体生态的基本关系,现实和虚幻的界限

---

① 参见 C. W. Anderson, "Practice, Interpretation, and Meaning in Today's Digital Media Ecosystem," *Journalism & Mass Communication Quarterly*, 97(2), 2020, pp. 342-359。

② 参见 Andreas Widholm, Kristina Riegert, and Anna Roosvall, "Abundance or Crisis? Transformations in the Media Ecology of Swedish Cultural Journalism over Four Decades," *Journalism*, 22(6), 2021, pp. 1413-1430。

论数字媒体生态：自动化、后人类与行动主义

不断被模糊。[1]

数字媒体生态在人工智能支配下的技术变迁趋势,指向的是一种自动化的文化变迁趋势,这是由媒介发展的基本规律决定的。[2] 基于第二章的讨论可知,自动化的本质,质言之,就是非人化。人类行动者在数字媒体生态的智能化转型中不断将某些被认为是"低端""重复性"类型的信息和意义生产活动"委托"给人工智能,使其得以在高效的机器学习过程中迅速成长和成熟,直至进化出超越人类认知局限的能力或属性。尤其是正在迅猛发展的生成式人工智能,其智慧程度正在突破人类主要基于传统媒介经验形成的、如今看来是极为有限的技术想象力。例如,在2019—2020年间,无论是传媒学界还是业界均存在大量轻视"情感人工智能"(emotional AI)的讨论,主流观点是:无论机器学习尖端到何种程度,机器人都不可能完全模拟人类的情感;但到了2022—2023年间,一些成熟的情感类人工智能模型,比如前谷歌工程师艾伦·科文(Alan Cowen)研发的Hume AI、瑞典公司Smart Eyes推出的Affectiva,以及在新冠肺炎疫情期间迅速壮大的视讯会议平台Zoom上线的Zoom IQ,均已实现在1秒钟左右的时间里完成对多种人类情感表达的分析和模仿。[3] 从效果上看,尽管有研究显示大量活跃在社交媒体上的智能机器人只能逼真地模拟很有限的几种人类情感表达,但这已足够促使情感极化结构的形成,并为极端主义的话语和行动的滋生提供土壤。[4] 2023年9月,澳大利亚知名科技博主

---

[1] 参见彭兰:《AIGC与智能时代的新生存特征》,《南京社会科学》2023年第5期,第104—111页。

[2] 参见 Mark Andrejevic, et al., "Automated Culture: Introduction," *Cultural Studies*, 37(1), 2023, pp. 1-19。

[3] 参见 Pragya Agarwal, "Emotional AI is No Substitute for Empathy," Wired, December 31, 2022, https://www.wired.com/story/artificial-intelligence-empathy/, 2024年10月7日访问。

[4] 参见 Shane Schweitzer, Kyle S. H. Dobson, and Adam Waytz, "Political Bot Bias in the Perception of Online Discourse," *Social Psychological and Personality Science*, 15(2), 2024, pp. 234-244。

Scollurio 在一篇文章中尖锐地批评那些认为人工智能绝不可能模拟人类情感的观点过于短视。在他看来,那些生成了不自然的新闻报道或产出了错误答案的失败尝试,源于使用者的粗疏而非人工智能自身学习能力的不足。作为试验,他对 ChatGPT-3.5 提出了一项包含 10 余行复杂条件的具体提示(prompts),并要求其生成一个篇幅在 300—450 词之间的感人故事——ChatGPT 几乎完美地完成了这个任务,并只用了几秒钟的时间。在 Scollurio 看来,那些只会录入"讲一个催人泪下的故事"的人其实并没有真正理解(或故意不去理解)万物皆可计算的机器逻辑,并最终得出让自己觉得"安全"的答案,这其实是一种懒惰。[①]

因此,我们不能将自动化单纯地看作数字时代信息传播的一种实践形式,而要视其为数字媒体生态的一种文化泛型(cultural generic)——一种关于整个环境一般性特征的"不言自明"的命题和"无须讨论"的规律。[②] 如果说传统媒体时代的"专业性"文化泛型主要由传媒业的主导性社会构成所塑造,那么数字时代的自动化文化泛型就是在人工智能技术成为当下媒体生态最重要的非人类行动者的过程中不断凝结而成的。日趋自动化的数字媒体生态借助平台的基础设施化力量,成为社会变迁的基础性框架,为文化的生成和流变创造条件、设立规则、划定边界。一种原生的数字媒体认识论据此形成:可计算性成为衡量万物价值的尺度,机器理性与人类情感共同形塑社会进程,效能主义侵占人本主义的话语空间,人类与非人类行动者的主体

[①] 参见 Scollurio, "Yes, AI Can (and Will) Write Emotional Fiction," Medium, September 16, 2023, https://medium.com/illumination/yes-ai-can-and-will-write-emotional-fiction-f33c5c109963, 2024 年 10 月 7 日访问。

[②] 参见 Susan A. Gelman, "Generics in Society," Language in Society, 50(4), 2021, pp. 517-532.

间关系(intersubjective relationships)日趋模糊。①

我们对于未来信息文明的展望和设计,必须以数字媒体生态下由人工智能驱动的自动化文化泛型为立足点,准确理解人类主体性地位在数字媒体认识论中的非中心化趋势,这样才能在最大程度上穿透平台和高科技公司竭力推崇的技术乌托邦主义神话,实现对于有机且有意义的生活经验的建构。

二、"自动化"的媒介文化效应

数字媒体生态演进的自动化趋势,在媒介文化层面产生了深远而复杂的影响。这一影响机制是人工智能的技术逻辑与人类通过媒介经验追求"有意义的关系"的文化逻辑互动、共生的结果。② 受海德格尔(Heidegger)的《存在与时间》(Being and Time)中关于"人在文化中的存在"的相关论述③,以及经典文化理论关于文化、自我与社会的本真性(authenticity)的核心观点的启发④,本章尝试建立一个对数字媒体生态的文化效应做出阐释的框架,这一框架包括时间、真实性和意义三个核心维度。其中,时间是文化生成和流通的基本脉络,真实性是人与文化进行有机交互的基础认识论,而意义则是文化在历史和价值范畴的合法性依据。

---

① 参见 Paul Daanen, and Sabrina Young, "Others as Objects: The Possibilities and Limitations of Intersubjective Relationships," in Gordon Sammut, Paul Daanen, and Fathali Moghaddam, eds., *Understanding the Self and Others: Explorations in Intersubjectivity and Interobjectivity*, Routledge, 2013, pp. 129–140。

② 参见 Eden Litt, et al., "What Are Meaningful Social Interactions in Today's Media Landscape? A Cross-Cultural Survey," *Social Media+Society*, 6(3), 2020, pp. 1–17。

③ 参见 Joan Stambaugh, "An Inquiry into Authenticity and Inauthenticity in 'Being and Time'," *Research in Phenomenology*, 7(1), 1977, pp. 153–161。

④ 参见 J. Patrick Williams, and Phillip Vannini, eds., *Authenticity in Culture, Self, and Society*, Routledge, 2009。

(一) 时间的异化

数字媒体生态下人工智能的应用和普及所产生的最直接的效应，就是媒介内容生产过程在自动化趋势下的高度提速，及其导致的整个媒介文化在品质标准上的衰落。

通过将大量工作交予人工智能并只履行基本的监督职能，人类行动者和专业媒体机构得以让自己从重复性、模式化的日常媒介生产活动中脱身，去从事更有深度和创造性的工作。这看起来似乎是对人类智力的一种"解放"。但实际上，由于整个媒体生态的根基正是那些被"委托"给了机器人的程式化劳动，所以这种"解放"始终包孕着深刻的本体论危机——由数字媒体生态所培育的文化，究竟在多大程度上仍是人的有意义的社会实践？

与此同时，数字媒体生态却在人类行动者的默许下进入了高速运转的状态。依靠结构化数据库和通过机器学习迅速成熟的智能算法，大量信息内容和产品被实时地、自动地预制出来并在拥挤不堪的社交网络中反复流通。过去曾被视为稀缺品质的"时效性"，以及不同媒介生产主体围绕时效性竞争形成的各种行业评判标准，逐渐在人工智能"即时生成"的内容生态中失去意义。在越来越多类型的信息生产活动中，人类的技能正在被人工智能全面碾压。美联社（The Associated Press）2021年的一项调查显示，在突发新闻报道方面，人工智能已经可以在理论上完全取代人类记者：当人类记者还未能完成对基本事实的收集与核查，机器人已经可以生成150—300词的标准报道，这意味着人类记者未来或仅在调查性报道和深度分析等领域具有优势。[①] 另一项调查则发现，尽管人工智能的普及会导致整个媒体部门的裁撤或

[①] 参见 Sumana Bhattacharya, "Robot Journalism: A New Way of Reporting Breaking News," Analytics Insight, September 18, 2021, https://www.analyticsinsight.net/robot-journalism-a-new-way-of-reporting-breaking-news/，2024年10月7日访问。

论数字媒体生态：自动化、后人类与行动主义

大量媒体从业者的失业，但在传媒机构的所有者眼中，这项新技术更多意味着人力成本的节约和生产效率的提升，因此他们并不具备反思这种文化的经济动力——2023年5月到11月发生的好莱坞历史上持续时间最长的罢工活动的一个起因就是大制片厂为降低成本对计算机生成图像（computer-generated imagery，CGI）技术的大规模采用。[①]

媒体生态在时间尺度上的高度"内卷"，逐渐瓦解了传统意义上以品质（quality）为内核的普遍性评判标准。曾经在传统媒体生态下作为品质的有机构成要素的时效性，如今被自动化逻辑赋予了超越"品质"历史和文化边界的优先级，最终走上了异化的道路，成为品质的对立面。纵使媒体机构和专业人士尝试通过采取积极的创新策略来追求效率和品质的平衡，但这种创新往往局限于以更加灵活的生产节奏来更好地配合与支持日益加速的生态，而不是对抗加速本身。[②] 在自动化的时代，极致的"快"被认为是信息的一种"缺省值"（default value），这种期望渐渐被人们内化为一种普遍性的文化心理结构。由是，过去在媒介生产实践的时间中凝结而成的审慎、反思的价值原则逐渐失去生存的土壤，对加速近乎物恋的痴迷吞噬了一切只能在特定节奏中生成的意义。

（二）真实和信任的分离

处于自动化演进趋势下的数字媒体生态，持续消解本真性作为总体性媒介观的经验基础，在对"何为真"的内涵和边界进行持续操演的

---

① 参见 Hamilton Nolan, "Writing the AI Rulebook: The Pursuit of Collective Commitment, with Journalism's Future at Stake," Columbia Journalism Review, October 16, 2023, https://www.cjr.org/business_of_news/writing-ai-rulebook-artificial-intelligence-journalism.php，2024年10月7日访问。

② 参见陶文静、张宇昭：《"策略式舞步"：加速时代数据新闻生产中的工作节奏创新——基于澎湃美数课栏目的田野考察》，《新闻记者》2023年第3期，第23—38页。

过程中,制造了"真实"和"信任"相分离的新媒介认识论。

媒体生态在当代社会中的一个重要职能,就是为身在其中的行动者提供关于外部世界的可信赖的知识。因此,不独新闻业以真实性为生命线,整个媒介环境——包括信息、视听、交互乃至娱乐等范畴——长期以来都将对一种本质意义上的本真性追求作为自身存在合法性的重要来源。媒介环境应当基本准确和适切地再现社会环境,长期以来都是一个不言自明的公理。这也意味着当大多数人对媒介环境的本真性产生怀疑或提出指控时,大规模的信任危机乃至存在危机便极有可能发生。①

人工智能的崛起及其对数字媒体生态的支配,显然对"何为真"的标准构成了尖锐的挑战:当对信息流通进行把关的权力逐渐由人类让渡给机器时,当算法在理论上可以比人类更加高效和精确地对海量数据进行处理与核查时,当那些在形式上符合真实性法则、实际上却完全是人工智能依据读者的情感需求自动生成的内容成为我们所接触的信息环境的主体时,本真性是否如两位媒介理论家所认为的,成为一种"中介化的表演"(mediated performance)呢?② 早在2018年,美国印第安纳大学的一个研究团队通过对有关40万条消息的1400万条推特(Twitter)推文的流通规律的分析,发现高度智能化的社交机器人(social bots)在低可信度(low-credibility)内容的扩散和病毒式传播中扮演了关键角色,人类媒体用户对此几乎无法分辨。③ 而随着人工智能的迅速发展,今天的社交机器人已经进化为一种"算法武器",在国际舆论场中被广泛运用于观念引导和认知干预,其产生的强大效应甚

---

① 参见 Peter Dahlgren, "Media, Knowledge and Trust: The Deepening Epistemic Crisis of Democracy," *Javnost-The Public*, 25(1-2), 2018, pp. 20-27。

② 参见 Katrinka Somdahl-Sands, and John C. Finn, "Media, Performance, and Pastpresents: Authenticity in the Digital Age," *GeoJournal*, 80(6), 2015, pp. 811-819。

③ 参见 Chengcheng Shao, et al., "The Spread of Low-Credibility Content by Social Bots," *Nature Communications*, 9(1), 2018, p. 4787。

至被一些研究者喻称为"信息迷雾"。① 正是在这样的媒体生态中,越来越多的人对真实的理解发生了变化。在媒介理论的视域下,"介质"已经成为影响真实呈现的基础性因素,而数字技术革命使得传统媒介的介质对真实性的"物质保障"被持续削弱②,传统意义上的真实性内涵面临挑战。在人工智能塑造的自动化的媒体生态中,曾经合一的"真实"与"信任"已彼此分离——前者是只能构想而无法落实的理念,后者则是个体倾向与环境操演相互结合的现实行动。换言之,在越来越多的人眼中,相信一条信息不必首先认定其为真,而完全可以仅仅出于自己"想要"或"需要"去相信。接受"本真性"的不可知和"信任"的可操演性,并据此发展一种分裂的(disruptive)媒介认识论③,正在成为构成人的"数字化存在"的核心要素。

因为人工智能的存在已经使得人类从形式或构成上评判"何为真"不再可能,所以有学者呼吁新闻传播实践应致力于构建一种开放的、动态的、"循迹的"真实观,即通过建立公开透明的分布式记录和监督体系来追求一种建立在证据基础上的本真性。④ 这当然是一种可贵的观念探索。但在历史的视野中,真实与信任在数字媒体生态自动化趋势下的彼此分离,完全有可能开启一个高度不确定的时代,这个时代将对所有人的精神状态、生活逻辑和价值观产生不可估量的影响。

(三) 量化的意义

如第三章所述,作为一切文化的核心构成要素和合法性依据,意

---

① 参见张梦晗、陈泽:《信息迷雾视域下社交机器人对战时宣传的控制及影响》,《新闻与传播研究》2023年第6期,第86—105+128页。

② 参见杨保军、刘泽溪:《论介质视野中的新闻真实》,《当代传播》2023年第3期,第4—8+20页。

③ 参见 Christian Schwarzenegger, "Personal Epistemologies of the Media: Selective Criticality, Pragmatic Trust, and Competence-Confidence in Navigating Media Repertoires in the Digital Age," *New Media & Society*, 22(2), 2020, pp. 361-377。

④ 参见徐笛、梁鹤:《循迹网络:深度造假与新闻真实体制》,《全球传媒学刊》2023年第3期,第153—169页。

义(meaning)的生成和流变规律被人工智能架构下的数字媒体生态改造,并被赋予了"可计算性"的核心属性,这导致了对观念、知识和价值的定义权由人类行动者向机器行动者的转移。

在前数字时代,尽管意义的生产和流通始终受到技术逻辑的影响,但其在总体上始终是一项人类的阐释实践,是人依据自己的身份认同和价值认同对外部世界做出归纳、加以理解和实施改造的主体性活动。在经典文化理论看来,意义的这种人本属性得以确立的前提,是人作为"技术使用者"的牢固的认识论地位。[①] 然而,由于自动化趋势的出现和深化,这种曾经被视为理所应当的认识论地位受到了尖锐的挑战,人的能力在认识、行动、团结和发展等实践领域相对于智能技术的局限性被前所未有地暴露出来。在不断侵占并主导文化生产体系的过程中,机器的逻辑也渐渐从人类受众那里褫夺对意义进行生产和裁量的权限,一种新的文化评判标准正在建立:只有那些可见的表达和可量化的评判,才被视为拥有意义。于是,对意义的阐释不再单纯是一项人类活动,人类也日渐被人工智能抽象为"量化意义体系"的数据提供者。

关于人工智能对文化意义的量化改造,以及这一改造过程中蕴含的人类定义权丧失的趋势,早已在学界和业界引发了广泛的忧虑。皮尤研究中心(Pew Research Center)在2018年夏天展开的一项涵盖979名技术创新先锋、商业和政策领袖以及资深学者与活动家的大型访谈项目显示,绝大多数致力于推动人工智能发展的领军人物始终为一种不安的情绪所困扰,这种不安主要源于其对人类自主性(autonomy)、能动性(agency)和能力(capabilities)的悲观态度。在这些深谙人工智能发展规律的专业人士眼中,人工智能在复杂决策、推理与学习、精细化分析,甚至趋势预测等方面对人类的全面超越只是时间问题。对此,麻省理工学院(MIT)数字经济创新实验室主任埃里克·布林乔夫森

[①] 参见 Helen Small, *The Value of the Humanities*, Oxford University Press, 2013, pp. 59-88。

(Erik Brynjolfsson)直接表示:我们应该以一种积极进取的姿态,确保技术的发展符合人类价值观。① 而在最前沿的生成式人工智能的逻辑体系中,意义不但不是"解释"的产物,甚至与"计算"本身的关系也不大——ChatGPT完全可以"无中生有"地创造表达、叙事和价值话语,从而"发明出"完全没有历史和文化参照系(cultural references)的意义。牛津大学互联网研究所和人工智能伦理研究所于2023年7月发布的一个研究报告显示,生成式人工智能在新闻业中的迅速推广和广泛应用,正在培育出一套有别于传统新闻的话语和叙事体系,这有可能改变主流观念中的新闻和民主之间的关系,从而为新闻业赋予新的历史意义。② 这一点在数字新闻叙事创新的研究中得到了印证。③ 伦理学家杰森·塔克(Jason Thacker)则在其讨论人工智能与人性之间关系的著作中,对人类逐渐失去意义解释权的总体状况做出了描述。他认为,关乎人类存在意义的六个核心范畴——自我、健康、家庭、工作、战争、隐私——均在被人工智能转化为数据组合与决策实践。塔克进而不无诗意地提出:人工智能就是我们在数字时代的"福音书",因为离开了它我们便无法定义自己,也无法评判自己与客观世界之间的关系。④

因此,在意义生产与流通的维度上,人工智能创造的"万物皆可计算"的认识论是人类追求历史的、自觉的、有价值的文化理想的对立面。我们不能奢望人工智能带来的自动化趋势仅局限于重复性、程式

---

① 参见 Janna Anderson, and Lee Rainie, "Artificial Intelligence and the Future of Humans," Pew Research Center, December 10, 2018, https://www.pewresearch.org/internet/2018/12/10/artificial-intelligence-and-the-future-of-humans/,2024年10月8日访问。
② 参见 Amy Ross Arguedas, and Felix M. Simon, "Automating Democracy: Generative AI, Journalism, and the Future of Democracy," Oxford Internet Institute, https://www.oii.ox.ac.uk/wp-content/uploads/2023/08/BII_Report_Arguedas_Simon.pdf,2025年5月20日访问。
③ 参见何天平:《从文本构造到界面连接:生成式人工智能对数字新闻叙事的重塑》,《新闻界》2023年第6期,第13—21+61页。
④ 参见 Jason Thacker, and Richard J. Mouw, *The Age of AI: Artificial Intelligence and the Future of Humanity*, Zondervan Thrive, 2020, p.171。

化、低层次的日常实践范畴——比如抖音平台对娱乐性短视频的精准推送或受过基本训练的算法即时生成有关地震的突发报道;而要看到一旦"自动化"成为文化变迁的一般性规律,机器的逻辑必然会一步一步地侵蚀那些一度被认为由人类思维所独占的高级精神活动——意义生发、价值衡量,乃至道德评判。

三、以"介入性"制约"自动化"?

如同所有复杂的文化场域一样,数字媒体生态内部也富含张力。自动化作为一种带有强制性色彩的文化泛型,固然受到诸多结构性力量的支持,却也面临着来自人类行动者的挑战。至少在信息传播领域,有越来越多的人意识到人工智能正在改变社会文化的基本运作逻辑,持续压缩人类文化的自主性空间,制造了深刻的认识论和存在性危机。他们尝试通过对原有的媒介专业观念和行动体系进行改造的方式来对抗数字媒体生态下的"人工智能霸权"。其中,最具代表性的莫过于介入性传播的崛起和发展。

从 2011 年前后开始,"介入性传播"(engaged communication)和"传播介入"(communication engagement)等概念已零星出现在学术文献中。尽管不同研究者对其的理解方式存在差异,但他们的概念化工作指向了同一个实践目标,那就是:传播应当是一种对社会进程进行价值干预的实践。

介入性传播作为一种根植于数字媒体生态的创新性专业理念,在 2018 年前后形成基本稳定的话语体系,其标志就是影响力巨大的文集《传播介入研究手册》(*The Handbook of Communication Engagement*)的出版。这部文集汇集了近 30 篇倡导介入性传播理念的概念性或经验性文章,涉及观念探索、行动指南、伦理争鸣、制度建设等方方面面。在文集的两位主编看来,介入性传播理念与实践发展的核心目标,就是对正在被技术逻辑支配的、日趋琐碎化和异化的真实世界做出"关

论数字媒体生态：自动化、后人类与行动主义

联的、思辨性、行动的和有意义的……干预"，并确保这种新的观念和行动方案不会被其他结构性力量"工具化"(instrumentalized)。① 介入性传播在实践范畴最主要的成果，就是培育了近年来颇受关注的介入性新闻(engaged journalism)——这种创新样态主张充分调动受众(用户)的主动性，广泛建立协同性、开放性的新闻参与机制，通过大量的建设性和进步性的新闻生产项目塑造人际的亲密关系，高扬新闻业的人文关怀和公共性价值。② 在一些成熟的介入性新闻项目(比如俄勒冈大学新闻与传播学院创立的 Gather 平台)中，以及众多散见于社交媒体平台，以标签运动、开源、众包为主要形式的用户协同报道活动中，介入性新闻的倡导者和实践者均致力于强化人类的价值判断、人与人的社区式联结，以及人作为新闻生产主体的认识论地位，并以不同方式主张制约人工智能技术对以人类为中心的有机新闻生态的破坏。

不过，在感到振奋的同时，我们也要意识到介入性传播的观念和行动其实是一种对自动化媒体生态的破坏性效应进行补救而非矫正的"消极策略"，因为接受"介入"的合法性，也相当于否定了以"事实"为基准、以"客观"为主导性意识形态的现代媒介专业主义。对此，新闻理论家苏·罗宾逊(Sue Robinson)的判断很中肯，她认为：我们必须首先接受每个人都相信不同的真相、人类永远不会再度拥有所谓"共享事实"的现实，介入性新闻的策略才有可能成功。③ 尽管介入性传播的行动方案并不能在总体上遏制人工智能对数字媒体生态进行自

---

① 参见 Kim A. Johnston, and Maureen Taylor, "Engagement as Communication: Pathways, Possibilities, and Future Directions," in Kim A. Johnston, and Maureen Taylor, eds., *The Handbook of Communication Engagement*, Wiley Blackwell, 2018, pp. 1-7。
② 参见田浩：《以亲密关系重塑公共生活：介入性新闻的观念、实践及创新限度》，《新闻界》2023 年第 8 期，第 14—23 页。
③ 参见 Sue Robinson, "Engagement Journalism Will Have to Confront a Tougher Reality," Nieman Lab, December 1, 2022, https://www.niemanlab.org/2022/12/engagement-journalism-will-have-to-confront-a-tougher-reality/，2024 年 10 月 8 日访问。

动化改造的基本趋势,但它可以通过大量成功的、具有积极社会文化影响的实践项目潜移默化地塑造大众对人工智能与文化之间关系的理性认识,激励行动者通过高扬的人文信仰和主体性意识来参与对社会进程的推动。介入性传播的这种认识论潜能,已经在一些大型的协同性调查报道项目中得到了印证。比如,位于荷兰的非营利的介入性新闻机构贝灵猫就通过动员全球社交媒体用户贡献开源资料的方式,成功确认了参与美国国会骚乱案的所有当事人的身份——这不但在传统媒体时代难以想象,而且也实现了与自动化新闻的差异化竞争。公众对协同性生产、调查真相的活动,以及公民记者身份想象的浓厚兴趣,表明人并不必然注定成为技术的客体,证实了蕴含在人类主体中的能动性其实需要外部文化力量的激发。

当然,在经验资料尚不丰富的当下,我们对于以"介入性"制约"自动化"的设想仍在很大程度上处在逻辑推演阶段,而数字媒体生态向人工智能预设的方向飞速发展已是不可逆转的事实。对于未来的传媒行业和媒介文化来说,如何因应历史条件的剧变而重新建立认识和价值相统一的观念体系,以及如何在既有技术和社会心理结构的支持下积极地创衍以人类主体性为中心的、可行且有效的行动方案,尚有大量的细节需要完善。

四、我们需要什么样的未来信息文明?

在人工智能技术架构的支配下,全球数字媒体生态形成了自动化的文化泛型,并产生了时间异化、真实与信任分离以及量化意义等效应,机器逻辑逐渐取代人本主义的基本演化趋势成为主导未来信息文明的基础认识论,使人类的总体性媒介经验陷入存在性危机。与此同时,在数字媒体生态中,有不少行动者以改造传统媒介专业意识形态为起点,通过构建介入性传播的理念与行动体系来重申人对传播过程、本真性标准和文化意义的解释权,以实现对日趋自动化和非人化的媒介经验的修补。

在上述理论观照和价值辨析的基础上,我们得以对一种理想的未来信息文明做出展望。这种信息文明虽然建立在人机协同的基本关系之上,但人类作为技术使用者的认识论地位应始终在文化建制和流行观念中被反复重申和强调。与此同时,在这种文明的诸种亚生态中,应存有丰富的旨在推动、辅助和赋权人类行动者展开介入性实践的参与性机制和空间,以确保人本主义价值观在最核心和最关键的社会议程中始终占据核心地位。此外,尤为重要的是,学界和业界要致力于在应对人工智能发展的规范和伦理体系建设问题上达成共识,努力推动一种"有节制的"自动化媒体生态的形成。

而所有这些设想的实现,都有赖于我们在当下需做好的一项基本工作:在协调经验、知识、价值和道德等人类认知资源的基础上,力图实现对于人工智能与媒体生态之间共生关系的批判性理解。

中 编

技术拆解与文化反思

第五章　信息失序：数字媒体生态的价值失调与文化校准

如前文所述，人工智能技术不断地迭代演进，以前所未有的速度、广度和深度塑造着我们所处的数字媒体生态，构建了一种以自动化和智能化为核心特征的信息文明。一度完全倚赖人类智能的信息生产、分发和消费活动，在为算法逻辑所支配后，逐渐拥有新的机制和规则，致使人的思想和判断不再是信息传播不可或缺的动力。随着时间的推移，技术与人类使用者之间的关系日趋平等，甚至以更为深刻的方式影响意义和价值观的传播。人类社会由此进入一个前所未有的"效能主义"时代，新的关系、规则和文化莫不在人工智能的技术架构中进行生成和流变。

在为信息流通和意义交换提速的同时，对人工智能不加约束的采用也显著破坏了传统媒体生态原有的认知权威结构，"培育"了大量超出经典传播伦理观念体系解释力的失范现象。虚假信息、隐私泄露、舆论极化、信息茧房和信息安全等问题以远超过去的规模、量级和频率冲击着信息传播秩序。在繁荣的表象之下，公共文化似乎正在加速走向混乱与分裂。人工智能以其无可比拟的影响力，在彰显了技术所具有的强大的文化潜能的同时，也展露出"失控"所能导致的严

论数字媒体生态：自动化、后人类与行动主义

重的文化后果。

从技术可供性的视角出发，我们很容易将技术自身的天然属性视为一切失序的起源。作为一种解释框架，这无可厚非。但若将视线投向更为宏阔的历史与社会语境，便会发现技术在扩散的过程中往往与市场、政治、传统、惯例和意识形态等因素叠加，加重其带来的文化后果在认识论上的精微性和伦理上的矛盾性。因此，与其说人工智能制造了信息失序，不如说人工智能的"技术-文化"扩散规律以高度直观的方式，线索性地暴露了人类社会固有的结构缺陷。基于此，本章尝试采纳一种综合性的社会阐释框架，将信息失序作为数字媒体生态价值失调的代表性特征，基于技术、市场、政治相互嵌套的逻辑，深入分析人工智能制造信息失序的原理和表现，并尝试以人与媒介的生态性关系为切入口，反思智能化的未来信息文明可能出现的危机。

一、原理：技术、市场和政治的交叠

信息失序(information disorder)作为一种信息流通的失范状态，伴随了数字媒体生态演化进程的始终。2017年，欧洲委员会发布专题报告，首次将信息失序作为学术概念加以阐释，并邀请媒介与传播研究领域的资深学者展开深入研究。报告认为信息失序体现为不实信息(misinformation)、虚假信息(disinformation)、恶意信息(malinformation)三种信息的泛滥，它们分别指称存在事实错误但无主观传播恶意的信息、既存在事实错误又有主观传播恶意的信息、不存在事实错误但有主观恶意的信息。① 这种界定和分类方式实际上将人和媒介的互动作为信息失序形成的基本逻辑框架。值得注意的是，该报告发布于特朗

---

① 参见 Claire Wardle, and Hossein Derakhshan, "Information Disorder: Toward an Interdisciplinary Framework for Research and Policy Making," Council of Europe, https://edoc.coe.int/en/media/7495-information-disorder-toward-an-interdisciplinary-framework-for-research-and-policy-making.html, 2025年5月22日访问。

普第一次当选美国总统和英国脱欧之后,彼时的学界和公众均高度关注社交媒体上的信息污染与这两个"黑天鹅"事件之间的关联。例如,一项针对2016年美国大选期间社交媒体上的假新闻的研究显示,在竞选的关键时期,从分享、反馈和评论来看,Facebook上排名前20的虚假选举新闻的参与度(870万余次)高于排名前20的来自严肃新闻网站的选举报道(730万余次)。经溯源,这些假新闻的来源被追踪到马其顿的某个小镇,那里有专门的团队通过社交机器人等手段编造并发布假新闻,并在社交平台上制造和引导用户参与服务于选举的新闻战。[①] 从2016年至今,由于欧美政治生态的系统性恶化,信息失序程度不断加深,越来越多的人开始关切前沿技术,尤其是具有"类人"智慧和行为模式的人工智能在这一过程中扮演的角色。而学者和批评家的大量观察和批判活动,亦于特定情境下"倒逼"拥有技术主导权的高科技公司检视其人工智能的研发和应用策略,实现对技术乌托邦主义的有限干预。

诚如媒介理论家詹姆斯·凯瑞(James Carey)所言:"摆在读者面前的不是单纯的信息,而是世界上各种竞争力量的写照。"[②] 尽管技术是社会动力体系最基础的构成要素之一,但它对社会进程的影响从来不是单独的和孤立的,而是始终与政治、经济力量之间保持着复杂的交叠关系。在数字媒体生态下,技术成为一种基座逻辑,在我们所处的这个人工智能迅猛进化的特殊时期尤其如此。[③] 因此,我们不妨将人工智能作为数字媒体生态的结构性问题的"显影剂",通过对其制造信息失序的基本原理的剖析,揭示全球信息环境持续恶化背后复杂的

[①] 参见 Craig Silverman, "This Analysis Shows How Viral Fake Election News Stories Outperformed Real News on Facebook," Buzzfeed News, November 16, 2016, https://www.buzzfeed-news.com/article/craigsilverman/viral-fake-election-news-outperformed-real-news-on-facebook, 2024年10月8日访问。

[②] 参见 James W. Carey, *Communication as Culture, Revised Edition: Essays on Media and Society*, Routledge, 2008, p.16。

[③] 参见 Byron Reeves, and Clifford Nass, *The Media Equation: How People Treat Computers, Television, and New Media like Real People and Places*, Cambridge University Press, 1996。

社会动力体系。

(一) 数据驱动作为人工智能的基础逻辑

一般而言,人工智能技术可分为计算机视觉(computer vision)、自然语言(natural language)、虚拟助手(virtual assistants)、机器人流程自动化(robotic process)和高级机器学习(advanced machine learning)五个主要类型[1],而支撑这些技术发展的核心要素则是算法、算力和数据[2]。算法是指能够实现特定功能的指令和步骤,即大规模的预训练模型;算力指计算设备执行算法、处理数据的能力,是人工智能的基础设施支撑;数据则是人工智能的"生产原料",是训练算法的基础资源。在这三个要素中,算法和算力的发展最终都要为高效处理数据服务。确保数据的高效采集、挖掘、标记和加工是算法和算力运转的主要依据,因此数据驱动性(data-drivenness)是人工智能的一个基础性运作逻辑。例如,生成式人工智能大模型ChatGPT的算法架构就源于一个名为Transformer的模型,该模型可以在内容生成的不同阶段收集并抓取源于社交媒体、新闻、文学作品、线上百科等多种渠道的文本数据,以及图像、音视频等多模态数据。经过数据清洗、数据集划分和数据标记等一系列处理之后,通过有监督或无监督学习的方式,人们得以使用海量数据对此模型进行训练,使之学习人类语言的结构和规律,并不断在特定任务中对模型进行微调,继而生成自然语言文本、图像和视频等多模态内容。

数据既是"喂养"人工智能大模型的关键资源,也是数字媒体生态

---

[1] 参见 John Markoff, "Automated Pro-Trump Bots Overwhelmed Pro-Clinton Messages, Researchers Say," The New York Times, November 17, 2016, https://www.nytimes.com/2016/11/18/technology/automated-pro-trump-bots-overwhelmed-pro-clinton-messages-researchers-say.html, 2024年10月8日访问。

[2] 参见中国信息通信研究院:《人工智能白皮书(2022年)》,中国信息通信研究院官方网站,2022年4月1日,http://www.caict.ac.cn/kxyj/qwfb/bps/202204/t20220412_399752.htm,2024年10月8日访问。

中众多安全和文化隐患的来源。在数据形成阶段,人的兴趣、喜好、感情、隐私和社会互动被编码和量化,变成可被挖掘、利用的数据"养料",为人工智能对日常生活的操纵、监控和货币化创造了条件。在数据收集阶段,无论如何进行清洗,数据本身带有的结构性偏见、歧视、暴力等要素都难以消除。不仅如此,虽然许多自然语言处理模型都宣称不对输入的文本属于哪一语言进行判别,打出"语言无涉"(language agnostic)的口号,但在世界上的7000多种语言中,只有极少数的语言拥有丰富和高质的语料库资源,可被用来进行充分的训练和测试,其余绝大部分语言则因语料稀少或处于文化边缘而始终无法进入人工智能优先关注的行列,导致其在关键数据库中被忽略。在训练和生成阶段,算法"无监督学习"的结果可能完全超越人类的预测和认知,甚至连算法的设计者也无法完全理解——图灵奖得主杨立昆(Yann LeCun)就曾将无监督的人工智能学习比喻为宇宙中的"暗物质"。[1] 2017年,Facebook在对聊天机器人进行实验时发现两个人工智能程序似乎在使用一种只有它们理解的语言进行对话。[2] ChatGPT发布后,人工智能的"幻觉"(hallucinations)再度引发了热议——尽管自然语言模型会产生不真实或无意义的文本,但由于其采用了人类表达的结构,人类反而会感觉它是自然、真实的,甚至难以将其与其他"真实"的感知区别开来。[3]

除了内容生成外,人工智能还被嵌入信息审核和管理、搜索引擎、社交平台规制与广告投放等信息传播活动中。自动化的内容审核、推

---

[1] 参见 Yann LeCun, "The Power and Limits of Deep Learning," *Research-Technology Management*, 61(6), 2018, pp. 22-27。

[2] 参见 Andrew Griffin, "Facebook's Artificial Intelligence Robots Shut Down after They Start Talking to Each Other in Their Own Language," Independent, July 31, 2017, https://www.independent.co.uk/life-style/facebook-artificial-intelligence-ai-chatbot-new-language-research-openai-google-a7869706.html, 2024年10月8日访问。

[3] 参见 Ziwei Ji, et al., "Survey of Hallucination in Natural Language Generation," *ACM Computing Surveys*, 55(12), 2023, pp. 1-38。

论数字媒体生态:自动化、后人类与行动主义

荐算法排序、深度合成、社交机器人等流行技术均建基于数据架构,并推动着人工智能向私人化、拟人化和智慧化的趋势发展。私人化对应个性化内容的激增。人工智能让私人定制信息成为可能,同时将公共文化交由机器代理,这导致了交流经验的原子化[①],从而将权力斗争的场景转移到家庭等私人空间[②]。拟人化即人工智能对人类智力、思想、身体、行为乃至想象力的模拟(参见第八章)。这一"类人属性"既为虚假信息的生成和传播创造了便利,也加大了人辨别信息真伪的难度,模糊了人机之间的本体论界限。[③] 智慧化则指人工智能完成任务、解决问题的精准度与效率,以及其对知识的掌握等智能水平。随着数据量的不断扩大,技术愈发"智能",信息传播的精准度、效率和规模达到人类难以企及的水平,交流、劳动的自动化可能助长社会区隔,对人类的价值观造成冲击,同时也对人类治理信息环境的能力构成挑战。

(二)平台对可见性的操纵

平台是科技资本主义意识形态最主要的技术文化载体。借助各类人工智能技术,平台能够为用户提供搜索引擎、社交网络、数据服务器、云计算、电子邮件、广告网络、支付系统、导航等一体化信息服务;同时,用户在平台上的浏览、上传、转发、点赞、评论等行为又被转化为新的数据,被平台采集、分析和处理,服务于平台化数字媒体生态的自创生——一种可持续的馈送机制因此形成。在平台这一新型数字媒介空间中,算法驱动形成人与人之间的数字连接,实现了对关系的持

---

① 参见 Joshua Reeves, "Automatic for the People: The Automation of Communicative Labor," *Communication and Critical/Cultural Studies*, 13(2), 2016, pp. 150-165。

② 参见 Leopoldina Fortunati, "Robotization and the Domestic Sphere," *New Media & Society*, 20(8), 2018, pp. 2673-2690。

③ 参见 David J. Gunkel, "Communication and Artificial Intelligence: Opportunities and Challenges for the 21st Century," *Communication+1*, 1(1), 2012, pp. 1-25。

续性再生产,重构了人嵌入社会的方式。① 人类的行为痕迹由此被外置化为数据,数字化生存成为现实(参见第十三章)。数据成为一种无形的资产,可被引导生成、挖掘、收集和交易,数据的经济价值也得以显现。平台凭借其在数据整合上的绝对竞争优势,日渐成为整个社会运转与发展的基础设施,它们"由数据驱动,通过算法和接口实现自动化、组织化,通过商业模式驱动所有权关系的建构,并通过用户协议进行规制"②。以谷歌、亚马逊、Facebook、苹果和微软为代表的平台企业的崛起和基础设施化,标志着"平台资本主义"时代的全面到来。

在谈及平台的商业模式时,何塞·范·戴克(José van Dijck)表示平台的"免费"策略存在一个默认模式:以便捷服务换取个人信息,从数据、内容、用户的联系方式和注意力中创造价值,同时对这些数据进行二次或多次售卖。在资本的逐利本性的驱动下,信息与媒介市场中的竞争实际上是平台间对数据和注意力的争夺。平台参与这场竞争的主要方式,是对"可见性"(visibility)的操纵。在数字媒体生态中,可见性被定义为三种权力:被人看见的权力、以自己的方式被看见的权力、让他人被看见的权力。③ 这一概念一度因其对人类能动性的强调而促使人们幻想平台发挥去中心化的民主功效,但实际上,在市场逻辑支配下的信息集中化趋势使本应对人类赋权的可见性异化为一种被"使用"的经济资源。一方面,平台不断鼓励公众参与数字媒体生态的塑造,以便持续获取和挖掘个人和集体数据,使原本隐形的情感反应、兴趣、品味、社会关系等以数据的方式变得可见;另一方面,平台也通过预设算法规则建构起有关可见性的等级体系,由此实现对信息传

---

① 参见刘涛:《社会化媒体与空间的社会化生产——列斐伏尔和福柯"空间思想"的批判与对话机制研究》,《新闻与传播研究》2015 年第 5 期,第 73—92+127—128 页。
② José van Dijck, Thomas Poell, and Martijn de Waal, *The Platform Society: Public Values in a Connective World*, Oxford University Press, 2018, p. 9.
③ 参见 Daniel Dayan, "Conquering Visibility, Conferring Visibility: Visibility Seekers and Media Performance," *International Journal of Communication*, 7(1), 2013, pp. 137-153。

播优先级的管理,从而操纵信息秩序。

我们可以在平台对可见性的操纵与竞争中,清晰地看到资本力量对数字媒体生态的巨大影响。首先,谁拥有更多的数据,谁就在市场竞争中更具优势,这成为数字媒体生态下各传播主体的基本生存逻辑。大型平台利用自身在用户、技术和传播力上的显著优势不断进行"数据圈地",迅速完成数据的"资本原始积累",导致有效信息高度集中于少数超级平台的垄断局面。其次,资本对数据的贪婪欲望促使其将触角不断伸向私人领域,用户不得不以让渡个人隐私的方式来换取信息服务,这一商品化模式预示了隐私泄露、监视和数据安全等文化危机的发生。继而,平台为争夺注意力,普遍奉行"流量至上"的运营法则,将可见性的排序与流量大小绑定在一起,通过设置流量推荐、排名、补贴等平台机制,使信息环境中充斥着迎合用户趣味的娱乐化乃至低质化信息,造成数字媒体生态中"劣币驱逐良币"的现象。最后,一种"万物皆可量化"的信息环境得以形成,对于真实的疑虑乃至犬儒主义逐渐盛行,现实主义的认识论基础不断瓦解,相对主义价值观大行其道。总而言之,平台借助人工智能,通过在不同群体之间架设基础设施和沟通中介的方式,将自己置于一个"可以监控和提取群体交往"的位置。[①] 真实的世界变成纯粹的数据,大众对社会的信念失去了"实在"的基石。

（三）控制社会的诞生

在数字媒体生态中,信息秩序深刻地影响着社会秩序。技术逻辑对社会进程的嵌入让信息在社会空间中的流动变得更加便利和可见,同时也给更为幽微的信息操纵和控制活动制造了空间。

在《控制社会后记》一文中,德勒兹认为前数字时代的社会是"规

[①] 参见 Nick Srnicek, "The Challenges of Platform Capitalism: Understanding the Logic of a New Business Model," *Juncture*, 23(4), 2017, pp. 254-257。

训社会",它在封闭空间中实现对信息和人的控制,个体不断从一个封闭空间走向另一个封闭空间;但数字媒体生态的形成宣告了规训社会的解体、"控制社会"的形成。控制社会以计算机工具和智能化的语言实现对人的约束,由于它在形式上并不束缚人的行为,所以个体变成不受空间禁锢的四处弥散的分体(dividuels)。因此,这种控制本质上是一种"调制"(modulation),如同一个自变形的模具,体现出"迅捷流转"和"无限持续"的特征。① 德勒兹对于控制社会的想象在人工智能时代几乎变成了现实。算法追踪每个人的位置和行为并不断组建巨大的数据库,控制社会在权力的运作逻辑和技术的运行逻辑的深度互动中,实现对信息生产、流通和消费的有效控制。

在人工智能的技术加持下,监视、宣传和网络攻击是三种最基本的控制实践。监视主要通过对可见性的操纵实现:一是信息在流通空间中的可见性,即人工智能通过各种形式的内容审核机制阻止或过滤内容,实现对信息的监控;二是从可见性包孕的"观看的力量"入手,让隐性信息得以显现,即人工智能实现了更大规模的个人数据的暴露和收集,使得原本不可见的信息被"照亮",生成了一个更庞大、更彻底、更监狱化的监视网络②,也即福柯所说的"通过透明度达成权力,通过照明来实现压制"③,借由目光的压力完成对人的高效规训。宣传主要通过人工智能对特定类型和取向的信息的"放大"来进行文化、政治议程的设置,即通过搜索引擎、浏览器自动建议和工具栏、搜索算法、社交机器人等技术,实现某一信息的大规模传播并压制其他信息,从而设置信息的优先级,提高信息的流行度,追求影响舆论和决策的

---

① 参见 Gilles Deleuze, "Post-Scriptum sur Les Sociétés de Contrôle," *L'autre Journal*, 1(1), 1990, pp. 5-12。
② 参见刘涛:《社会化媒体与空间的社会化生产——列斐伏尔"空间生产理论"的当代阐释》,《当代传播》2013年第3期,第13—16页。
③ 参见 Michel Foucault, "The Eye of Power," *Semiotexte*, 3(2), 1978, pp. 6-19。

效果。① 网络攻击则是将人工智能武器化——通过机器学习分析大量公开或窃取的数据,帮助网络黑客准确瞄准受害者,绕过网络防御,向现实或想象中的对手发动针对性的暴力,获取政治、商业或文化上的利益。

需要明确的是,控制并不必然意味着失序。作为一个中性的学理概念,社会控制其实是一个有关建构与维护秩序、破坏与颠覆秩序边界的"驾驭的问题"。② 将人工智能引入社会控制的设计,有助于维持社会秩序的稳定。但这种社会秩序应当建基于公正的社会结构和公平的社会资源分配体系。若不能满足必要的先设条件,控制力量对人工智能的应用可能导致两种结局:一是人工智能成为不平等的社会秩序的维护者,促使社会在永不止息的党同伐异中陷入僵死;二是人工智能被颠覆秩序的力量利用,造成破坏性的社会动荡形成真正意义上的失控。

二、信息安全危机、真实性危机与共识危机

基于上述原理分析,我们得以归纳出智能化数字媒体生态下的信息失序所包孕的三重文化危机:信息安全危机、真实性危机与共识危机。

(一)信息安全危机

人工智能给信息安全带来的问题主要包括两个层面:个体层面的隐私侵害和监控问题,制度层面的信息垄断、信息主权问题。

隐私侵害主要指数字媒体生态中大型平台和使用前沿算法技术

---

① 参见 Courtney C. Radsch, *Cyberactivism and Citizen Journalism in Egypt: Digital Dissidence and Political Change*, Palgrave Macmillan, 2016, p. 27。
② 参见任剑涛:《人工智能与社会控制》,《人文杂志》2020年第1期,第33—44页。

的公司滥用个人信息数据、侵犯个人信息隐私的一系列具体行为。①人工智能对隐私的侵害往往与不合法监控问题如影随形。例如,美国人脸识别技术公司 Clearview AI 从各大网站、社交媒体收集全球范围内人的面部照片,创建了一个包含 200 亿张照片的数据库,随后通过持续训练其模型的面部识别算法,使之能够精准识别照片中的人,进而实现对海量用户行为的监控。Clearview AI 将这一数据库产品化并出售给美国移民和海关执法部门、警察部门及沃尔玛等企业以获取暴利。② 技术、资本和政治力量的交叠在此案例中得到了显著体现:个体对自我呈现的迷恋,及其通过让渡隐私获取服务的"被动选择"使得大量的个人信息暴露在公共领域,公与私的边界因此变得模糊,资本和权力也拥有了遍在的眼睛。例如,伊朗警方曾在公共场所和大街上安装摄像头,以识别和惩罚未戴头巾的女性。③ 技术使权力如毛细血管般渗透社会生活的各个层面成为可能,打造出现实版的全景敞视监狱:一面是个人隐私的透明,另一面是隐私议题的隐形。面对技术的强大架构,用户对自身隐私的泄露和暗藏的监视经常毫无察觉,这种不可见性消解了个体对于隐私的焦虑,使当代隐私顾虑演化为群体无意识的麻木。④ 总而言之,技术将人的隐私数据化,资本以商品的形式售卖数据,权力将控制遍布公共空间与私人生活,人类主体性将持续衰落。

---

① 参见常江、潘露:《元伦理的重建:人工智能时代的个人信息隐私问题研究》,《南方传媒研究》2022 年第 4 期,第 46—51 页。
② 参见 Billy Perrigo, "An AI Company Scraped Billions of Photos for Facial Recognition. Regulators Can't Stop It," Time, May 27, 2022, https://time.com/6182177/clearview-ai-regulators-uk/, 2024 年 10 月 8 日访问。
③ 参见 Reuters, "Iran Installs Cameras in Public Places to Identify, Penalize Unveiled Women," Reuters, April 11, 2023, https://www.reuters.com/world/middle-east/iran-installs-cameras-public-places-identify-penalise-unveiled-women-police-2023-04-08/, 2024 年 10 月 8 日访问。
④ 参见吴帮乐:《人工智能终结了个人隐私吗?——从〈咖啡机中的间谍:个人隐私的终结〉谈起》,《科学与社会》2021 年第 2 期,第 79—93 页。

制度层面的信息垄断和信息主权问题也至关重要。谷歌、亚马逊、Facebook 等大型平台凭借自身在搜索引擎、电子商务、媒体服务等方面的垄断地位,在全球范围建立起数据垄断优势。信息大规模的跨境传输,带来一系列有关信息主权的忧虑。2011 年,法国广播电台 Skyrock 的首席执行官皮埃尔·贝朗格(Pierre Bellanger)便对数字主权进行了定义,认为它是"通过计算机技术和网络的使用来实现对我们的当下和命运的控制",故确保个人或公司的数据由其原籍国托管并受该国法律约束至关重要,这关乎国家的安全和未来。然而,实际情况却是,信息服务的提供者高度集中在美国等技术先进的国家,全球范围内的数字鸿沟仍在持续加深。如全球新冠肺炎疫情促使企业和个人转向远程办公,网络视频会议、在线协作工具等加速了云计算的使用和普及,而目前全球云计算市场主要由亚马逊 Web 服务、微软 Azure 和谷歌云三大美国高科技巨头把控。面对全球范围内不同类型的社会结构问题和社会危机,那些有效的数字解决方案也大多由欧美国家的科技公司提供。对于基础设施资源、数据保护法律和商业竞争力都非常有限的第三世界国家而言,人工智能对其信息主权构成了实质上的威胁,为技术优势国家推行数字霸权和数字殖民主义提供了理想的环境。[1]

(二)真实性危机

人们对于"何为真"的认知与界定是一切社会顺畅运行所依赖的认识论基础。总体而言,信息环境的可信性越高,社会文化和政治生活越真诚、健康,民众的道德水准也越高。而信息失序的形成却给人类社会带来了持续的"真实性危机"。

---

[1] 参见 Danielle Coleman, "Digital Colonialism: The 21st Century Scramble for Africa through the Extraction and Control of User Data and the Limitations of Data Protection Laws," *Michigan Journal of Race and Law*, 24(2), 2019, pp. 417-439。

人工智能对数字媒体生态的深度介入,除显著提升信息流通的体量和效率外,也导致虚假信息的大规模生成与扩散,其中最值得关注的便是日益精细化的深度伪造(deep fake)技术。人工智能作为专注于自然语言处理的文本生成模型,能够通过模仿人类的语言表达和思维逻辑,深度学习人类的声音、图像、视频数据,"凭空"创造出真伪莫辨、极具欺骗性的多模态信息内容。尤其值得关注的是,随着合成技术的不断发展和人机交互机制的日趋成熟,深度伪造信息往往能够制造比真实信息更加可信的临场感,使人不仅在认知上,更在情感上卷入其中。目前,深度伪造被广泛运用于虚假信息的炮制甚至网络犯罪。女性是深度伪造的主要受害者群体。例如,一项研究分析了14 000个流行的深度伪造视频,发现其中96%为完全虚假、纯粹合成的非同意色情(non-consensual pornography)内容,这些视频的"主角"包括全球范围内的数百位女明星,总浏览量超过1.34亿次。① 还有研究者发现,通过深度伪造性化、抹黑女性的手段常被用来攻击女性记者,她们被虚假视频描绘成用身体来交换线索的道德污点人群;这种对于专业人士的"消极叙述"进一步与内容过滤机制以及排序算法相结合后,往往导致大规模的"情绪传染"(emotional contagion),并让受害者因恐惧或耻感而改变自己行为以适应新的、"表面真实"的世界。②

深度伪造不仅被用来攻击弱势群体,而且也成为意义和观念操纵的工具。相关的利益团体时常通过深度伪造来"参与"重大社会事件的话语建构,不断扰乱大众对于真实与虚假边界的判断,企图在认知混乱的局面中获利。例如,"美国前总统特朗普可能面临刑事指控"的

---

① 参见 Henry Ajder, et al., "The State of Deepfakes: Landscape, Threats, and Impact," https://regmedia.co.uk/2019/10/08/deepfake_report.pdf,2025 年 5 月 22 日访问。

② 参见 Courtney Radsch, "Artificial Intelligence and Disinformation: State-Aligned Information Operations and the Distortion of the Public Sphere," OSCE, https://www.osce.org/files/f/documents/e/b/522166.pdf, 2024 年 10 月 8 日访问。

论数字媒体生态：自动化、后人类与行动主义

新闻发生后，"特朗普被捕"的 AI 合成照便在社交媒体上被不断地制造和广泛地传播。尽管最初的发布者已经事先声明图像是使用 AI 绘画工具 Midjourney 合成，但相关图像依然获得了数万的点赞和分享——很多人信以为真，但或许更多的人是宁愿选择相信其为真。如今，在每一起重大事件发生后，大量虚假照片、视频充斥社交网络已成为一种常态，这一现象在表面上混淆了真与假、事实与虚构，在根本上却直接作用于普遍的社会认知，让人们逐渐适应虚实并存、真假难辨的信息环境，并不断将之合理化。一项研究的结论在实证层面印证了这一点：对于网络用户来说，在明知接触的内容是深度伪造的情况下，短暂地与其接触也会产生强大的心理效应，使人改变自己的（隐性的）态度和意图。①

因此，虚假信息泛滥的最危险之处在于，它会不断地侵蚀人们对于本真性的追求和对严肃媒体机构的信任，使社会陷入一种关于真实性的犬儒主义或虚无主义状态。深度伪造的本质在于，通过创衍"拟真"符号世界来实现对于真实世界的强力中介化，包括"形式真实""拟像真实"和"情感真实"等细腻层次的表征框架正在形成，一套关于"何为真"的认识论新体系正在被全方位设立。在数字媒体生态中，这套高度相对主义的认识论体系已拥有相当坚实的经验基础：一方面，技术赋权使个人的情感和预设立场在其社会认知结构中获得前所未有的合法性，超越传统意义上的信息理性成为人们判断"何为真"的基础依据，大众既有的倾向与偏见进而成为深度伪造内容盛行的社会心理土壤；另一方面，人工智能强大的学习和仿真能力也远非人类可以比拟的，即使那些最坚定的理想主义者和本质主义者，也很容易在一个虚假和伪造大行其道的

---

① 参见 Sean Hughes, et al., "Deepfaked Online Content Is highly Effective in Manipulating People's Attitudes and Intentions," PsyArXiv Preprints, October 5, 2022, https://osf.io/preprints/psyarxiv/4ms5a, 2024 年 10 月 8 日访问。

信息生态中放弃"验证"的努力,最终走上"真实漠然"(reality apathy)的道路。①

从后现代文化理论的视角看,人工智能时代的"真实"其实更接近让·鲍德里亚(Jean Baudrillard)所说的"超级真实"(hyperreality)。鲍德里亚曾将迪士尼乐园视为全部拟像秩序相互交织的完美模型,一个描摹出美国客观轮廓的幻想世界,而美国的一切价值都在这些微缩景观和连环漫画中得到升华——迪士尼乐园才是那个"真正的"国家,整个美国则是对迪士尼乐园的模仿。由深度伪造建构的社会现实既非真实亦非虚幻,而是一台上演着虚构真实的威慑机器,这种超级真实是对真实的遮蔽。②整个生活展现为景观的庞大堆叠,直接体验到的一切都在表象中消失了。

(三)共识危机

共识危机表现为不同信息主体之间无法通过有效沟通就基本的规范和价值取得一致或相近的认识而导致观念的撕裂乃至冲突。当下,全球范围内族群矛盾升级、民族国家分化等问题日益显著,内与外、自我与他者的冲突正在加速人类文明的衰落。而人工智能在其中扮演了十分重要的角色,其制造的共识危机主要表现在中心陷落、认知区隔和舆论极化等方面。

首先,人工智能分布式的信息生产和流通机制创造了一个去中心化的传播结构,并由此重塑了个体间和群体间的关系网络,导致了传统专业信息权威的坍塌。如今,人类行动者以及技术、观念等非人类行动者均作为"节点",平等地存在和作用于异质性的信息网络。日益扁平化

---

① 参见 Charlie Warzel, "Believable: The Terrifying Future of Fake News," BuzzFeed News, February 12, 2018, https://www.buzzfeednews.com/article/charliewarzel/the-terrifying-future-of-fake-news#.taE9n0qax.2018-02-12, 2024 年 10 月 8 日访问。

② 参见 Jean Baudrillard, *Simulacres et Simulation*, Galilée, 1981, pp. 24-26。

论数字媒体生态：自动化、后人类与行动主义

的传播结构带来了"中心的陷落"，由此激发了非专业信息主体的文化潜力，前所未有地令多元价值观共存于公共领域。与此同时，这一新传播结构也会削弱社会有关凝结共同价值结构的意志力量，弥散于数字媒体生态的道德素养参差不齐的行动者在复杂的信息环境中难以就"交流"问题形成共识性的理性规则，想象中的"平等对话"更是无法达成。传统专业媒体（如新闻机构）曾是整个生态系统的中心，其影响力在数字时代的不断衰微则有力地表明"多元"与"共识"之间不可化解的内在矛盾性。传统的信息专业权威在众声喧哗的数字媒体生态下被消解，新闻业为对话和争鸣提供的公共平台和话语资源也日渐为大众所离弃。

其次，人工智能也通过不同方式深化人与人之间的区隔，使共识的形成变得极为困难。智能推荐算法为每个人提供个性化定制的"信息套餐"，这固然更好地满足了用户精细的信息需求，但也导致越来越多的人深陷由同质化信息编织的信息茧房之中。久而久之，人们逐渐失去对异质信息的包容，甚至对其采取公开的敌对态度，共识的形成遂不断地丧失其经验基础。此外，几乎完全依附于私人社交关系的信息流通网络也会助推圈层化社交模式的形成。在文化领域，大众品位私人化与技术发展的趋向"合谋"制造的"审美茧房"，以文化民主为名制造了新形式的社会区隔，使公共美学几无生存土壤，使整个社会文化向反公共性方向发展（参见第六章）。此外，人工智能对歧视和偏见的纵容也越来越受关注，一些代表性的研究发现：大型语言模型往往持续地表现出对某些群体的文化暴力倾向[1]，ChatGPT 对很多问题的回答体现出明显的"左"倾意识形态偏向[2]，AI 招聘算法中暗含对女

---

[1] 参见 Abubakar Abid, Maheen Farooqi, and James Zou, "Large Language Models Associate Muslims with Violence," *Nature Machine Intelligence*, 3(6), 2021, pp. 461-463。

[2] Jochen Hartmann, Jasper Schwenzow, and Maximilian Witte, "The Political Ideology of Conversational AI: Converging Evidence on ChatGPT's Pro-Environmental, Left-Libertarian Orientation," arXiv Preprint, January 5, 2023, https://arxiv.org/pdf/2301.01768, 2024 年 10 月 8 日访问。

性求职者的偏见①,等等。这些歧视和偏见来源于训练数据天然包孕的权力结构和刻板印象,以及基于人类反馈的强化学习。OpenAI 的首席执行官山姆·奥特曼(Sam Altman)就曾在播客中表示公司员工的偏见对人工智能系统的影响无法避免,来自人类反馈评估者的偏见尤其令他感到紧张。② 随着学习能力更强的生成式人工智能的普及,可以预见异质个体和群体间的隔阂和矛盾也将因此变得更为严重。

最后,人工智能通过持续消解权威、制造区隔,最终塑造了一种高度极化(polarized)的信息环境。去中心化的传播结构难以形成为大众所共享的价值观和话语体系,既有的文化和政治立场偏向在圈层化的数字媒体生态中被不断强化,舆论场上多元信息与观点的交流碰撞演变为异质群体各自为营的话语战争,最糟糕的结果则是出现大规模的群体暴力现象。现有研究表明,持极端意识形态立场的政客在互联网上拥有比温和政治家更多的粉丝③;社交媒体平台出于获得流量的目的鼓励意识形态的同质性从而导致意见极化④;普通人在社交媒体上接触到与自己相反的观点则会巩固原有的偏见并加剧舆论极化⑤。因此,舆论极化之所以产生,并不是由于缺乏异质观念间的接触,而是因

---

① 参见 Jeffrey Dastin,"Amazon Scraps Secret AI Recruiting Tool that Showed Bias Against Women," Reuters, October 11, 2018, https://www.reuters.com/article/us-amazon-com-jobs-automation-insight-idUSKCN1MK08G, 2024 年 10 月 8 日访问。

② 参见 Lex Fridman,"Sam Altman: OpenAI CEO on GPT-4, ChatGPT, and the Future of AI," YouTube, March 26, 2023, https://www.youtube.com/watch? v = L_Guz73e6fw, 2024 年 10 月 8 日访问。

③ 参见 Sounman Hong, and Sun Hyoung Kim, "Political Polarization on Twitter: Implications for the Use of Social Media in Digital Governments," *Government Information Quarterly*, 33(4), 2016, pp. 777-782。

④ 参见 Itai Himelboim, Stephen McCreery, and Marc Smith, "Birds of a Feather Tweet Together: Integrating Network and Content Analyses to Examine Cross-Ideology Exposure on Twitter," *Journal of Computer-Mediated Communication*, 18(2), 2013, pp. 154-174。

⑤ 参见 Christopher Bail, et al., "Exposure to Opposing Views on Social Media Can Increase Political Polarization," *Proceedings of the National Academy of Sciences*, 115(37), 2018, pp. 9216-9221。

论数字媒体生态：自动化、后人类与行动主义

为人工智能在加速信息的流通与互动时，其固有的分类机制为依据身份认同和观点偏向聚集的舆论结构创造了条件，并最终使现实世界里往往隐而不显的分歧公开化。简言之，舆论极化由冲突而非孤立驱动，在人工智能技术的牵引下数字媒体生态将多元身份、观念、文化纳入一个不断加剧、无所不包的分裂性结构，对稳定的多元社会的基础构成威胁。[①]

三、反思：人工智能时代人的位置与价值

人工智能作为一种基础性的社会动力体系，业已将其技术-文化逻辑嵌入数字媒体生态的演化进程之中。同时，人工智能还与政治、经济力量彼此交缠，将人类社会不断"改造"为一个由数据驱动、以信息失序为症候的控制社会。信息失序在全球范围内的发生和蔓延表明人工智能作为非人类行动者对信息环境的影响是生态性的和文化、政治性的，其制造了包括信息安全危机、真实性危机和共识危机在内的一系列深重的文化危机，对信息文明产生了广泛而深刻的影响。信息失序所标示的全球数字媒体生态的价值失调，启示我们要系统性地反思人类（我们自身）和机器（我们的造物）之间的关系问题。简言之，我们已无法不假思索地说"人是机器的主人"。我们甚至已无法理直气壮地说"人是自己的主人"。技术与人的互相规训，业已呈现出一种共生的关系，而人类也要在这种新的关系中重新找寻自己的历史定位。

在 Open AI 推出 ChatGPT 仅两个月后，其活跃用户就突破了一亿，成为史上用户增长速度最快的应用程序。ChatGPT 的火爆再次提醒人类，人工智能正掀起一场大规模的自动化革命。数字媒体生态的

---

① 参见 Petter Törnberg, "How Digital Media Drive Affective Polarization through Partisan Sorting," *Proceedings of the National Academy of Sciences*, 119(42), 2022, pp. 1-11。

智能化迭代,或意味着人工智能将从人类手中褫夺更多的"文化代理权",甚至代替人成为最重要的媒介行动者。人作为对话和交流主体的认识论地位持续动摇,建立在理性基础上的主体性逐渐隐退。法国哲学家埃里克·萨丹(Éric Sadin)就曾表示:"我们的整个人本主义传统处于危险之中,因为我们正目睹作为行动者的人类渐渐被人工智能放逐。"①更加值得忧虑的一个问题是:"智慧而平庸"的人工智能被广泛运用于压迫性体系,是否会导致新的剥削和掠夺结构的形成,并令业已高度凋零的人类主体性陷入新的存在危机? 毕竟,无论多么发达,人工智能所能提供的回答和解决方案是基于过去的数据生成的,其面向未来的创新极为有限,其被利用和操纵的可能性也远远高于纾解和创造的可能性。

在遮蔽人的主体性的同时,人工智能有可能剥夺人的主体间性经验。当人工智能以助手、朋友、陪伴者等身份与人类进行互动时,我们是否还会维持现实中的人际关系、坚持与人类"他者"交流,以及容忍现实交往中诸多的不如意? 专事"机器人陪伴"研究的美国社会学家雪莉·特克尔(Sherry Turkle)就感慨道:"我们正在制造的机器实际上会让我们对老人的故事充耳不闻。"②交流劳动和情感劳动的自动化让专属于人类主体间的种种惯例、规则和道德标准不断模糊,最终可能导致"主体间"的交流成为一种仪式,而不再是界定"人之为人"的惯习。

总而言之,在对技术与人的关系的探讨中,我们已经无法剥离技术只谈人,也无法只瞄准技术的物质性而忽视人性的复杂和精微。数

---

① 参见 Éric Sadin, "L'intelligence Artificielle Engendre une Mise au Ban Progressive de L'humain," LaCroix, January 13, 2019, https://www.la-croix.com/Sciences-et-ethique/Ethique/Eric-Sadin-Lintelligence-artificielle-engendre-mise-ban-progressive-lhumain-2019-01-13-1200994958, 2024 年 10 月 8 日访问。

② 参见 Clara Moskowitz, "Human-Robot Relations: Why We Should Worry," LiveScience, February 18, 2013, https://www.livescience.com/27204-human-robot-relationships-turkle.html, 2024 年 10 月 8 日访问。

字媒体生态中的信息失序只不过是我们解释技术和人的共生关系的一个切入口,我们思考的最终目标在于不断明确:健康的信息环境,以及基于人的主体性和主体间性的交流实践,不仅是我们在这个技术狂飙突进的时代里所面对的一种社会状况,更关乎人的存在、人的历史角色,以及人应当如何延续一个以人性而非物性为基本尺度的文明。

第六章　审美茧房：数字媒体生态下的大众品位与社会区隔

数字媒体生态的崛起和数字时代的到来给全球文化带来了诸多新现象和新问题,这些现象和问题几乎关涉人类日常生活的方方面面:从思想观念到行动实践,从公共讨论到饮食起居,从本地生活到全球想象。其中,"审美"是一个十分值得关注的范畴,甚至在一些情况下成为一个核心的、"政治的"范畴。①

早在 1996 年,艺术评论家兼策展人玛琳娜·柯尔克兰(Marlena Corcoran)即指出,方兴未艾的互联网技术或许正在通过"转换艺术的时间观念"的方式,重塑人类审美;而新的数字审美的对象与其说是一系列"物体"(objects)不如说是一系列"行动"(activities)。② 这一探索性的观点在新世纪以来针对媒介美学(media aesthetics)的一系列研究中得到了验证。简而言之,数字媒体的普及极大地降低了艺术生产和

---

① 参见 Michaela Quadraro, "Digital Aesthetics and Affective Politics: Isaac Julien's Audiovisual Installations," in Athina Karatzogianni, and Adi Kuntsman, eds., *Digital Cultures and the Politics of Emotion: Feelings, Affect and Technological Change*, Palgrave Macmillan, 2012, pp. 230-244。

② 参见 Marlena Corcoran, "Digital Transformations of Time: The Aesthetics of the Internet," *Leonardo*, 29(5), 1996, pp. 375-378。

论数字媒体生态：自动化、后人类与行动主义

传播的专业门槛，动摇了传统的创作训练体系和行业评价体系的权威性，进而也就使得一种"自下而上"的大众品位日益占据人类审美结构中的主流地位[①]；传统意义上的艺术作品的"受众"也因拥有了一度为职业艺术家、学院和艺术传播机构所垄断的"创作的权力"而展现出更大的能动性，致使新世纪以来的先锋艺术运动体现出更强烈的政治介入意图，数字媒介的美学也因此被视为一种动员性的力量。[②] 因此，在芝加哥大学电影学教授米利亚姆·汉森（Miriam Hansen）看来，要想实现对数字时代的媒介美学的准确理解，就必须要在相当程度上摒弃传统美学的"本体论"和"目的论"倾向，将关注的重点由"作品"转移至"艺术生产和接受的实践……以及这种实践如何借由技术的路径与公共领域产生复杂交叠的过程"[③]。总体而言，在互联网和数字媒体对大众审美产生的影响上，学界基本能够达成如下两个共识：第一，"数字的"媒介美学较传统美学具有更加强烈的行动指向，人的审美活动从相当纯粹的"个体认识"转变为带有介入性色彩的"社会实践"；第二，互联网和数字媒体对于主流审美范式的重塑是以其技术特性为基础的，因而对数字时代的审美实践的理论化工作在很大程度上要借助技术哲学的分析方法。

可以说，学界的上述共识在大体上是符合事实，也符合常识的，但其中有一个维度却是"暧昧"的，甚至是缺位的，那就是价值（value）。也就是说，在认同了当下的媒介美学是一种由数字媒体生态"培育"的社会实践的前提下，我们应当如何从历史和道义的角度，对这种新的美学进行反思性甚至批判性的认识，从而推动这种实践服务于具有普

---

① 参见 Philip M. Napoli, "The Audience as Product, Consumer, and Producer in the Contemporary Media Marketplace," in Gregory Ferrell Lowe, and Charles Brown, eds., *Managing Media Firms and Industries: What's So Special about Media Management*, Springer, 2016, pp. 261-275。

② 参见 Christoph Brunner, Roberto Nigro, and Gerald Raunig, "Post-Media Activism, Social Ecology and Eco-Art," *Third Text*, 27(1), 2013, pp. 10-16。

③ 参见 Miriam Hansen, "Why Media Aesthetics?," *Critical Inquiry*, 30(2), 2004, pp. 391-395。

遍意义的崇高的价值目标？对于这个问题，从文化理论角度和美学理论角度展开的相关研究大多采取了回避的态度，而在一些学者看来，该现象折射出技术乌托邦主义根深蒂固的影响：经历了第一代互联网带来的艺术革命并深深为之触动的人，业已形成一种固化的思维方式，那就是去中心化的技术革命必然带来文化的民主。① 这一思维方式集中体现在学界自新世纪起重读本雅明（Benjamin）的浪潮中：众多研究者基于当下的数字媒体生态，对本雅明的名作《机械复制时代的艺术作品》(*The Work of Art in the Age of Mechanical Reproduction*)进行了多层次的"再阐释"，以印证数字技术制造的多元审美是一种文化进步的观点。② 这些分析洋溢着互联网时代独有的乐观精神，令人深受感染。但这种乐观精神是非辩证的，其包孕的技术决定论的逻辑也十分片面。它的主要问题在于对技术的文化效用的核心认知概念的置换："民主"并不必然导向"公共性"，它也有可能培育"民粹"；而"文化"与"审美"也有着截然不同的内涵，前者的概念范畴要远大于后者。将艺术生产与审美表达的多元化等同于本雅明式的文化民主，进而认定一种进步性的社会价值拥有了新的实践基础，显然是难以成立的。对此，莱恩·米尔纳（Ryan Milner）的判断是很有启发意义的，他认为与其将以互联网为平台进行的各种个体化艺术创作行为及其体现出的动员效能理解为"文化民主"，不如称其为"多调性波普"（pop polyvocality）。这种新的数字化大众美学固然鼓励公共参与，却也有滑向民粹主义和话语暴力的危险。③

上述判断在近十年的全球数字媒体生态中得到了现实的印证。

---

① 参见 Norbert Kersting, "The Future of Electronic Democracy," in Norbert Kersting, ed., *Electronic Democracy*, Barbara Budrich Publishers, 2012, pp. 11-54。

② 参见 M. I. Franklin, "Reading Walter Benjamin and Donna Haraway in the Age of Digital Reproduction," *Information, Communication and Society*, 5(4), 2002, pp. 591-624。

③ 参见 Ryan M. Milner, "Pop Polyvocality: Internet Memes, Public Participation, and the Occupy Wall Street Movement," *International Journal of Communication*, 7(1), 2013, pp. 2357-2390。

论数字媒体生态：自动化、后人类与行动主义

在中国，最具标本价值的案例莫过于某明星事件：2020年2月，中国某明星的粉丝因疑其偶像"被侮辱"而对某外国网站进行大规模举报，该网站随即被官方屏蔽；紧接着，海量网民开始在国内主流社交媒体上与该明星的粉丝进行大规模骂战，整个过程带有强烈的话语暴力色彩。该事件因粉丝纷纷"出海"，赴Twitter等国际平台创设话题标签（hashtags）而为主流西方媒体所报道。[①] 针对这一个案的研究或从粉丝社群的建构维度出发，探讨网络社群的构成规律[②]，或干脆将粉丝的行动逻辑归结为"治理"或"素养"的问题[③]，实际上都在一定程度上回避了整个事件的本质：明星崇拜无论作为一种情感，还是一种行为，首先都是一个审美的问题；而明星崇拜引发的话语暴力，也首先是一种"审美暴力"，即对于"美"和"丑"的界定标准的政治化[④]。我们若赞同技术的发展会塑造或培育新的审美实践，且这种审美实践在很多方面都具有成为汉娜·阿伦特（Hannah Arendt）所设想的"政治的美学形式"（an aesthetic form of politics）的潜能[⑤]，即最终指向一种真正意义上的民主的和公共性的当代文化，就必须对这种基于审美实践的暴力做出充分的解释，并探讨对其进行规范理论建构的可能路径。本章正是从媒介理论角度就这一目标展开的尝试。

[①] 其中影响力最大的是《经济学人》（*The Economist*）刊发的《热忱且富有战斗力的中国明星粉丝俱乐部》，全文参见"China's Devoted, Combative Celebrity Fan Clubs," The Economist, July 2, 2020, https://www.economist.com/china/2020/07/02/chinas-devoted-combative-celebrity-fan-clubs，2024年10月8日访问。

[②] 参见刘国强、蒋效妹：《反结构化的突围：网络粉丝社群建构中情感能量的动力机制分析——以肖战王一博粉丝群为例》，《国际新闻界》2020年第12期，第6—25页。

[③] 参见臧海群：《后疫情时代社交媒体公共治理和媒介素养的多维建构——以网络亚文化社群冲突为例》，《新闻与写作》2020年第8期，第24—30页。

[④] 参见 Peter Uwe Hohendahl, "Aesthetic Violence: The Concept of the Ugly in Adorno's Aesthetic Theory," *Cultural Critique*, 60(1), 2005, pp. 170-196。

[⑤] 参见 Hannah Arendt, *Lectures on Kant's Political Philosophy*, University of Chicago Press, 1982, pp. 97-98。

一、从媒介间性到审美延迟

媒介理论认为,媒体以其物质性(materiality)而与人的审美实践保持着密切的关系。这一判断包含两方面的含义:第一,各种类型的媒体首要在介质(the medium)而非符号(semiotic)的维度培育并塑造其使用者的审美实践;第二,解释人的审美实践,要立足于对媒介自身的属性,尤其是对技术属性的分析。① 正是在这样的观念前提下,"媒介间性"(intermediality)理论进入了笔者的视野。

"媒介间性"这一概念最早是由风靡于20世纪60—70年代的先锋艺术运动"激浪派"(the Fluxus movement)的领袖人物迪克·希金斯(Dick Higgins)提出的。这一运动的哲学观念较为复杂,但其美学理念十分明确,强调"艺术创作的过程比其结果(即艺术作品本身)更加重要"。② 这一美学理念带来的一个直接结果,就是激浪派艺术家在创作中前所未有地调用了几乎所有可用的媒介类型,并十分注重呈现自己的作品与特定社会事件(social events)和特定社会过程(social processes)之间的共振关系,用以再现艺术的语言也被更新,一系列带有颠覆性色彩的形式自此成为合法的艺术类型。③ 在这一理念的倡导者希金斯看来,激浪派艺术作品的价值集中体现在创作者对不同类型的媒介(尤其是电子媒介)及其相互关系的创造性使用,他由此提出了"intermedia"一词,以表达"艺术作品的美学价值在两种及以上的媒介的并置或互动关系中形成"的基本观点。④ 希金斯的这一观点极大地

---

① 参见 Anna Munster, *Materializing New Media: Embodiment in Information Aesthetics*, University Press of New England, 2006, pp. 103-134。
② 参见 S. E. Wilmer, "The Spirit of Fluxus as a Nomadic Art Movement," *Nordic Theatre Studies*, 26(2), 2014, pp. 88-97。
③ 参见 Owen F. Smith, *Fluxus: The History of an Attitude*, San Diego State University Press, 1998。
④ 参见 Dick Higgins, "Intermedia," *Leonardo*, 34(1), 2001, pp. 49-54。

影响了主流的艺术生产理念。当韩裔美国艺术家白南准(Nam June Paik)在20世纪60年代末与大提琴演奏家夏洛特·摩尔曼(Charlotte Moorman)合作创造出包括"电视大提琴"(TV Cello)和"为活体雕塑制作的电视胸罩"(TV-Bra for Living Sculpture)在内的一系列作品时,这种高度混杂的表现方式仍被视为惊世骇俗的反传统行为。然而到了20世纪80年代,包括"录像艺术"(video art)和"艺术装置"(art installation)在内的代表性"媒介间性"艺术,已为评论界和大众广泛接受,甚至成为一种学院式的存在。[1]

艺术创作实践的成功必然带来理论观念的成熟。至20世纪90年代,希金斯发明的这一概念开始为正在崛起的欧洲媒介理论所吸纳,逐渐形成了如今这一更加抽象的词形"intermediality"。哥本哈根大学教授克劳斯·延森(Klaus Jensen)将"媒介间性"界定为"不同的传播媒介间存在的形式的(formal)、指涉的(referential)和机构的(institutional)相互连接性"[2],这一定义被广泛接受。需要指出的是,本书将这一概念翻译为"媒介间性"既是忠实于英文词根"inter"本义,也旨在与传播学理论时常使用的"跨媒介性"(transmediality)相区分:后者通常用于描述信息跨越媒介的流通过程,而前者则强调意义和价值得以形成的媒介逻辑,两者有着本质的不同。在协同努力下,媒介理论家将"媒介间性"这一概念发展成较为完善的理论体系,为其赋予了完整的本体论和认识论框架。简言之,"媒介间性"是关于媒介认知的一种"认识论状况"[3](epistemological condition),是一切艺术生产过程的

---

[1] 参见 Michael Rush, *New Media in Late 20th-Century Art*, Thames & Hudson, 1999, pp. 105-115。

[2] Klaus Bruhn Jensen, "Intermediality," in Klaus Bruhn Jensen, et al., eds., *The International Encyclopedia of Communication Theory and Philosophy*, John Wiley & Son, 2016, p. 1.

[3] Sybille Krämer, "Erfüllen Medien eine Konstitutionsleistung? Thesen über die Rolle medientheoretischer Erwägungen beim Philosophieren," in Stefan Münker, Alexander Roesler, and Mike Sandbothe, eds., *Medienphilosophie*, Fischer, 2003, p. 82.

一个基本前提①;也就是说,"媒介间性"既被视为艺术的一种本质属性,也被作为各种艺术批评实践的基本方针。在"媒介间性"的概念框架下,一方面,单数形式的媒介被认为是不存在的,任何媒介从诞生那一刻起就处在间性机制之中,故"所有的媒介都是混合媒介"②;另一方面,一系列衍生的、用于指导批评实践的具体概念,如媒介移位(media transposition)、媒介联合(media combination)、媒介间引用(intermedial reference)等被创衍出来,用于解释文化和艺术的意义生成机制。③ 在艺术生产层面,我们大致可以将"媒介间性"理论的内涵概括为如下三个方面:第一,不同媒介依其相对固定的技术特征(technological feathers)的不同而拥有不同的生产逻辑④,其在彼此相互竞争的过程中追求平衡状态;第二,由于媒介是机构化的,即媒介在当代社会具象化为各种媒体组织,因此媒介间存在着通过"共建"意义来寻求利益最大化的需求⑤;第三,媒介与媒介间的区别为艺术赋予了张力和活力,是媒介间的差异令艺术具有了历史性(historicity)和社会性(sociality)。⑥

现代艺术所具有的"媒介间性",决定了艺术作品的意义总是在两种或多种媒介的互动作用中生成的。这种原本旨在解释当代艺术生产的媒介逻辑的理论,在随后的发展中开始向艺术的接受领域延伸。

---

① 参见 André Gaudreault, and Philippe Marion, "The Cinema as a Model for the Genealogy of Media," *Convergence*, 8(4), 2002, pp. 12-18。

② W. J. T. Mitchell, *Picture Theory: Essays on Verbal and Visual Representation*, University of Chicago Press, 1994, p. 5.

③ 参见 Irina O. Rajewsky, "Intermediality, Intertextuality, and Remediation: A Literary Perspective on Intermediality," *Intermediality*, 6(1), 2005, pp. 43-64。

④ 参见 Joshua Meyrowitz, "Medium Theory," in David Crowley, and David Mitchell, eds., *Communication Theory Today*, Polity Press., 1994, pp. 50-77。

⑤ 一个典型的例子就是流行文化产品的 IP 化:同一个创意可以依照出版(小说、漫画)、电影、电视等不同媒介的逻辑生产出不同形态的作品,这些作品共同构成该创意的完整意义。

⑥ 参见这一观点主要从沃尔特·翁(Walter J. Ong)关于初级口语传播(即面对面的声音传播,不包括广播)的论述中延伸出来。在翁看来,由于初级口语传播是基于纯粹单一的媒介的,因此其生产的文化"与任何已经书写或印刷的文化都没有关联",故成为一种"既没有过去也没有将来的文化"。具体参见 Walter Ong, *Orality and Literacy*, Methuen, 1982。

论数字媒体生态:自动化、后人类与行动主义

从媒介间性理论的现有逻辑出发,学者们自然而然地得出了如下结论:大众对于艺术作品意义的解读和内化,也是在其对不同媒介的使用行为中完成的。对于艺术接受的"媒介间性"的判断,受到文化研究学者的广泛支持,他们据此积极发展自身的"主动受众论"。例如,约翰·费斯克(John Fiske)就提出过一个著名的文本阐释模型,在这一模型中,受众对于(艺术)文本的意义的解读依照其媒介使用的线程分为三个阶段,每个阶段对应着一类主导性的媒介并生成相应的阶段性意义,文本的完整意义则是在三个阶段中逐渐形成并固化的。① 比如,对于一部电影来说,其意义首先来自观众对电影这一"核心媒介"的接受;紧接着,各种类型的"周边媒介",包括刊登了相关新闻报道、主创人员访谈以及影评的印刷媒介,通过观众的使用行为贡献意义;最后是"空间媒介",即观众对影片内容进行讨论的各种交流场景(如家庭、影院)。② 在这三个阶段中,不同类型的媒介依其文化生产逻辑,对特定类型的意义话语进行生产;而电影在上述这些阶段中形成的意义,彼此间既有区分,又相互联系,是一个"互为引用"(mutually referential)的话语体系。因此,我们不难得出结论:基于"媒介间性"框架的艺术作品的意义生成机制体现出时间上的延续性和空间上的分散性,观看者无法在集中的时间和单一的地点获得艺术作品完整的意义;而在传统的美学理论看来,艺术作品正是因其在时间和空间两个维度上的"存在感"而获得公共性价值。③ 基于上述分析,本书将传统主流审美行为在"媒介间性"作用下拥有的特征称为"审美延迟"。审美延迟的存在,是艺术作品践行其公共性角色的前提条件,因为它为大众通过观赏艺术作品获得公共文化感知提供了必要的时空距离。

---

① 参见 John Fiske, *Television Culture*, Routledge, 1987。
② 关于"空间作为媒介"的讨论,可参见论文集 Nick Couldry, and Anna McCarth, eds., *MediaSpace: Place, Scale and Culture in a Media Age*, Routledge, 2004。
③ 参见 Bradford Vivian, *Commonplace Witnessing: Rhetorical Invention, Historical Remembrance, and Public Culture*, Oxford University Press, 2017, pp. 13–50。

二、"媒介间性"的消失和大众品位的反公共性

数字媒体生态与传统意义上的媒介环境截然不同:最初只是作为"一种媒介"参与到既有行业格局中的互联网,在前沿数字通信技术和智能移动终端的助力下,开始了对其他媒介的"吸纳"乃至"吞噬",正在向"全能媒介"(omni-medium)的方向迅猛发展。① 当然,这不是说其他类型的媒介已经或正在消亡——人类行为的惯性决定了这一天的到来将是很久以后的事;而是说,由于几乎所有的媒介都要部分或全部接入互联网、实现数字化,因此"数字逻辑"(the digital logic),即"文化在数字媒体的物质性基础上得以形成的法则和规律"②,将在很大程度上对各种既有的媒介逻辑进行"改造",从而使各种类型的媒体间的"差异"不再重要,或只有名义上的(nominal)的重要性③。

数字媒体成为主导性甚至霸权性的媒体给艺术的创作和接受带来最直接的影响,就是传统的"媒介间性"的消失。由于艺术作品的意义以及附着其上的公共文化价值是以媒介间的差异和距离为基础架构的,因此当这种差异和距离不再具有实质性,艺术作品的意义和公共文化价值的生成机制也必然会更新。这种新的生成机制与"媒介间性"相反——它是以压缩艺术接受行为的时间感和空间感,即破坏审美延迟来发挥作用的。时间感的压缩意味着意义生成的即时性,即审美主体对于艺术作品的意义的认知过程与其审美行为的实践过程在很大程度上是同时完成的,这种意义因而排斥了反思(reflection)的机制;空间感的压缩则意味着意义生成的孤立性,即审美行为几乎完全

---

① 参见 Nicholas Carr, *The Shallows: How the Internet Is Changing the Way We Think, Read and Remember*, Atlantic Books, 2010。
② 参见 Seb Franklin, *Control: Digitality as Cultural Logic*, The MIT Press, 2015。
③ 参见常江:《原子化未来:技术变迁对报纸编辑室文化的重塑》,《编辑之友》2018年第10期,第62—68页。

论数字媒体生态：自动化、后人类与行动主义

依托单一的数字媒介完成，不再与空间型媒介产生必然的联系，从而使得艺术作品的意义生成排斥了协商（negotiation）的机制。两者的结合不可避免地导致了审美的私人化，使得大众品位的形成较以往更为困难，艺术作品的意义日益与文化公共性相剥离。

我们依然以电影为例。2020年，由于新冠肺炎疫情的影响，全球电影业都在不同程度上进行流媒体（streaming media）播放的转型，以应对影院关闭带来的巨大经济损失。作为一种典型的数字化接收方式，观众通过流媒体网站观看电影与传统观看电影的方式有本质的区别：一方面，观众对影片的选择完全摆脱了传统排片机制的影响，网站所提供的播放功能使倍速观看和沉溺观看（binge watching）成为主流的接收方式，观众因此拥有了专属于自己的审美时间线，以及完全私人化的审美历史；另一方面，影院的"不复存在"和移动终端的"强势存在"使观影行为也完全转入有别于公共环境（如影院）和家庭环境（如起居室）的私人环境①，从而使围绕电影文本进行的公共讨论失去了空间，使观众对电影意义的解读几乎完全依靠内省（introspection）来完成。简言之，流媒体表面上以不间断的视听符号流搭建了连接观众的网络，但实际上这些居于网络终端的阅听人如同一座座认知孤岛，无法将自己的审美行为嵌入具体的历史和社会情境；这种私人化的流媒体电影文化在令观众获得更多"自由"的同时，也在很大程度上消弭了电影作为公共文化产品的价值：在审美、道德和价值观上凝聚社会共识。②

审美行为在数字媒体生态下的私人化，很难不令人联想到布尔迪

---

① 现有数据显示，卧室是流媒体观影的主流场景，有超过85%的流媒体用户主要在床上通过Netflix观影，这种新的电影接收习惯在美国甚至引发了对睡眠健康问题的担忧，参见Jenna Birch, "How Binge-Watching Is Hazardous to Your Health," The Washington Post, June 3, 2019, https://www.washingtonpost.com/lifestyle/wellness/how-binge-watching-is-hazardous-to-your-health/2019/05/31/03b0d70a-8220-11e9-bce7-40b4105 f7ca0_story.html，2024年10月8日访问。

② 参见常江：《流媒体与未来的电影业：美学、产业、文化》，《当代电影》2020年第7期，第4—10页。

厄(Bourdieu)对"品位的政治"的解读:受到文化资本(cultural capital)和阶级惯习(class habitus)支配的人的审美行为,与其说是培育了大众化的品位并在价值和道德的维度上将社会连为一体,不如说是通过制造更多区隔(distinctions)的方式固化了原有的文化等级制度。① 这种文化等级制度在不同的社会语境下有不同的内涵,且在很大程度上是与文化生产、流通和消费的媒介环境密切相关的。② 按照布尔迪厄的观点,审美行为不但是政治的,而且拥有一种霸权结构,整个社会的审美机制通过对既有等级秩序赖以存在的文化条件进行再生产得以维系。但一个多少有些吊诡的问题随之而来:互联网的发展和普及消弭了不同媒介间在物质和历史维度上的差异,理应是一种破坏既有文化等级秩序的民主化力量③,为什么以互联网为主流场景的审美行为不但没能制造更多的文化民主和文化公共性,反而使品位变得越来越私人化,甚至在一些情况下呈现出暴力色彩?

对于上述问题,不同的理论或有不同的解释;但在媒介理论的视野下,审美的私人化和大众品位(如果真的存在的话)的反公共性,显然与数字媒体生态的演化方向密切相关。可以说,从第一代互联网崛起的那一刻起,主导人类社会信息环境和文化生态的技术逻辑就始终在向私人化的方向发展,无论是全球社交媒体平台对用户个人信息界面和信息时间线持续不断的精细化,还是以智能算法为代表的个性化信息分发技术的日臻成熟,莫不指向一种明确无误的未来的文化秩序:通过对海量私人化的信息消费与审美行为的聚合,塑造在形式上

---

① 参见 Pierre Bourdieu, *Distinction: A Social Critique of the Judgement of Taste*, trans. Richard Nice, Harvard University Press, 1984。
② 参见 Tony Bennett, "Habitus Clivé: Aesthetics and Politics in the Work of Pierre Bourdieu," *New Literary History*, 38(1), 2007, pp. 201-228。
③ 关于互联网的"民主化承诺",在过去二十年间有大量充满乐观精神的研究成果问世。可参考 Joke Hermes, "Citizenship in the Age of the Internet," *European Journal of Communication*, 21(3), 2006, pp. 295-309; Michael Margolis, and Gerson Moreno-Riaño, *The Prospect of Internet Democracy*, Ashgate Publishing Limited, 2009。

去中心化、反权威的文化格局。然而,去中心化并不等于民主,反权威也并不必然带来更大程度的公共性。在破坏了传统"媒介间性"的同时,互联网将自身变成了新的霸权结构,其通过压缩形成文化公共性所必需的时间、空间、心理以及情感距离的方式,使审美的文化全面向一种新的区隔性结构坍缩。这种新的区隔与传统媒介环境中的区隔的不同之处在于:前者一方面破坏了原本纵向的、金字塔式的文化秩序,另一方面编织了一个品位高度原子化的网络;每一个审美的个体都是网络上的一个节点,他们彼此间的连接只是形式上的,甚至可以被认为是有名无实的,因为"反思""协商"等对于文化公共性而言至关重要的机制在这种新的结构里几乎没有存在的空间。而这种新形式的区隔却被冠以"文化多元主义"甚至"文化民主"之名,这实在是一种非历史、非辩证的谬误。

三、审美茧房的形成与破茧的可能

自从哈佛大学教授桑斯坦(Sunstein)在 2006 年提出"信息茧房"(information cocoon)概念以来,这一概念时常被用来形容数字媒体生态中人的认知与宏观信息生态相隔绝的状况。[1] 被包裹在信息茧房中的媒体使用者满足于智能技术分发给自己的"个性化"内容,过着"不知有汉,无论魏晋"的信息封闭的生活。尽管在学术研究中,这一概念有被过度阐释甚至误用的问题,真正意义上的"茧房"形成所需的各种条件实际上并不容易满足[2],但它所具有的修辞力量却引人深思。通过对数字技术环境与人的审美行为、大众品位的政治以及社会文化生态之间关系的分析,本书认为一种独特的信息茧房——审美茧房正在

---

[1] 参见 Cass R. Sunstein, *Infotopia: How Many Minds Produce Knowledge*, Oxford University Press, 2006。

[2] 参见陈昌凤、仇筠茜:《"信息茧房"在西方:似是而非的概念与算法的"破茧"求解》,《新闻大学》2020 年第 1 期,第 1—14+124 页。

我们生活的时代里形成。其运作的方式是:互联网与数字技术的发展破坏了传统审美实践赖以维系的"媒介间性",通过不断挤压"反思"和"协商"在审美实践体系中的存在空间,消弭了在审美实践中形成文化公共性所必需的批判性距离(critical distance),进而全面导致大众品位的私人化;这种私人化的大众品位进一步与技术发展的趋向"合谋",以文化民主为名制造了新形式的社会区隔,令旨在追求共同价值和道德目标的公共美学几无生存的土壤,整个社会文化进而向反公共性方向发展;而身处审美茧房中的每一个人,在"消费自由"的幻象中,日渐丧失对超出自己趣味范畴的文化艺术形式与文本的包容,并有可能在"适宜"的舆论氛围下,将审美的排异诉诸话语乃至行为的暴力。

审美茧房的形成,无疑建立在复杂的社会和心理条件的基础上,包括人性既有的偏向、人类行为既有的惯性,也包括狂飙突进的前沿媒介技术的文化偏向,以及催动数字媒体生态演进的跨国高科技公司依其追逐经济利益的本能对日常生活的文化殖民。[①] 经验研究的缺乏使我们还无法对上述各项条件之间发生"化合作用"的机制做出完全清晰的理解,但这无碍于批判性的媒介理论从人类社会发展的一些普遍性诉求出发,对"破茧"的可能展开观念上的探讨。换言之,假如我们认为维系一种有着明确的价值和道德追求的文化公共性是人类社会发展的一个基本目标,并坚信人文的与社会的理论进化应当致力于在不同的历史情境下为上述基本目标的实现创造条件,那么在审美茧房对文化公共性构成巨大破坏的当下,如何在观念层面厘清这一过程的本质,并探索对其进行系统性反思和修正的实践路径,就是媒介与美学理论在当下的一项重要任务。

一个最合乎逻辑的"破茧"方式,就是加强对技术的驯服。早在本

---

① 参见 Richard Kahn, and Douglas Kellner, "Oppositional Politics and the Internet: A Critical/Reconstructive Approach," *Cultural Politics*, 1(1), 2005, pp. 75-100。

论数字媒体生态：自动化、后人类与行动主义

世纪初，就有学者提出过"驯服互联网"（taming the Internet）的主张，其核心观点就是联合各相关主体——包括政府、教育科研机构以及互联网公司中的一些力量（如工会）等——持续性地以人本主义的价值标准检视互联网技术发展的趋势，并及时对其反人性、反民主的倾向做出批评。① 这当然是一种很好的愿景，但它与高科技公司编织的"文化民主"的技术神话一样不切实际。原因很简单：在这项"工程"中尝试对互联网进行"驯服"的各主体，有着各不相同甚至彼此冲突的利益诉求，而利益诉求的多样性和其内在张力是推动一切社会发展的基本动力②，它不可能被弥合也没有必要被弥合，自然也就不可能出现学者们所幻想的"团结"。于是，在大多数情况下，我们看到的是单一的强势机构出于自身的利益诉求实施的干预方案，而难以感受到共识的存在。这一困境，其实是一切期望通过介入性的手段提升文化公共性的社会变革方案都无法完全解决的内在矛盾。

相比之下，更可行的路径是鼓励或至少容忍各种类型的网络趣缘社群（communities of interest）的发展。正如奥斯卡·纽曼（Oscar Newman）所指出的：追求审美自由当然是人的一种天性，但是寻找审美上的志同道合者同样也是人的天性；而依照共同审美趣味形成的社群由于淡化（当然不是全然排除）了传统的经济和文化资本因素的影响，往往体现出较传统社群更少的权力色彩，也拥有更加民主化的内部氛围。③ 数字媒体生态固然在总体上加速了审美的私人化，却也使得很多在传统媒介环境下几无空间的趣缘社群的出现成为可能。这种基于小规模线上趣缘社群的多元审美实践已经在全球范围内产生了不容忽视的影响力。例如，在欧美国家，以 Tumblr 和 Pinterest 为代表的

---

① 参见 David Lindsay, "Taming the Internet," *AQ: Australian Quarterly*, 72(2), 2000, pp. 19-20+40。
② 参见 Elliot Turiel, *The Culture of Morality: Social Development, Context, and Conflict*, Cambridge University Press, 2002。
③ 参见 Oscar Newman, "Community of Interest," *Society*, 18(1), 1980, pp. 52-57。

社交平台为不同类型的青年亚文化和小众艺术爱好者群体提供交流的空间,并在一些国家直接推动了新的先锋艺术发展的潮流①;在中国,豆瓣网在趣缘社群文化发展过程中扮演的角色吸引了众多研究者的目光,尽管有学者发现不同的趣缘社群之间存在着或对抗或联盟的关系,进而在观念交互的过程中制造了新的权力等级结构②,但这显然是为了"破茧"的成功而必须承担的风险。事实上,虽然从表面上看这些趣缘社群活跃在专门性的网络平台上,但其文化结构仍然是高度封闭的,这些社群往往设定极高的准入门槛以确保自身的"纯洁性",并大多坚持不与主流互联网文化"合流"的抵抗文化姿态。但它们能否持续生存下去,其实始终取决于其能否为支持自身发展的互联网平台吸引足够的注意力,以及其能否将这种注意力资源转化为利润。③ 因此,鼓励趣缘社群发展的策略依然是一个充满内在矛盾并伴随着与其他利益进行反复协商的过程。

有一些问题或许永远无法完全解决。历史反复证明了人性中的一些部分是无法抗拒技术乌托邦主义的诱惑的。但哪怕是提出充满矛盾的解决方案,并坚持在各种微观的语境下将其部分地付诸实践,也好过固守本质性的历史悲观主义。无论是文化理论还是美学理论,其生命力都在于"想象不可能"并为其"可能的可能"创造思想条件。在这个意义上,"审美茧房"既是一个具体的批判对象,也是我们要阐释的宏大文化生态的一个时代象征,它不断地提醒着我们坚守理论探索的初心。

---

① 参见 Allison Mccracken, "Tumblr Youth Subcultures and Media Engagement," *Cinema Journal*, 57(1), 2017, pp. 151-161。
② 参见蔡骐:《网络虚拟社区中的趣缘文化传播》,《新闻与传播研究》2014 年第 9 期,第 5—23+126 页。
③ 参见 Paula Guerra, "Under-Connected: Youth Subcultures, Resistance and Sociability in the Internet Age," in Keith Gildart, et al., eds., *Hebdige and Subculture in the Twenty-First Century: Through the Subcultural Lens*, Palgrave Macmillan, 2020, pp. 207-230。

第七章　数据拜物教：量化自我背后的人类主体危机

2007年，时任《连线》(Wired)杂志编辑的加里·沃尔夫和凯文·凯利在美国科技产业中心旧金山(San Francisco)发动了一场名为"量化自我"(Quantified Self, QS)的运动，他们将这场运动的主旨界定为"工具的使用者与制造者旨在通过自我追踪来实现自我认识的协作"。2008年9月，认同量化自我理念的28人在凯文·凯利的家里举行了第一次集会，量化自我正式拥有了自己的网络行动体系，开始渐渐演化为一场全球性的文化潮流，并在超过20个国家建立了不同的组织。2011年，全球范围的量化自我参与者在美国加利福尼亚州举办了声势浩大的国际会议，加里·沃尔夫在会上称："必须认清一个现实……那就是我们所做的一切都在生成数据。"其后，《福布斯》杂志将2013年命名为"量化自我之年"，并表示日常生活的数据化尽管被高科技公司用于精准化的信息推送和市场营销，却也可以帮助人们更好地理解自己的物理、精神乃至存在的状况。

在中国，伴随着各种身体监测应用与平台的繁荣，量化自我也日益成为流行的生活方式。例如，微信内置应用"微信运动"可以实时上传用户过往30天的历史步数并生成不同类型的全民行动大数据集；

而另一个专事体能数据监测、共享和提升的应用 Keep 也已拥有超过 1300 万月活用户，在城市青年和中等收入群体中极受欢迎。[①] 还有一类在中国广受欢迎的量化自我技术是时间管理应用（如番茄 ToDo），这类应用通过高度结构化的任务标签和虚拟学习空间功能让使用者实现对时间的高效管理，帮助其应对注意力碎片化、拖延等工作问题。基于上述应用与平台，不同类型的量化自我实践者社群逐渐形成。凝聚这些社群力量的往往是其成员出于共同的健康或自律目标而形成的支持性情感结构；与此同时，自我监测与数据化也在上述社群实践中逐渐固化为"生存惯习"[②]，进而成为一种文化态度甚至意识形态。

量化自我运动的倡导者将其理念解释为一种由技术进步带来的人类福祉，这在一些情况下似乎得到了印证。例如，有研究表明，积极使用各种设备监测身体状况并将其数据化确实能够在一定程度上提升大众对健康问题的认知，从而有利于自律、良性的生活方式的普及。[③] 更有学者认为，如 Fitbit 和微信运动这样的可供量化自我行动者用于分享个人生理数据的平台代表着一种新的自由表达模式，建立起比过去更具深度、更有意义的人类交流框架。[④] 与此同时，也有批评的观点指出，人类借助智能技术对自己的身体和生活进行的自我监控（self-surveillance）与高科技公司对其用户的数据监控并无本质上的区别，所谓的"数字健康"（digital health）其实是一种不自觉的生物政治

[①] 参见 Lai Lin Thomala, "Number of Monthly Active Users (MAU) of the Leading Sports and Fitness Apps in China in February 2024," Statista, May 10, 2024, https://www.statista.com/statistics/1043804/china-leading-sports-apps-monthly-active-users/，2024 年 10 月 8 日访问。

[②] 参见俞立根、顾理平：《隐私何以让渡：量化自我与私人数据的日常实践》，《苏州大学学报（哲学社会科学版）》2024 年第 2 期，第 172—181 页。

[③] 参见 Dong-Hee Shin, and Frank Biocca, "Health Experience Model of Personal Informatics: The Case of a Quantified Self," *Computers in Human Behavior*, 69(2), 2017, pp. 62-74。

[④] 参见 Argyro P. Karanasiou, and Sharanjit Kang, "My Quantified Self, My FitBit and I: The Polymorphic Concept of Health Data and the Sharer's Dilemma," *Digital Culture & Society*, 2(1), 2016, pp. 123-142。

论数字媒体生态：自动化、后人类与行动主义

(biopolitics)，其最终的效应是支撑新自由主义对全球社会的支配。[①]

不过，无论持有何种观点，多数研究者视量化自我运动为一种另类的、小众的、局限于技术狂热者社群的孤立现象，并尽可能从技术应用与效应的视角对其文化意涵做出解释——这显然是有失偏颇的。笔者认为，尽管作为网络运动的量化自我的确是少数硅谷精英出于其技术乐观主义态度创造的"行为艺术"，这场运动在全世界范围的追随者也往往局限于城市青年和中等收入群体，但它所承载的技术认识论，即正在成为一种意识形态的"通过将自身数据化来认识自我"的观念，却是一场全球性人类主体危机的表征。为这种认识论提供土壤的，是建基于智能化技术架构的数字媒体生态及其培育的数据拜物教（data fetishism），以及人类行动者在对这种拜物教不断内化的过程中对文化主导权的下意识让渡。本章即尝试以量化自我为切入口，探讨数字媒体生态下文化生产的演化趋势，并通过对数据拜物教形成原理的拆解来思索如何在"后人类状况"下重振人类历史主体性的问题。

一、量化自我的观念史

之所以反对仅仅将量化自我视为当代科技精英的小众运动，是由于"通过将自身数据化来认识自我"的实践其实有着相当长的历史，其观念的拓展伴随着科学与技术发展的始终，其社会影响也超越了观念和个体的行动范畴。

据史料记载，16世纪意大利生理学家桑克托留斯（Sanctorius）可能是量化自我观念的创始人。桑克托留斯是历史上最早的脉搏频率测量设备"pulsilogium"的发明者，开人体生物数据监测之先河。他对后世影响更为深远的发明是一种独特的测重椅，他用这种椅子来规律

[①] 参见 Btihaj Ajana, "Digital Health and the Biopolitics of the Quantified Self," *Digital Health*, 3(1), 2017, pp. 1-18。

地测算自己的体重、食物摄入量和排泄物质量的比值,并据此来探索彼时刚刚兴起、正当时髦的新陈代谢概念。受限于当时的科学发展水平,这些技术装置仅拥有简单的结构,却被后世学者赋予了重大的文化意义:它们让呕吐、消化和排泄这些长期被中世纪神学贬低的生物活动变成了中性的概念,去除其道德污名,并为其赋予科学上的正当性,从而也就在某种程度上解放了人性。① 而根据《自我追踪》(Self-Tracking)一书的作者吉娜·奈弗(Gina Neff)和唐·奈福斯(Dawn Nafus)的考察,美国国父之一、著名发明家本杰明·富兰克林(Benjamin Franklin)也是量化自我思想的先驱。富兰克林一生痴迷于"计算时间耗费与美德目标达成"之间的关系:他如强迫症一般用尽可能精确的钟表来记录自己完成每一项日常事务所用的时间,并估算自己在这段时间里于多大程度上实现了预期的价值目标,以此来鞭策自己更为"合理"地生活。这种基于统计学思路的自律精神成为整个量化自我运动的道德依据——将自身的存在数据化并不意味着失去人性,而是为了更好地履行崇高的价值使命。② 这种明显带有美国式实用主义色彩的目的论贯穿整个量化自我运动的始终。

进化论的提出是量化自我观念发展的一个里程碑,它不但让"人的数据化"成为一种被广泛认同的理念,而且对20世纪全世界多个民族国家的人口政策产生了直接的影响。1859年,英国生物学家达尔文(Darwin)出版划时代的《物种起源》(On the Origin of the Species),奠定了进化论在解释地球物种变迁问题上的支配地位。随后,达尔文主义渐渐超越生物学范畴,发展出政治学和社会学的版本,其主张以物竞

---

① 参见 Shigehisa Kuriyama, "The Forgotten Fear of Excrement," *Journal of Medieval and Early Modern Studies*, 38(3), 2008, pp. 413-442。

② 参见 Gina Neff, and Dawn Nafus, *Self-Tracking*, The MIT Press, 2016, p. 16。

论数字媒体生态：自动化、后人类与行动主义

天择的逻辑诠释人类社会，对历史悠久的人类中心主义构成尖锐的挑战。① 在现实世界里，进化论产生了极为复杂的效应。一方面，人类得以科学地了解自己来自何处、认识自身存在的生物基础，这进一步缓解了宗教神学对生物本能的压抑，有助于人类主体性的高扬。与此同时，进化论在发展的过程中也获得了一种类似宗教的认识论地位，使"生物起源获得了与创世说相似的神圣地位"②。进化论的盛行为主张基于严谨的数据分析来干预生育，从而为逐步改进人类的遗传基因素质的优生学（Eugenics）提供了理论支持。优生学是整个 20 世纪的"显学"，甚至曾经作为"国策"影响亿万人的婚育选择和家庭生活；与此同时，这门"科学"也在很多情况下成为不同类型的人种优越论的依据，是至今很多欧美社会的种族主义问题的历史症结。③ 此处不欲对优生学的伦理问题做出讨论，而只想指出：我们可以将 20 世纪遍布全球的优生学信奉者视为当代量化自我运动的"先驱"，因为两者都支持"基于大数据集的人体测量统计学……以实现对人类身体与精神状况的改善"。④

在 20 世纪后半叶一波又一波的进步文化运动中，优生学在政治上受到严厉的批判并逐渐"破产"；与此同时，智能可穿戴设备自 20 世纪 70 年代以来的迅猛发展却为量化自我观念的再生提供了有力的技术支持。从技术可供性的角度看，智能可穿戴设备沿着两种技术文化构型进化：身体数据监测与感官延伸。

在身体数据监测方面，可穿戴设备在五十余年的演化中逐步实现

---

① 参见罗力群：《"社会达尔文主义"的由来与争议》，《自然辩证法通讯》2019 年第 8 期，第 106—114 页。

② Michael Ruse, *Darwinism as Religion: What Literature Tells Us about Evolution*, Oxford University Press, 2017, pp. 102-103.

③ 参见 Stefan Kühl, *The Nazi Connection: Eugenics, American Racism, and German National Socialism*, Oxford University Press, 1994, pp. 3-12。

④ 参见 Gabi Schaffzin, "Resolving the Incommensurability of Eugenics and the Quantified Self," *Gnovis*, 18(1), 2017, pp. 3-15。

了对运动时间、运动距离、心率、呼吸频率等多种生理状况的数据可视化。1975年,电子手表的发明使越来越多人的时间观念变得可见,也让穿戴者对于自身行为(如运动)的时间管理以及某些生理指标(如脉动频率)的准确掌握成为可能。影星迈克尔·福克斯(Michael Fox)在科幻电影《回到未来》(*Back to the Future*)中佩戴电子手表的造型在20世纪80年代风靡全球,成为技术乌托邦主义的标志性象征。1981年问世的心率监测器和1986年问世的智能跑鞋虽然因价格昂贵在相当长的时间内仅供职业运动员使用,但它们在技术上的不断成熟和体积上的不断缩小已经预示了一个将身体完全数据化的未来。2000年,IBM推出初代智能手表WatchPad,这款装载了Linux操作系统的手表在后来的技术升级中逐渐集成了实时身体监测、大容量数据储存、无线数据传输等功能。至2015年前后,三星的Samsung Galaxy Gear和苹果的Apple Watch已是民用领域内高度成熟的智能手表,其内置精密的感官器(sensors),可以实现对多种身体数据的实时监测,并通过与医疗机构合作的方式打造了不同类型和规模的线上健康社区。2021年2月的数据显示,全球范围内总共有1.15亿人日常佩戴苹果手表。①

在感官延伸方面,可穿戴设备的进化速度同样迅猛。诞生于1987年的数字助听器不仅改善了全球亿万听障人士的交流状况和生活品质,而且标志着可穿戴设备开始与人类基础感官进行深度结合,逐渐拥有了重塑人类感知客观世界方式的能力,文化上的"通感"和"联觉"由此成为可能。② 1993年,日本世嘉公司推出第一代虚拟现实头戴式显示器(以下简称"头显")Sega VR,该头显被用于20世纪90年

---

① 参见 Neil Cybart, "Apple Watch Is Now Worn on 100 Million Wrists," Above Avalon, February 11, 2021, https://www.aboveavalon.com/notes/2021/2/11/apple-watch-is-now-worn-on-100-million-wrists, 2024年10月8日访问。
② 参见战迪:《感官转向与联觉生产:数字新闻的美学革命及其文化后果》,《新闻大学》2024年第7期,第15—26+117—118页。

代中后期的多款模拟动作类街机游戏中。其后,索尼的 Glasstron 和 PlayStation VR、傲库路思(Oculus)公司的 Oculus Rift、谷歌的 Google Cardboard 以及三星的 Samsung Gear VR 等头显相继问世,与之匹配的虚拟现实内容生产机制和内容消费平台也相应诞生、成熟。苹果公司于 2024 年年初发布的 Apple Vision Pro 已经能够完全实现佩戴者与虚拟空间的流畅互动:在佩戴头显时,用户的动作、眼神和语音均可被头显内置的 visionOS 操作系统准确捕捉并实时转化为合乎物理规律的互动效果,这使得用户基于自动生成的虚拟世界培育出高度保真与可信的"第一数字人格"成为可能。[1] 2023 年年初,麻省理工学院的一个团队研发出一款新型的有机混合离子-电子导体(organic mixed ionic-electronic conductor,OMIEC),它能够以极高的效率将生物组织的信号转换为可在晶体管中使用的电子信号,这预示着可穿戴设备与人类感官的融合将更为深刻,尤其表明过往科幻想象中的"脑机接口"或将在不远的未来成为现实。因此,有研究者认为,海量来自可穿戴设备使用者的"生命数据"(life data)将充斥数字媒体生态,从而让媒介文化朝向更为精细化和融合性的方向发展。[2]

总而言之,生物科学观念的发展和"附身性技术"的演进为量化自我实践奠定了可供性、认识论和道德的基础,使之拥有了自己的行动体系和意识形态。但在这一过程中,我们也可以清晰地看到包孕在量化自我实践中的一场深重的文化危机——数据拜物教的形成。

二、数据拜物教的形成与维系

量化自我的本质是对自我的数据化(datafication)。作为一种生活

---

[1] 参见 Jonathon Hutchinson,"Digital First Personality: Automation and Influence within Evolving Media Ecologies," *Convergence*, 26(5-6), 2020, pp. 1284-1300.
[2] 参见陈凯宁:《附身的技术:"可穿戴新闻"的生命数据与生活叙事》,《新闻界》2024 年第 5 期,第 23—34+45 页。

方式或文化实践,量化自我以技术创新为起点,却并不必然要借助特定技术或工具实现,它完全有可能"有机地"融入日常关系和行动之中。数字媒体生态作为一切信息关系和媒介行动发生的一般场景,几乎完全建基于上述关系和行动规则的数据化。质言之,在数字媒体生态中,人与人、人与技术物的连接由算法对双方在系统中的相互关联和相对位置的计算所决定,而行动者全部的文化创造、叙事复制、意象扩散与意义聚合活动也必须在既有的数据架构预先框定的规则体系内完成。

日常生活的数据化是数字技术革命带来的一个自然结果,甚至在某种程度上是一种"红利",因为它促使通信基础设施更好地满足人的需求。但当数据化的范畴从日常生活扩散至人的存在,数字媒体生态的一个深层逻辑问题便暴露出来,那就是由数据倚赖导致的数据崇拜。荷兰学者塔玛尔·沙伦(Tamar Sharon)和多莉安·赞德伯根(Dorien Zandbergen)将数据崇拜的产生解释为一个认识论过程:人在不断量化自我的过程中,逐渐相信数据是最重要乃至唯一的"真相"和"客观性"载体,因此,对自身存在数据化的本质就是使人的身体成为真理的一部分,甚至是对权力结构的一种抵抗行动。[①] 这种以"自我监测"取代"权力监测"的抵抗文化理念在量化自我实践者中有着深厚的土壤。沃尔夫就在一场著名的 TED 演讲中援引福柯"知识就是权力"的观点,将身体的数据化解释为一个人通过掌握有关自己的知识来向权力结构争夺对自己身体控制权的过程。[②] 这种对于福柯主义的刻意误用显然出于特定的意识形态意图。经验领域的状况揭示了这场运动所关涉的不仅仅是数据和自我的单一关系,其观念中潜藏着

[①] 参见 Tamar Sharon, and Dorien Zandbergen, "From Data Fetishism to Quantifying Selves: Self-Tracking Practices and the Other Values of Data," *New Media & Society*, 19(11), 2017, pp. 1695–1709。

[②] 参见 Gary Wolf, "The Quantified Self," Ted, June 1, 2010, https://www.ted.com/talks/gary_wolf_the_quantified_self, 2025 年 5 月 20 日访问。

论数字媒体生态：自动化、后人类与行动主义

深刻的社会结构转型逻辑。一项针对计算机行业专业人士的民族志研究即显示，对数据和算法效能的迷恋已经在很大程度上重塑了该行业内的交流和生产模式，并正在导致行业的核心资源向相关的自动化领域倾斜，从而预示着人类判断（human judgment）的相对衰微。① 在新闻业开展的研究也有类似发现：数据在当下的主流新闻观念中被赋予了具有客观、民主与协商含义的优越的认识论地位，从而使围绕数据生成与处理的技术配置和制度安排成为新闻生产的中心，数据主义的科层制取代了传统专业主义的科层制成为新闻业新的权力结构。②

上述讨论自然而然地将我们对数据的理解引向了拜物教批判——数据在其不断制造的效能神话中逐渐实现了对自身的"物神化"，正在成为一种旨在维系数字媒体生态，乃至整个科技资本主义体系的软性精神力量。③ 在全球数字媒体生态中，数据拜物教主要通过两种机制得以维系：自动化媒介生产和平台对用户信息经验的操纵。

（一）自动化媒介生产

自动化媒介生产是数字技术革命——尤其是人工智能的崛起——给全球媒体生态带来的直接结果。在传媒工业和文化领域，越来越多的生产活动开始由机器主导，人力劳动市场则逐渐萎缩。智能大语言模型、结构化数据库和数字媒体生态日益提升的算力彼此结合，使内容的创衍能够在理论上完全绕开人的干预，形成逻辑自洽、模态饱满的系统闭环。新闻业是受自动化生产浪潮冲击最为直接的"重

---

① 参见 Suzanne L. Thomas, Dawn Nafus, and Jamie Sherman, "Algorithms as Fetish: Faith and Possibility in Algorithmic Work," *Big Data & Society*, 5(1), 2018, pp. 1-11.

② 参见 Francesca Morini, "Data Journalism as 'Terra Incognita': Newcomers' Tensions in Shifting towards Data Journalism Epistemology," *Journalism Practice*, 19(1), 2025, pp. 76-92.

③ 参见杨章文：《数据拜物教的哲学实质及意识形态批判》，《学术交流》2023年第6期，第16—30页。

灾区"。2024年《华盛顿邮报》发布的文章显示,由于智能生产技术的迅猛发展和广泛采用,整个美国新闻业的劳动力市场规模在过去20年间缩水了77%,成为美国劳动统计局调查的532个行业中就业形势最为严峻的一个。[①] 与此同时,全球新闻业的商业营收却在持续、稳健地增长,预计从2022年到2029年可实现年均9.96%的增长率。[②] 从资本增殖的逻辑来看,自动化生产意味着更低的成本和更高的边际效益,进而也就能够创造更多可用于扩大生产规模的剩余价值,因此数据是比人力更为"宝贵"的生产资料。

除了经济效益之外,自动化媒介生产的文化影响也不容小觑。对虚假信息的批量炮制或许是生成式人工智能最为人诟病之处,但支配自动化生产的深层技术和文化逻辑则更加令人心忧——前者大抵仍是一个"治理"的问题,而后者则预演着整个文明演化的全新方向。质言之,机器拥有与人类截然不同的"创造力"机能,因而其生成的内容也就完全与人类精神产品所依存的历史和价值参照系无涉,从而塑造了一种既"冷酷"又富有精密内在秩序的数据主义文化。对于人类来说,浸润在这种文化之中也即意味着将自身的存在与人类文明的历史剥离,并将完全基于机器逻辑"计算"出来的新的"历史"逐渐内化。在当下的社交媒体上,由人工智能自动生成的内容与人类用户创作内容在形式上高度相似,因而其数量难以被准确统计,但这足以引发广泛的道德担忧。2024年2月,包括Meta(Facebook的母公司)、X(Twitter于2023年7月正式更名为X)和TikTok在内的20个全球媒体平台迫于社会压力而签署共同协议,宣称将运用多种方式对自动化

---

① 参见Andrew Van Dam, "Wait, Does America Really Still Employ a Ton of News Reporters?," The Washington Post, July 12, 2024, https://www.washingtonpost.com/business/2024/07/12/news-reporters-journalism-jobs-census/, 2024年10月8日访问。

② 参见Statista, "News & Magazines-Worldwide," Statista, August 1, 2024, https://www.statista.com/outlook/amo/app/news-magazines/worldwide#revenue, 2024年10月8日访问。

生成内容做出清晰标注,以尽最大可能避免人工智能对政治事务的干涉。[①] 中国学者的研究也显示,专事自动内容生成的社交机器人已经成为左右全球舆论风向的重要力量,其遵循的"计算宣传"行动模式广泛而深刻地影响了包括新冠疫苗在内的诸多重大公共性议题的传播。[②]

总之,无论从经济还是文化的角度出发,我们都可以清晰地看到数据拜物教如何在媒介自动化生产机制中被持续、反复地践行,以及数据拜物教作为高科技意识形态如何有力地维系着非历史的机器逻辑对文化演化进程的支配。

(二)平台信息操纵

平台化是全球数字媒体生态的另一个基础特征,它意味着平台在不断将自身基础设施化的同时,也作为一种霸权结构支配着信息、交流和文化经验的生成。[③] 尽管我们时常在"平台"一词前面冠以"媒体"或"社交"的限定,但它们其实只是科技资本主义的话语策略,其目标在于遮盖平台作为数据公司的本质——数据既是平台经济体系赖以运转的基础生产资料,也是平台文化生态赖以维系的基础物质资源。

平台对数据的依赖性见诸多个维度,其中最重要的莫过于平台可以通过智能化的数据管理实现对用户信息经验的操纵。一方面,几乎所有平台的技术构型都朝着高效收集、实时分析用户行为数据的方向

---

① 参见 Sheila Dang, and Katie Paul, "OpenAI, Meta and Other Tech Giants Sign Effort to Fight AI Election Interference," Reuters, February 16, 2024, https://www.reuters.com/technology/openai-meta-other-tech-giants-sign-effort-fight-ai-election-interference-2024-02-16/,2024 年 10 月 8 日访问。

② 参见陈昌凤、袁雨晴:《社交机器人的"计算宣传"特征和模式研究——以中国新冠疫苗的议题参与为例》,《新闻与写作》2021 年第 11 期,第 77—88 页。

③ 参见 David Hesmondhalgh, Raquel Campos Valverde, D. Bondy Valdovinos Kaye, and Zhongwei Li, "Digital Platforms and Infrastructure in the Realm of Culture," *Media and Communication*, 11(2), 2023, pp. 296-306.

演化——在平台基础设施化的背景下,这意味着置身于数字社会、拥有数字生活的所有人的存在都在被平台进行不同程度的数据化。被收集的用户数据几乎涵盖普通人能够在数字媒体生态下留存的所有痕迹:情绪、兴趣、态度、言语、行动……它们被平台组装、整合,形成外在于人类物理存在的"数字存在"。有学者将平台对其用户的数据画像机制喻作一种"资本的原始积累",它不但为平台确立其商业模式和投资决策打下基础、提供依据,而且也成功建立起一种难以被用户察觉的掠夺模式,甚至在很大程度上得到了用户的默许。①

另一方面,借助智能算法架构,平台得以基于先前收集的用户数据和生成的用户画像,向用户反向输出极为有效的个人化信息套餐。对于用户来说,这是一种高度贴合其心理和情感需求的正向信息反馈机制,因为每个人都能依据自己过往的媒介使用的独特历史获得针对性的信息服务,进而为自己正在或将要采取的媒介行动赋予经验合法性。② 这导致了"千人千面"的多样化信息经验结构在数字媒体生态中逐渐形成并固化。个体沉浸于平台为其构筑的情感舒适区,并不总是能够(或并不情愿)将这种由数据和算法编织的信息茧房视为一种操纵,反而让自己相信将数据主权让渡于平台是一种个性化抵抗——正如量化自我的实践者所认为的那样。但事实是,平台,尤其是如 X 这样拥有跨国影响力的超级平台,在运作方式上已经和一个政体(regime)高度相似:它们有各自的制度(社区规则)、利益群体(社群组织)、经济模式(广告分成和商业变现模式)以及惩罚措施(审查、禁言与封号)。这也就意味着一切形式的媒介抵抗都有其隐形的限度:主张回避和戒断的极简主义者须保持与信息环境的基本关联以避免为社会进程所抛弃(参见第十二章),推崇量化自我的数据主义者也必须

---

① 参见 Jathan Sadowski, "When Data Is Capital: Datafication, Accumulation, and Extraction," *Big Data & Society*, 6(1), 2019, pp. 1—12。
② 参见田浩:《重估"情感公众":用户行动与数字新闻研究的链路拓展》,《新闻界》2024 年第 6 期,第 13—21 页。

论数字媒体生态：自动化、后人类与行动主义

接受自我监测(self-tracking)与平台监控(platform surveillance)之间并无清晰界限的现实，并尝试以庸俗化的福柯主义将其合理化。

当然，平台化造成的文化后果要比本节所论及的远为深刻和复杂，但一切文化后果的缘起都可追溯至人类信息经验的数据化。量化自我的倡导者体现出的数据拜物教意识形态正是由平台化的"经济基础"所培育出的"上层建筑"，这种意识形态为大量科技精英和城市中产者所认同的根本原因就在于平台借助其隐藏且成功的资本主义模式将人类劳动乃至存在的异化伪装成个体自主性。基于这种文化政治上的误认，人类主体危机似已不可避免。

三、离身性：后人类状况下的人类主体危机

如第二章所述，在全球数字媒体生态的演化过程中，我们看到了一种后人类状况(the posthuman condition)在社会文化中的发生和发展：机器逻辑正在扮演与人本主义极为相近的生产性角色，关系和意义日益由计算生成，知识逐渐成为人类历史经验与计算机拟像的合成物。人类似乎正在与人工智能共享文化生产和文明演化的主导权，且整个文化和文明的内涵也日益在传统认识论意义上变得"不可知"。[①] "人机共生"与"人机协同"是人类研究者对这一状况的乐观设想，现实则可能是机器对人类作为历史变迁主体的本体论地位的不断褫夺。

在意大利哲学家皮尔保罗·多纳蒂(Pierpaolo Donati)看来，后人类状况的物质基础是"数字技术基质"(digital technological matrix)——数字技术革命创造了一整套旨在增强或替代人类实践、重构社会身份与社会关系的象征规则，最终导致人类在语言、观念和行动上的独异

---

① 参见 Bruno Latour, *We Have Never Been Modern*, Harvard University Press, 1993, pp. 13-23。

性的消解,以及一种人机混杂的人类存在方式的形成。① 笔者认为,在观念上为这一状况提供源源不断支持的,正是数据拜物教的盛行与意识形态化。一方面,数据借助其客观、理性的语义学表象,成为机器政体最有力的合法性依据。一如伯纳德·斯蒂格勒(Bernard Stiegler)所指出的:"机器'看不到'飞机,而只会机械性、自动性地去识别它……机器既不相信也不知晓任何事,因而也从不担心失败……机器没有任何心结和恐惧。"②对于很多人来说,数据主义和机器逻辑代表着一种纯粹的理性精神——它们不但显著地放大了很多人对生物直觉和人本价值观的不信任,而且也令越来越多的人坚信数据和算法因免于历史和道德负担的拖累而具有将文明带入乌托邦的潜能。亚历山大·托马斯(Alexander Thomas)所说的"数据极权主义"(data totalitarianism)因此不断滋生。③ 另一方面,数据本身又是灵活而富有延展性的,它能够随意调整自身的形态以贴切地服务于数字媒体生态的经济与文化模式,故数据拜物教又拥有了一重实用主义的功效,这显然更有利于平台掩饰其意识形态属性。我们能够在许多量化自我的媒介行动模式中看到数据拜物教意识形态的这种隐秘性:数据在形式上的可知、可感、可控让它成为很多人追求自律生活的手段;而一旦人对数据的明晰和客观形式产生"依存症",就会不自觉地陷入自主性的幻觉,习焉不察地让自己的身体成为数字媒体经济的一部分。④

数据拜物教维系着媒介系统对人类存在进行的长期、持续的数据化变形,直至令几乎完全平行于现实物质经验的"云经验"获得充分的

---

① 参见 Pierpaolo Donati, "Being Human (or What?) in the Digital Matrix Land: The Construction of the Humanted," in Mark Carrigan, and Douglas V. Porpora, eds., *Post-Human Futures: Human Enhancement, Artificial Intelligence and Social Theory*, Routledge, 2021, pp. 23-47.

② Bernard Stiegler, "The Discrete Image," in Jacques Derrida, and Bernard Stiegler, eds., *Echographies of Television*, Polity Press, 2002, p. 156.

③ 参见 Alexander Thomas, *The Politics and Ethics of Transhumanism*, Bristol University Press, 2024, pp. 99-126。

④ 参见刘瑀钒、薛梦珂:《数据化睡眠:数字资本主义语境下的量化自我实践》,《新闻界》2024年第6期,第32—42页。

论数字媒体生态：自动化、后人类与行动主义

自洽。涉身数字媒体生态的每一个人都或多或少地陷入自我分裂，越来越难以厘清究竟哪个版本的自己才是更接近真实的自己。因此，数据拜物教所青睐的和致力于创造的文化乃是一种具有"离身性"的文化。**所谓离身性，是指数字媒体生态中意义和经验的生成与人类的生物-物理存在（也即身体）逐渐疏离、割裂的后人类文化属性。**在这一过程中，人类完整的主体性被拆分：其"数字存在"渐渐与机器逻辑杂糅、交融，共同构成由后者所主导的智能机器文明的基本框架；其肉身则被不断剥夺历史感、生产性和道德性，成为既轻盈又虚空的意义荒原。如此一来，媒介文化原本的"人-机"二元对立不断为新的"数字存在-身体"二元对立所取替，人类本身也无法继续作为完整的主体去反思，遑论抑制后人类状况的蔓延。

离身的媒介文化显然是一种非历史的文化。身体作为历史经验、记忆、道德与美学的载体，在人类社会过往的文明进程中占据着中心地位——无论是宗教神学对身体的伦理压抑，还是科学主义对身体的话语规训，抑或人本主义对身体的本能解放，都意味着人类的身体和意识始终作为一个有机整体承载着整个"物种"的主体性。如今，这样复杂的历史性身体正渐渐被数据拜物教从文化的生产机制中抹除。数据化的身体是无机的、离散的和纯粹对象化的，在强大的平台和算法架构的支持下，人不但难以对自身的数字存在施以有效的控制，甚至会因人工智能的不断成熟、虚拟世界的高度拟真而渐渐丧失在两种存在之间标识区别、建立连接的能力。正如伊齐基尔·迪克森-罗曼（Ezekiel Dixon-Román）指出的：肉身是"感觉的领地"，是"通过社会遗传学路径宣称归属感、追踪真理的叙事和虚构的结合"；而"数据的灵魂……仅包括两个维度：响应与任务"[1]。这也就是说，期望通过将自身存在数据化以主动塑造数字媒体生态下的新身体的量化自我理念，其实更像是人类与"魔鬼一样的机器人"签订的墨菲斯

---

[1] Ezekiel Dixon-Román, "Toward a Hauntology on Data: On the Sociopolitical Forces of Data Assemblages," *Research in Education*, 98(1), 2017, pp. 44-58.

托契约①——在获得数字化的知识,乃至拥有了数字化永生的同时,人类也如浮士德舍弃其灵魂一样,舍弃了附着在自己身体上的历史。

四、"再丰裕"的知行路线

由数据拜物教所培育和维系的离身性文化的特征,既要求我们对数字媒体生态中人与技术的关系,乃至人与物的关系形成新的认识论②,也呼吁媒介理论的发展将更多的批判性智识资源投入对数据拜物教的考察与剖析。这种批判性的理论化工作的目标,在于探索令"不能承受的轻盈身体"实现"再丰裕"的观念和实践路径。

首要的工作,就是对包孕在量化自我观念中的数据拜物教进行持续的反思和祛魅。须知,数据拜物教的意图不单是促进社会进程和日常生活的数据化转型,更是使机器逻辑取代人本主义成为界定人类存在合理性的基本依据。而且,全球数字媒体生态中数据增值和数据崇拜的政治经济基础既是科技资本主义追逐剩余价值的"老故事",也是人类个体和群体在寻觅自我解放的过程中构建的自主选择的"新神话"。早在一百多年前,李普曼(Lippmann)就将人屈从于信息拟态环境、拥抱刻板印象,从而令自己获得自洽的世界图景想象的行为模式归结为人性的怠惰,这在今天看来仍是精确的判断。③ 数字媒体生态纵然无孔不入,但其离散的结构和多元的行动支持体系仍然提供给人类极为丰富的选择。因此,对结构的批判和对人性价值的检视是同等重要的工作。这不仅需要理论的引领,也需要媒介政策、公共教育以及立法活动等制度变革的支持。

---

① 参见 Ania Malinowska, "Demonic Interventions: On Robots as Performing Subjects," *Performance Research*, 26(1—2), 2021, pp. 112-124。

② 参见林颖、谢杭萍:《何以情动:人工智能时代的物体间性逻辑与"人—物"认识论新进路》,《福建师范大学学报(哲学社会科学版)》2024年第4期,第99—110页。

③ 参见 Walter Lippmann, *Public Opinion*, Harcourt, Brace and Company, 1922, pp. 79-158。

论数字媒体生态：自动化、后人类与行动主义

其次的工作，则是对旨在彰显人类物理存在、重新赋予人类身体以历史感的各种媒介行动的鼓励。例如，基于数字媒体的可见性特征、以身体形象（body image）作为表达媒介的网络标签运动，就是一种令身体重新丰裕化的有效实践：借助社交媒体平台的标签（hashtag）功能，所有个体——尤其是弱势和处于边缘的个体——都能以自己的身体为视觉化武器，对各种类型的结构性压迫做出（哪怕是有限的）抵抗。[①] 此外，近年来正在数字艺术领域迅速复兴的身体美学也十分值得关注，这一美学思潮主张充分调用各种数字和智能的技术手段来摹刻人类身体复杂的生物性和历史感。[②] 其中的隐喻不言自明：机器尽管能够随时生成客观、仿真的数字化身体，但唯独人拥有创造历史并为一切造物赋予历史意义的能力。或许这就是尼克拉斯·卢曼强调的"艺术仅忠于直觉……因此得以将不可传播之物编织进社会传播网络"的原因。[③] 无论从哪个方面看，影像和美学都应在重振人本主义媒介文化的行动中发挥更重要的作用。

最后需要强调的是，本书无意于完全否定量化自我观念和实践的文化价值。数字化是历史的既定进程，与数据主义共存、共处也是人类必须接受的事实。究其实质，量化自我也不过是人为了更加了解自己，甚至让自己变得更加自由和自主而做出的一个合理化选择。然而，理论发展的目的就是不断将"合理化"中的非理性要素标识出来并找寻可对其进行制衡的力量或机制，从而让我们能够一步步靠近真正合乎历史和逻辑的理性价值目标。因此，数据主义越是拜物教化，我们越是需要高扬古老的，有时甚至是顽固的人本主义精神来维系人类主体的完整性，并不懈地拱卫文化和文明秩序的人性化。

[①] 参见 Kim Toffoletti, and Holly Thorpe, "Female Athletes' Self-Representation on Social Media: A Feminist Analysis of Neoliberal Marketing Strategies in 'Economies of Visibility'," *Feminism & Psychology*, 28(1), 2018, pp. 11-31。

[②] 参见 Paul Crowther, *Digital Art, Aesthetic Creation: The Birth of a Medium*, Routledge, 2019, pp. 96-129。

[③] 参见 Niklas Luhmann, *Art as a Social System*, Stanford University Press, 2000, pp. 141-142。

第八章　模拟想象：从后人类媒介到新文艺复兴

2024年2月，引领人工智能研发潮流的科技公司OpenAI正式推出文生视频大模型Sora。在其技术报告中，OpenAI将Sora界定为"作为世界模拟器的视频生成模型"。Sora是生成式人工智能技术继ChatGPT之后又一个令人震惊和不安的重大突破，其不但全面继承了后者强大的语言学习能力和文本创衍能力，更进一步将这种能力多模态化——它能够在准确理解客观世界及其内部各要素动态交互规律的基础上，自动生成既符合真实物理规律、又富含美学意象的高质量视频。越来越多的观察者和研究者认为，以Sora为代表的前沿生成式人工智能技术将给文化生产、社会关系，乃至人类创造力等领域带来生态性变革。

生成式人工智能对媒介信息与内容生产机制的重构已是不争的事实，其正在成为数字媒体生态下重要的技术类行动者，不断以自动化（automation）的技术-文化逻辑重塑媒介常规、传媒业态，以及与之相关的各种专业主义和价值观念，并带来了有关人类创意劳动消逝的隐忧。[1]

---

[1] 参见 Stuart Bender, "Generative-AI, the Media Industries, and the Disappearance of Human Creative Labor," *Media Practice and Education*, 2024, pp. 1-18。

论数字媒体生态：自动化、后人类与行动主义

Sora 的横空出世更是将这一结构性趋势延展到原本为人类创造力所"独享"的影像叙事领域，进一步瓦解了"机器无法创意"这一迷思的经验基础，以新逻辑潜在地重构了视听艺术的接受和审美模式。① Sora 强大的数据处理和机器学习能力令其在行动的精确性方面超越了过往的同类模型，不但能够准确理解并执行相当复杂的用户指令，更可在对算法的日臻完善中自动完成连贯而合理的视觉叙事。随着 Sora 在传媒领域的普及应用，我们置身其中的数字媒体生态将变得更加"混沌"：真实与虚拟的边界更为模糊，人与机器的区别进一步淡化，社会与文明的进程溢出传统认知。

在更大的图景上，传媒业不过是受生成式人工智能影响最直接的诸多行业之一。以 ChatGPT 和 Sora 为代表的大模型正在加速创新扩散的过程中获得一种"日常性"，持续向"通用性媒介"演化。② 因此，传媒业的上述"遭遇"几乎在不同程度上出现于社会生活的方方面面——这启示我们以更加宏观和综合的思维来理解技术变迁与社会进程之间的关系。技术哲学家罗伯特·阿林森（Robert Allinson）认为，从文明演化的角度看，生成式人工智能给人类社会带来的挑战既是实践论意义上的，也是认识论意义上的，其深刻程度超过了自启蒙运动以来的历次技术革命，预示着文明的走向可能面临人类不曾预料或难以设想的不确定性。③ 因此，超越"功用"层面，深入文明的深层认识论肌理，从年鉴学派所倡导的"长时段视角"出发对以 Sora 为代表的生成式人工智能展开批判性考察，有着重要的价值。

正是在上述前提下，本章以 Sora 的技术配置和文化偏向为切入

---

① 参见刘俊：《体验变动不羁的惊颤：科技对视听传媒艺术接受感知的塑造》，《西南民族大学学报（人文社会科学版）》2023 年第 4 期，第 148—154 页。
② 参见孙玮：《"视频化社会"的来临——从 ChatGPT 展望媒介通用性变革》，《探索与争鸣》2023 年第 12 期，第 55—62+193 页。
③ 参见 Robert Allinson, "Do We Need a New Enlightenment for the 21st Century?," *Dialogue and Universalism*, 32(1), 2022, pp. 5–18。

口,描摹生成式人工智能对全球数字媒体生态的塑造机制,剖析这一生态如何作用于人类认知和把握客观世界的经验结构,并据此展开对人工智能时代人机如何协调共生、文明向何处去,以及人类主体性于这一历史潮流中的存续等问题的思考。

一、人工智能想象力的技术原理

Sora 对其他同类模型的超越,在于其有力地涉入了想象力的范畴,使生成式人工智能获得了从"生产性媒介行动者"向"创意性媒介行动者"进化的可能。这就向我们提出了一个重要的问题:想象力可以由程序生成吗?对于这个问题的回答,需要我们拆解 Sora 的基本技术原理。

根据 OpenAI 的公开文档可知,基于自然语言处理(natural language processing)、重新标注(re-captioning)等技术的 Transformer 模型和 Diffusion 模型,是 Sora 解析语言文本指称的复杂场景和动态视觉信息,从而将语言文本描述转化为视频内容的基本依据。具体而言,Transformer 模型能够让 Sora 准确理解用户提示文本(prompts)并为其配置作为"上下文"的视觉要素,帮助其从给定的指令和情境中把握视频内容的情感基调和个性特色,进而实现叙事的一致性;Diffusion 模型则使 Sora 拥有在最大程度上充分利用既有数据建立概念关联和生成内容的能力,这就使其即便在资源受限的设备上也能完成复杂视觉内容的创建和修正。无论是 Transformer 模型还是 Diffusion 模型,它们本身不过是数据处理和机器学习工具,但两者结合起来,就将 Sora 理解人类意图的"认知"功能和加强视觉体验的"增益"功能有机整合为一个完整的算法系统。据此,一种类似于想象力的机制也就不断形成。

基于技术-文化共生论的观念框架,我们可以将"Sora 想象力"的

论数字媒体生态:自动化、后人类与行动主义

实现机制分为三个层次。

第一个层次,是高效的人机对话。Sora 的视频自动生成能力的原始输入(inputs)来自用户的文本提示。获得提示后,位于后端的自然语言处理系统迅速解析用户的文本指令——提取文本中涉及的环境、人物、动作、色彩等要素,推算这些要素在文本中的上下文含义,并据此形成视频的创作"脚本"。在全球用户源源不断的输入中,Sora 持续与人类指令进行实时交互,随时修改和调整脚本中可能存在的各种偏差,并渐渐习得引导模型朝着用户期望的一般性结果发展的能力。在这一层次上,Sora 与 ChatGPT 在技术原理上并无本质区别,均是算法依据文本指令及会话语境进行的数据驱动的内容创作,其样态是对既有数据资源的整合凝练,其叙事框架则源于对数据间的逻辑关系的归纳和呈现。Sora 在这一层次生成视频内容主要是拥有仿真现实背景的基本视觉影像(比如 OpenAI 所提供的视频范例中小狗在雪地上打滚玩耍的视频),即人类个体可以在客观世界中亲见的现实图景。在这一层次,Sora 作为数字媒体生态中的关键行动者实现的是对客观世界的模仿(mimicry)。

第二个层次,是基于逻辑合理性的自主涌现。随着模型的不断成熟和数据的不断充盈,Sora 不仅能够复刻并执行用户指令,更可实时地在公开及可用的数据库中不断检索关联性的影像语料用于提升自己的内容创衍能力。这些语料与日积月累的用户指令共同构成大语言模型训练集,不断帮助 Sora 完善对物理世界运转逻辑的理解,并以此为基础实现对用户文本提示的推演。这种推演的能力连贯了 Sora 从场景编程、逻辑排序到渲染输出的全过程,使其开始有能力生成基本符合客观物理规律,却并不必然拥有现实对应物的"合理"图景。比如,OpenAI 发布的一个视频样例是两艘海盗船在咖啡杯中的对战场景——该场景显然不可能出现在现实世界中,但其叙事和表现却又具有逻辑上的自洽性:海盗船和咖啡杯的构造符合这两个事物的现实状

况,波浪的幅度、水花的大小以及船只移动时海面的运动轨迹符合真实世界的液体动力学原理,船只的阴影和咖啡的反光也符合真实世界的光学规律。我们将Sora在这一层次实现的创造力机制称为"自主涌现"。在这一机制下,Sora生成的视频能够在学习物理世界规律的基础上实现"合理创作",它既有可信的现实背景,又有模式化虚拟属性的仿真(simulation)。从这里开始,Sora初步获得了将数字媒体生态改造为与客观世界既不相通又有逻辑关联的"镜像世界"的潜能。

第三个层次,是数字性叙事转化。在实现了对物理规律的充分理解之后,Sora得以启动对现实世界的全面数据化和再组织工作。它不断将可以在客观世界合理存在的事物及其相互间的关系计算为一系列可见、可预测的数字图景,这些图景不断累积和叠加,进而形成海量结构化的叙事。正是在这一层次,Sora进化出一种高度近似人类想象力的可供性,因为基于上述原理生成的视频已不再是对客观世界的直接再现,也并不是对数据进行计算的直接结果,而是大量"再现"和"计算"活动发生复杂关联后形成的虚拟逻辑体系。这样一来,Sora得以"无中生有"地创造出没有任何历史和文化参照的意象,而这些意象是通过高精细度的视觉符号体系来传达的,它们给人带来的震惊感可想而知。比如,OpenAI发布的视频样例中,有一个呈现的是一架无人机穿越古罗马斗兽场的情形。在观看此视频的过程中,观众会跟随无人机的飞行轨迹全景式游览这个早在一千多年前即已被毁掉的古老的建筑群。Sora通过对视频内置的时间结构的扩展和循环,兼以多镜头、多机位调整空间边界的方式,将根本不可能在客观世界处于同一时空的事物以极低的成本自动缝合成一个拥有合理逻辑的故事。经由这种数字性叙事转化生成的视频是目前人工智能生成内容(AIGC)最高级的进化型态:其拥有严整的故事线和完备的时空结构,包含的人物和环境要素也均有自洽的组合规则与发展轨迹。随着时间的推移,这种故事化的意象或将"鸠占鹊巢",反过来成为人类想象力的一

论数字媒体生态：自动化、后人类与行动主义

个来源。与此同时，它们也会通过彼此联结、互为参照的方式，连续不断地生成一幅幅有关不同生活场景的巨型媒介"拟像"（simulacra）。其最终的进化目标则是将数字媒体生态重构为一个虚实共生的"想象世界"，人工智能至此取代人类成为文明演化的主导者。

从人机对话到自主涌现再到叙事转化的层层递进，Sora 建立起同时涵盖模仿、仿真和拟像三个层次的完整的媒介再现系统。而正是在基于数字性叙事转化的拟像式再现层面，Sora 获得了一种与人类的想象力扮演着极为类似角色的文化势能。尽管早在电视媒介时代，鲍德里亚就设想了"比真实更真实"的人工化"超真实"（hyperreality）的世界图景，但直至此刻生成式人工智能进化出的"想象力"，才使这一图景在经验层面的发生真正成为可能。在生成式人工智能参与的数字媒体生态中，拟像逐渐增殖和体系化，人的媒介经验和全球媒介文化也由此走上了一条新的演化路径。

二、数字媒体生态的感官转向

如果我们将媒介视为一个由多元行动者栖身其中且交互共生的生态系统，那么不同类型的"物种"在日常行动中争夺的最重要的权力，就是对整个系统演化方向的界定权。[①] 在前数字时代，职业化的传媒从业者占据着对媒介化现实的验证和解释之权，他们通过专业性的提喻（synecdoche）、省略（omission）和个人化（personalization）等叙事策略构建有关客观世界的一般图景[②]，在相当程度上主导着媒介生态的发展方向。然而，数字媒体生态在结构上是去中心化的，普通的媒介使用者对客观世界的记录、表达和阐释成为与专业媒介内容具有同等

---

① 参见 C. W. Anderson, "Practice, Interpretation, and Meaning in Today's Digital Media Ecosystem," *Journalism & Mass Communication Quarterly*, 97(2), 2020, pp. 242-359。

② 参见 Barbie Zelizer, "Achieving Journalistic Authority through Narrative," *Critical Studies in Mass Communication*, 7(4), 1990, pp. 366-376。

合法性的经验材料。随着生成式人工智能不断推动整个系统的自动化,不受理性控制的"数字第一人格"(digital first personality)渐渐从人的历史本体中分裂出来,持续稀释人作为理性经验主体的地位,并为人的行动设定新的规则。① 在这个过程中,人的基本认知方式发生了"短路效应":过去,人对外部世界的体认和把握主要通过由理性和情感支配的交流(communication)实践完成;如今,却越来越多地在人机交互(interaction)生成的感官体验中实现。②

对于上述趋势,我们可以从 Sora 生成的信息模态和人类的媒介经验结构两个方面做出理解。

在经典媒介理论的视域下,主导性媒介技术在演化的过程中往往能培育出有别于过往的新型信息模态,其通过对不同感官的延伸、切割和分离,来实现对整个感官系统的调控和对人类认知方式的重组。例如,印刷术使文字成为主导性的信息模态,其在强化视觉和抽象思维在社会文化中的重要性的同时,也贬低了触觉和听觉等感官能力在人类认知实践中的地位,这就使得人对外部世界的理解在绝大多数情况下是一种"非具身"的经验;摄影术显著提升了图像在人类认知实践中的合法性,建立起以精确复制为基本法则的视觉循证主义认识论,并将图像与其摹刻的客观现实之间存在的非技术差异界定为道德问题,从而进一步否定了视觉之外的生物感官在构成社会文化方面的正当性。可以说,在前数字时代,人的不同感官是被主导性媒介技术赋予了不同文化和道德权重的,而严肃和正当的经验则应避免生物快感的影响。

然而,以 Sora 为代表的生成式人工智能大模型则通过以人机互动取代人机交流的方式,实现了对人类身体的全感官包裹,其培育的信

---

① 参见 Jonathon Hutchinson, "Digital First Personality: Automation and Influence within Evolving Media Ecologies," *Convergence*, 26(5-6), 2020, pp. 1284-1300.
② 参见田浩:《数字媒体生态下体验真实观的生成与阐释》,《学习与探索》2024 年第 5 期,第 161—168 页。

论数字媒体生态：自动化、后人类与行动主义

息模态也因此成为"全能性"的。借助其进化出来的想象力，Sora 生成的视频能够逐步实现对个体多元感官的有力整合：这一方面是由于视频本身的精细度及其对人类深层精神需求的应和，另一方面也源于 Sora 基于其强大的数字性叙事转化能力构建"超真实"世界图景的自组织逻辑。随着智能可穿戴设备的成熟以及"自我量化"生活方式的普及，个体的触觉、嗅觉和听觉等感官能力将更为顺畅与合理地完成数据转化，成为人工智能完善其算法、进一步提升想象力的养料。届时，新闻和其他媒介内容的感官化生产机制已完全成熟，整个传媒业态和媒介文化迎来全新的面貌。① 到那时，人类的经验、意义和文化或将拥有新的定义。

而从人类媒介经验结构的角度看，人工智能想象力的日趋优化预示着数字媒体生态的一个明确的演进方向，那就是媒介系统不断实现对客观世界的多层次、高丰度、超真实的想象式再现。由于人工智能已经具有与人类想象力高度相似的叙事和表意能力，所以即便是人无法在现实世界中直接观察和认知的事物，也可以通过大模型独有的数据和算法架构被创造出来，并在后续的流通和增殖过程中成为全新的人类经验对象。对人来说，这种新的认知外部世界的活动几乎不倚赖任何传统意义上的人与人之间的关系，而完全是在人与机器想象力的相互培育和协同进化中实现的。人工智能想象力及其对人类文化认知图式的重塑，印证了鲍德里亚有关"技术化真实"的论断：这种不为人类意志所控的机器逻辑完全可以创造出"比真实更真实"的世界体验。②

更为紧要的是，人工智能生成的媒介景观尽管是数据计算和逻辑推演的结果，却不依附于任何历史和文化参照系，它给人带来的是一

---

① 参见王晓培：《声色的厚度：数字新闻的感官化实践趋势探析》，《新闻界》2023 年第 7 期，第 13—22 页。

② 参见张一兵：《拟像、拟真与内爆的布尔乔亚世界——鲍德里亚〈象征交换与死亡〉研究》，《江苏社会科学》2008 年第 6 期，第 32—38 页。

种近乎本真的初始体验——这也是生成式人工智能令很多人感到兴奋的原因,他们期望这种技能够帮助人类文化打破路径依赖,重获活力。① 具体而言,Sora 自动生成的视频是最初对用户文本提示词的理解、执行和再创造,而文本提示词的本质是有着明确人类历史与文化指涉的符号。不过,在 Sora 的技术架构下,这些符号先是全部被换算成以数据和算法形式存在的自然语言,再通过与人类想象力近似的叙事转化机制被重新组合排列,最终被计算出新的意义。经此过程,文本提示词原本附带的语境信息被完全清除,而新的、"非人类"的参照系则在人工智能的想象力中被建立起来。因此,Sora 生成的影像尽管与客观世界保持着形式上的对应关系,但其内在的叙事逻辑与背后的意义索引则完全是机器式的,而人工智能塑造的世界与人类所熟知的客观世界也是"形近构异"的。人类无法基于自身在既往的社会化过程中习得的历史和文化图式实现对这个"新世界"的理解,而只能如同婴儿一样复归自己的生物体验来为这个世界赋予意义。渐渐地,历史和文化在人的媒介经验中退场,人与数字媒体生态的关系朝一种"纯粹"的感官性关系转变。

因此,Sora 虽然在现阶段只能自动生成没有声音的视觉影像,但它的想象力机制其实已经预示着数字媒体生态"全感官范式"的到来。在人工智能时代,视觉在更大程度上是一种隐喻或一种框架,它不再仅仅是"观看"这一动作带来的感官效应,更是文明演化的一个潜在的目标,那就是"呈现不可言说的经验"。这就是海德格尔所说的,"一般的感觉经验都名为'目欲',这是因为……其他的感官在进行认识的时候,也拥有类似于看的功能;眼睛有某种认识上的优先性"②。本雅明在分析摄影技术和现代性的关系时也提出过一个与之类似的"视觉

---

① 参见 Ben-Ray Jai, and Meng-Fen Shih, "Technology: Limited or Infinite?," *Emerging Media*, 2(1), 2024, pp. 55-69。

② 参见 Martin Heidegger, *Being and Time*, Basil Blackwell, 1962, pp. 131-162。

无意识"(optical unconscious)的概念:摄影师能够通过下降和提升、分割和孤立、延长和压缩、放大和缩小等视觉操控手段介入观者对影像的理解过程,从而塑造出"感知的正常范围"之外的另一种自然。① 人工智能想象力不仅带来视觉内容的增殖,而且还在持续捕获视觉之外的其他感官,不断唤醒和激发长期被压抑的非视觉感官的认知潜能。可以预见,随着可穿戴设备与生成式人工智能的结合,人的身体及其完整的感官系统都会以更深刻的方式接入连接万物的数字媒体生态,人的生命乃至人类存在本身也因此而成为人工智能想象力所塑造的新文化秩序的素材。②

三、人类中心主义的衰落

以 Sora 为代表的生成式人工智能对数字媒体生态的感官化重塑,显然挑战了人类作为历史和文化进程中心的认识论地位。传统意义上的人际交流作为意义中介系统的逐渐衰落和人机共生局面的不断强化带来了两个直接的结果。第一,对于理性而言至关重要的自反性,即个体在行动的过程中保持自我观察和反思的文化机制,失去其赖以生成的时空条件,这意味着人类的行为和决策将越来越受其生物感官的支配。③ 第二,生成式人工智能基于其想象力构建的叙事体系和世界图景超越了人类的经验范畴,并且不受任何既存参照系的束缚,它将会不断挤压传统人类中心主义认知范式;其感官交互的技术方案也会让未来的人类——尤其是生成式人工智能时代成长的数字

---

① 参见 Shawn Michelle Smith, and Sharon Sliwinski, "Introduction," in Shawn Michelle Smith, and Sharon Sliwinski, eds., *Photography and the Optical Unconscious*, Duke University Press, 2017, pp. 15−21.
② 参见陈凯宁:《附身的技术:"可穿戴新闻"的生命数据与生活叙事》,《新闻界》2024年第5期,第23—34+45页。
③ 参见 Niklas Luhmann, "What Is Communication?," *Communication Theory*, 2(3), 1992, pp. 251−259.

原住民——接受完全由机器逻辑生成的新历史观。由此可见,感官转向在文明的演化中扮演着重要的角色,是当代媒介文化的"后人类状况"(the posthuman condition)发生的关键。

前沿媒介理论十分关注技术与人类感官之间的关系对文化变迁的潜在影响。这种影响的本质,就是技术通过关联、延伸或融入人的身体的方式,实现对人类感知配置的调整,进而改变人获取有关外部世界的经验、理解自身的历史,以及为生活赋予意义的基本方式。在前数字时代,由于媒介与人的身体之间的关系较为疏离,媒介技术对人类认知的塑造力主要由人类自身的行动意愿而非技术可供性所决定,人则优先通过建基于这种行动意愿的具身性实践去理解和把握客观世界。由此,在前数字的媒介经验结构中,行动意愿的重要性远高于感官体验:前者是媒介经验形成的根本原因,而后者只不过是上述机制的一个结果。这就是李泽厚所描述的"活在世上"(being-in-the-world)的存在状况,人在这种状况中的地位则是"情本体"。①

在漫长的文字和印刷文明时期,人类主要通过创造符号系统的方式来保持自身与媒介技术之间的距离。文字符号系统"忽视"听觉、触觉等具身体验,压制生物感官在人类认知实践中的合法性,并将视觉中心主义的确立为认识论起点,高扬抽象理性、推崇线性因果与逻辑连续性的文化秩序。现代视听媒介技术(包括摄影、电影、电视、初代虚拟现实等技术)的诞生和普及则让人的媒介经验发生了一定程度的感官偏向——尽管它们仍然大体遵循着由印刷文明所奠定的理性原则,但却在意义的生成机制中为人对光线、声音等客观物理要素的感知预留了一定的空间,从而使得人类对客观世界的理解方式变得更为丰富而直观。即便如此,视听媒介生态中的人仍然是通过自己创造的符号系统来获取经验的,尽管这一符号系统已经呈现出某种感官化的

---

① 参见李泽厚:《人类学历史本体论》,人民文学出版社2019年版,第96—117页。

论数字媒体生态：自动化、后人类与行动主义

趋势,但技术大体上仍是通过符号——以及符号化的"虚拟身体"——间接地作用于人的认知的。① 如今,像 Sora 这样拥有"计算想象力"的人工智能模型已经能够绕开既有的人类符号系统,实现了完全基于机器逻辑的叙事和表意。中介系统不复存在,"具身"也不再有实质意义,人在数字媒体生态中的存在本身就体现为不间断的感官在场;人自身的意愿,即经由自反性机制形成判断和决策的机制,也就在文明的演化进程中逐渐衰落。

在形式上,人的生物本能得到了媒介环境的应和,这似乎给人类带来了某种意义上的解放;但在更长的时间尺度上,人类则渐渐失去界定自身存在、叙述自身历史的自主权。生成式人工智能在数字媒体生态下制造的此种"后人类状况"要求我们反思过去那种似乎不言自明的人类中心主义认知范式,而人工智能想象力或许能够成为一个有价值的切入口。基于媒介现象学可以推知,Sora 在第一层次对实像的再现,刺激了胡塞尔(Husserl)所说的"第一持存"意义上的感官体验,即在身体在场的基础上对客观物质世界的感知;其在第二层次对于仿真的塑造,使个体开启了"第二持存"维度的感性感知,即个体通过调动记忆、想象力等认知资源对"第一持存"的复现和增强;而其在第三层次对于拟像的创生,则涉及斯蒂格勒所提出的"第三持存",也即在主体之外对思想和行为发生时的踪迹的保存。在这个过程中,记忆和知识等通过外置化的技术配置留存下来,而外置的物性载体对客体的反复呈现则完全有可能带来认知结构的深层次改变。②

智能媒介技术重塑人类认知的方式就是一种典型的"第三持存",如智能手环等可穿戴设备就可以通过对人的身体状态进行选择性呈

---

① 参见 Nicholas Garnham, *Emancipation, the Media, and Modernity*, Oxford University Press, 2000, pp. 101—115。
② 参见张一兵:《回到胡塞尔:第三持存所激活的深层意识支配——斯蒂格勒〈技术与时间〉的解读》,《广东社会科学》2017 年第 3 期,第 37—46+254 页。

现以生成人类健康和医学经验范畴之外的媒介记忆①,从而让人形成对自己身体的全新认知。类似地,Sora基于其想象力创造的拟像,本质上也是对原本拥有自身历史的种种"社会性踪迹"进行重组、拼接和再创作,不断实现对内置其中的人类经验的超越,最终令其彻底脱离原始参照系,转变为机器化的历史叙事。对此,人类只能感知和接受,因为对于自反性而言不可或缺的中介系统已不复存在。正如凯瑟琳·海勒斯(Katherine Hayles)所指出的:当你凝视着闪烁的能指(符号/标记)在电脑显示屏上滚动,不管你对自己看不到却被表现在屏幕上的实体赋予什么样的认同,你都已经变成了"后人类"。②

当然,并不是所有人都能平静接受后人类状况的现实。技术解决主义(technological solutionism)和技术乌托邦主义仍然相当流行——这种技术认识论主张人类在文明的发展过程中遇到的一切复杂问题都可以被技术创新解决,而人类终极意义上的解放也将通过技术革命来实现。③ 如果将文生视频模型视为继摄影、电影、电视和网络视频之后的增强型视觉内容生产技术,那么必然会得出Sora将提升媒介内容品质、促进移情与共情、助益政治认同的乐观结论,就如同永远会有人坚信机器人记者能够将人类记者从重复性的常规劳动中解脱出来并使其创造力拥有充分施展的可能一样。但上述观点忽视了一个事实,那就是在当下的数字媒体生态中,人与机器在本体论意义上早已融合、难以区隔——正如同人工智能已经是拥有想象力的"类人体"甚至"超人类"一样,人也因自身感官系统被智能技术的介入而"进化"成

---

① 参见周莉、陈沐恩:《邂逅"算法时光机":AI化记忆的技术嵌合与主体逃逸》,《新闻与传播研究》2024年第1期,第67—82+127页。
② 参见N. Katherine Hayles, *How We Became Posthuman: Virtual Bodies in Cybernetics, Literature, and Informatics*, The University of Chicago Press, 1999, pp. 15-23。
③ 参见Evgeny Morozov, *To Save Everything, Click Here: The Folly of Technological Solutionism*, Public Affairs, 2013, pp. 301-307。

了斯托尔斯·霍尔（Storrs Hall）所说的"义体生物"（prosthetic creature）。① 因此，进入人工智能创造的想象世界并将自身感官系统数字化，并不完全是技术加诸人的影响，这在某种程度上也是人类自己的选择。就此而言，那种仍然将媒介技术视为外在于人类主体、可为人类认知系统所理解和把握的对象的二元认识论显然已不合时宜。人机共生局面在发生的那一天起就已经决定了人类对文明演化进程的界定权和主导权要不断为人工智能所褫夺。随着人工智能想象力的日趋精细化，建基于机器逻辑的自动化媒介生态也将以更深入的方式侵占人类感官，让现实世界和想象世界之间的边界进一步模糊；而那些哀叹人类主体性衰微、期望摆脱技术控制的人类行动者，面对无远弗届、无孔不入的数字媒体生态，必须要探索出重振人本主义（humanism）的实践路径。

四、呼唤人本主义的"新文艺复兴"

以 Sora 为代表的新一代生成式人工智能技术借由其想象力机制培育出"全感官"的认知范式，以超越人类经验范畴的机器逻辑重塑数字媒体生态，催生全球后人类媒介文化的兴起，并对人类主体性在文明演化过程中的主导权构成挑战。人的存在方式、公共生活的定义以及整个社会的运作机制因此面临巨大的不确定性，文明或将形成新的演化规律。面对人工智能想象力的崛起和自身主体性的衰微，人类媒介行动者应何去何从？

其实，如果我们对生成式人工智能所铸造的数字媒体生态的基本特征进行更深入的辨析，便会发现情况并不那么灰暗，人的行动空间仍然相当广阔。

---

① 参见 J. Storrs Hall, *Beyond AI: Creating the Conscience of the Machine*, Prometheus Books, 2007, pp. 56-58。

基于人工智能想象力生成的后人类媒介文化具有两个基本特征：离身性和自我指涉性。离身性也即后人类媒介文化的非历史性。生成式人工智能通过日常的自动化内容生产以及与可穿戴设备技术的不断结合，持续对人的感官系统进行媒介化重组。在这一过程中，身体作为一种物质性和社会性存在的重要性被消解，机器实现了与人类生物本能的直接交互，人对媒介经验的获取也逐渐实现了对自己身体（包括其创造过的符号体系和承载的记忆）的逃逸。在这个意义上，后人类媒介文化天然就是非历史的，它想要创造基于自身逻辑的完整历史叙事仍有漫长的路要走。而自我指涉性则是后人类媒介文化源自其初始技术配置的一种"基因缺陷"。尽管生成式人工智能基于其想象力创造的世界图景可超越人类既有的经验结构并可改变人类的认知范式，但其本质仍是数据和算法的产物，因而无法生成超出既有数据容量和算力范围的经验对象。也就是说，对于人工智能而言，无论是对客观世界的想象性重组还是与人类生物本能的深度交互，都无法带来真正意义上的信息增量，其想象力的源泉始终是人类行动产生的数据痕迹。而随着人类主体性在数字媒体生态的感官转向中的持续消磨，可供人工智能学习的新数据将越来越少，这意味着其生成的世界景观也会不可避免地陷入"同义反复"，成为封闭的自我指涉系统。因此，若人类真的丧失其主体性和行动意愿，那个全新的机器文明也将因基本生产资料的枯竭而陷入僵死——这是人工智能想象力所无法破解的悖论。

可以说，正是上述两个基本特征的存在，为人类行动者开展自觉而积极的文化生产实践、推动以反拨机器逻辑为价值目标的"新文艺复兴"运动创造了可能。此处之所以借用"文艺复兴"的概念，是因为在语义学（semantic）意义上，生成式人工智能所制造的后人类状况与欧洲中世纪的宗教权威对人类主体性的压制是十分相似的，其本质都是用某种不可言说的超验存在来否定人类意愿、情感和理性的实在价

论数字媒体生态：自动化、后人类与行动主义

值。正因如此，有研究者用"上帝般的机器人"（God-like robots）这样的隐喻来理解生成式人工智能作用于文明的机制。① 发生于 14—16 世纪欧洲的文艺复兴运动以人本主义为武器积极培育新概念、创造新审美对象、发展新意识形态，以帮助人类抵御神学对自身存在的否定；今天人类想要重申自身的主体性、对抗机器逻辑对自己的感官操纵，并与人工智能展开想象力竞争，也应重振人本主义精神，鼓励一切高扬人类文化自觉意识的媒介与后媒介实践。

在主旨上，由于生成式人工智能进化的基本方向是通过重新配置人类的感官系统以实现对创造力（creativity）的重新定义，所以这场"新文艺复兴"运动的主要方案，就是不断激发正在被人工智能想象力"催眠"的人类创造力，并基于这种创造力有意识地创造依存于人类历史和文化参照系的新概念、新意象和新文化。人的这种创造意愿和行动力，也即霍克海默（Horkheimer）和阿多诺（Adorno）所强调的"通过各种感性经验在自身与基本概念之间建立联系"②的实践，正是人本主义以及人类主体性赖以生存的基础。

在策略上，"新文艺复兴"也应当如 14—16 世纪的文艺复兴一样采取某种程度的尚古主义的方法——这或许意味着有意识地与那些新的技术进行切割，并尝试在数字媒体生态中建立相对独立的"亚生态"。在这方面，数字极简主义者（digital minimalist）的拥护者已经做出了一些可贵的探索：他们通过创意的或专业的媒介行动，实现了对机器逻辑的某些关键维度的局部抵抗（参见第十二章）。除此之外，建基于对不同类型媒介的合成、交叉与融合实践的先锋艺术创作也有着巨大的解放性潜力，而这一点时常被媒介与传播的研究者忽视。对

---

① 参见 Nicolas Spatola, and Karolina Urbanska, "God-Like Robots: The Semantic Overlap between Representation of Divine and Artificial Entities," *AI & Society*, 35(2), 2020, pp. 329-341。

② 参见 Max Horkheimer, and Theodor Adorno, *Dialectic of Enlightenment: Philosophical Fragments*, Stanford University Press, 2002, pp. 35-62。

此,尼克拉斯·卢曼做出过精妙的判断:"艺术的功能就是将不可传播之物(the incommunicable)整合进社会传播的网络。"[1]质言之,艺术这样天然非结构化的人类意义创造活动具有对感官体验进行符号转译、为其赋予可流通的文本形态和历史参照系的互文性潜能[2],因而能够以机器语法难以捕捉的方式编织媒介生态的纹理,这意味着我们应当在人机共生时代为媒介艺术赋予更高的认识论地位。总而言之,无论是以反连接或反异化为主旨的媒介行动,还是将人内体验外显化的艺术生产,尽管它们形式各异,却拥有一个共同的目标,那就是抑制或至少延缓人类创造力的数据化。一如前文所述,生成式人工智能尽管有着强大的自动化生产和拟像增殖能力,但它终究是程序的产物,因此,它无法想象既有数据集之外的概念。故而,这些"亚生态"的存在也就可以成为人本主义抵御机器逻辑的堡垒。

最后,与七个多世纪之前的文艺复兴类似,"新文艺复兴"也应当覆盖人类思想的完整范畴——包括诗学、社会与文化思潮、认识论和方法论,以及对历史的书写等。这不仅需要人类个体的自制力和创造力,更需要有力的制度性支持。这也就体现出坚守公共性价值原则的政府、教育系统、文化机构和社会治理体系的宝贵之处。这些制度性配置将和源自人类个体的自觉性创造力一起,为建立人机和谐共生,并时刻守护人本主义价值底线的信息文明而不懈努力。

---

[1] Niklas Luhmann, *Art as a Social System*, Stanford University Press, 2000, p. 141.
[2] 参见隋岩、唐忠敏:《网络叙事的生成机制及其群体传播的互文性》,《中国社会科学》2020年第10期,第167—182+208页。

下 编

实践观察与行动想象

第九章 人工智能时代的新闻行动：人机比较与未来生态

2024年，冰火两重天。与"烈火烹油"般的技术进步主义相伴而生的，是全球新闻业的又一个"冰河期"。

让我们先看一些国外的数据。著名人力资源调查公司Challenger, Gray & Christmas于2024年2月发布的报告显示，美国各大新闻机构在2023年全年总计"砍"掉2681个职位，比前一年增加48%；而仅在2024年开年的第一个月里，就有528个记者失去工作。[1] 英国传媒行业杂志《新闻公报》(*Press Gazette*)的调查也显示2023年是全球新闻业最为惨淡的一年，英国、美国和加拿大三国共有超过8000个岗位被削减，并指出这一趋势在2024年正变得更加明显。[2] 技术先进、历史悠久的老牌媒体机构是记者失业潮的"重灾区"，如美国有线电视新闻网

---

[1] 参见"Job Cuts Announced by US-Based Companies Surge 136% to 82,307 to Begin 2024; Financial, Tech Lead," Challenger, Gray & Christmas, Inc., February 1, 2024, https://www.challengergray.com/blog/job-cuts-announced-by-us-based-companies-surge-136-to-82307-to-begin-2024-financial-tech-lead/，2024年10月8日访问。

[2] 参见Charlotte Tobitt, "News Media Job Cuts 2024 Tracked: Staff at CNN, LAist and BDG Latest Affected," PressGazette, July 15, 2024, https://pressgazette.co.uk/publishers/journalism-job-cuts-2024/，2024年10月8日访问。

论数字媒体生态：自动化、后人类与行动主义

（CNN）就将在 2024 年年底前解雇大约 100 名记者[①]；《洛杉矶时报》（*Los Angeles Times*）则宣称将裁掉 115 人，这是其采编人员总数的 20%多[②]。新闻业正在成为一个充满不确定性的行业，而记者则是最容易失去工作的职业之一。

导致新闻劳动力市场加剧萎缩的因素很多，但人工智能的崛起和进化显然是最直接的原因：机器人能够以更低的成本和更高的效率实现对结构化报道的即时生成，使人类记者的劳动在相当程度上变得可替代，进而重塑了新闻权威的构成[③]；算法架构与行为数据库的无缝衔接让新闻分发变得更加精准、更为贴合用户的需求，新闻得以产生新的、更为强大的文化心理效应，这反过来进一步强化了数据主义的机器生产[④]；而专于培塑多样叙事模态的大模型的不断出世，也令传统的新闻类型与样态渐渐失去吸引力，新闻的加速融合、液化，在本体意义上已不再是专业化的信息产品[⑤]。在经验上，我们可将新闻业的这种结构和文化转型归纳为"自动化"（automation）；在认识论上，新闻业正在经历的人机深度共生、机器逻辑日盛的历史趋势则是一种典型的"后人类状况"（posthuman condition）[⑥]。但无论从哪个维度看，我们都

[①] 参见 Oliver Darcy, "CNN Chief Mark Thompson Announces Sweeping Overhaul of News Network, Cuts 100 Jobs," CNN, July 10, 2024, https://www.cnn.com/2024/07/10/media/cnn-mark-thompson-layoffs-overhaul/index.html, 2024 年 10 月 8 日访问。

[②] 参见 Meg James, "L.A. Times to Lay Off at Least 115 People in the Newsroom," Los Angeles Times, January 23, 2024, https://www.latimes.com/entertainment-arts/business/story/2024-01-23/latimes-layoffs-115-newsroom-soon-shiong, 2024 年 10 月 8 日访问。

[③] 参见 Matt Carlson, "The Robotic Reporter: Automated Journalism and the Redefinition of Labor, Compositional Forms, and Journalistic Authority," *Digital Journalism*, 3(3), 2015, pp. 416-431。

[④] 参见师文、陈昌凤：《社交分发与算法分发融合：信息传播新规则及其价值挑战》，《当代传播》2018 年第 6 期，第 31—33+50 页。

[⑤] 参见何天平：《从文本构造到界面连接：生成式人工智能对数字新闻叙事的重塑》，《新闻界》2023 年第 6 期，第 13—21+61 页。

[⑥] 参见 Seth C. Lewis, Andrea L. Guzman, and Thomas R. Schmidt, "Automation, Journalism, and Human-Machine Communication: Rethinking Roles and Relationships of Humans and Machines in News," *Digital Journalism*, 7(4), 2019, pp. 409-427。

没有理由对新闻业的未来感到乐观,因为在这种独特而重要的人类实践中,人本身正在去中心化。

数字新闻是数字媒体生态之下最重要的"亚生态"之一,它的遭遇和存续于整个社会生活的公共性成色而言极为重要。因此,我们对数字媒体生态中人类行动主义的观察,应首先观照人类新闻实践在数字化大潮下的现状和趋势。新闻业是否正在成为由人工智能支配的行业?人类新闻实践是否将因人工智能的崛起而走向终结?这两个问题是我们在当下的新闻研究中无法绕开的关键议题。社会科学理论既要准确地解释现实,又要给人以希望,这对于正在经历危机和转型的新闻学理论而言尤为重要。因此,本章尝试通过探索性的观念辨析,从技术-文化共生论的框架和人机比较的视角,对"新闻行动者"这一日趋复杂的概念展开讨论,并在此基础上展望于人机共生的时代构建"人类新闻亚生态"的观念路径。

一、人工智能是什么样的新闻行动者?

从全球范围的经验现实来看,人工智能对数字媒体生态的介入是强有力的,甚至在某种程度上是主导性的,业已成为该生态中最强势的"物种"之一。因此,我们已不能将人工智能单纯视作人类借以提高效率的生产工具,而是要看到自动化已经因人工智能的崛起成为支配新闻生态演化的一个基础逻辑。在安德莉亚·古兹曼(Andrea Guzman)和赛斯·刘易斯(Seth Lewis)看来,"传播人工智能"(communicative AI)的诞生和成熟已经让人机交流(human-machine communication, HMC)成为与人际交流(human-human communication, HHC)同等重要的信息流通范式,因此我们需要重新划定新闻实践中各要素之间的"本体论边界",以更加"对等的"(symmetric)理论化思路来看待人与

论数字媒体生态：自动化、后人类与行动主义

机器的观点。① 从这一经验基础出发，我们得以将行动者网络理论（actor-network theory）的基本观点引入数字新闻学理论，其主张"关系地"（relationally）把握构成新闻实践的各要素，将新闻现象和新闻经验的发生视为关系聚合或变易的产物，从而超越传统新闻学的职业中心（profession-centered）观念。②

行动者网络理论不仅是一种被用于解释社会实践原理与机制的框架，也是一种独特的、非空间的（non-spatial）认识论。基于行动者网络理论，我们得以在四个方面形成对新闻实践的全新理解：第一，新闻生产不是一致性的专业活动，而是不同类型的新闻行动者、资源和生产资料聚合（assemblage）的过程；第二，新闻行动者的角色不为任何参与新闻实践的要素所独占，对不同行动者赋予不同主客体地位而言没有意义；第三，新闻的意义在参与新闻实践的行动者的关系中动态地生成；第四，新闻传播的效果取决于导致行动者聚合的关系的"强度"（strength）而非其内部凝聚力或共识。③ 正是在这个意义上，人工智能作为当下最为关键的技术类新闻行动者获得了特殊的认识论地位——它不是人类记者的工具或客体，而是与后者同等重要的能动者（agents），是驱动新闻发生、演化并产生社会效应的"关系"的重要构成要素。正因人工智能占据了与人类行动者极为相近的"生态位"并基于其机器逻辑不断地改变传统，数字新闻业才表现出典型的后人类特征。

作为关键新闻行动者的人工智能，深刻地改变了全球新闻业的面貌，这体现在新闻的样态（formats）、标准（criteria）和规范（norms）

---

① 参见 Andrea L. Guzman, and Seth C. Lewis, "Artificial Intelligence and Communication: A Human-Machine Communication Research Agenda," *New Media & Society*, 22(1), 2020, pp. 70-86。

② 参见常江、罗雅琴：《新闻实践的"开放时代"：技术成因、结构特征与文化反思》，《中国出版》2024年第14期，第3—10页。

③ 参见 David Ryfe, "Actor-Network Theory and Digital Journalism," *Digital Journalism*, 10(2), 2022, pp. 267-283。

三个层面。

在样态上,人工智能介入生产的新闻呈现出鲜明的后工业色彩。新闻产品在形式上十分多元甚至极具"挥发性",极大地超出了传统新闻工业体系所能涵盖的范畴。初期被用于自动化生产的机器人尚且致力于生成基本符合传统新闻惯例的结构化报道,但随着大语言模型(large language model,LLM)的不断成熟,自动化新闻的多模态性日益增强,机器新闻叙事也逐渐呈现出与人类新闻叙事极不相同的结构。例如,英国广播公司与《卫报》、美联社联合发展的名为"故事线本体论"(storyline ontology)的新闻样态,就是基于大语言模型的液态新闻行动,其基本形式是围绕预设的报道目标,充分调用结构化数据库和机器人报道的灵活性,不断生成任意形式的新闻叙事并使之构成连绵不息的"新闻流"。① 在某种程度上,中国的主流媒体基于深度融合思维打造的"中央厨房"生产模式也属于类似的情况。② 两者都折射出新闻生产权从人类行动者向机器"部分让渡"后新闻样态所呈现出的流动性。此外,在智能推荐算法体系的支配下,新闻样态也会跟随目标用户的需求和趣味随时发生改变,不同平台算法原理的差异会导致极不相同的终端形式,这不仅决定了基于微博、微信和抖音平台的"数字新闻"拥有几乎迥异的样态,也导致在抖音和快手算法架构下的"短视频新闻"在叙事和结构上体现出极大的不同。③

而新闻样态的变易必然导致新闻标准的重构——事实上,目前新闻业正处在严重缺乏标准的特殊时期。标准关乎对新闻品质高低的评判,且这种评判的依据应当在全行业乃至全社会拥有广泛共识。人

---

① 参见"Storyline Ontology,"BBC,May 1,2013,https://www.bbc.co.uk/ontologies/storyline-ontology/,2024年10月8日访问。
② 参见王昕:《媒体深度融合中的"中央厨房"模式探析》,《现代传播(中国传媒大学学报)》2017年第9期,第125—129页。
③ 参见黄文森:《创新行动:数字新闻样态的兴起、扩散与主流化》,《新闻与写作》2023年第7期,第35—44页。

论数字媒体生态：自动化、后人类与行动主义

类的新闻标准包孕着鲜明的文化民主、公共性和美德伦理等内涵,但自动化新闻却以效能主义和流量经济为生产目标。两位西班牙学者的研究就表明,该国超过75%的新闻机构的日常生产活动有人工智能参与,这显著侵蚀了原有新闻标准的共识基础,盖因机器逻辑主要依照对传播效果(用户需求)的研判进行定制化生产,"却无法将那些在现代人类新闻实践的历史中凝结而成的品质理想计算化"。[①] 如果从既往的专业性标准出发,可以很容易得出数字时代新闻品质跌落的结论:信息失序恶化、情感极化盛行、个人隐私受损、平台操纵舆论……但若从人工智能作为新闻行动者的视角来看,上述种种不过是在数字媒体生态下"聚合"的自然结果而已。更重要的是,即使越来越多的人认识到人工智能正在培育新的新闻标准,拥有不同社会背景、意识形态乃至文化身份的人也往往对此持有不同的态度。一项在捷克完成的涵盖1041个新闻用户的研究显示,对于人工智能在新闻业制造的"异象",男性与女性,青年、中年与老年群体,以及不同社会阶层的人持有很不相同的态度,这意味着随着人工智能更加深刻地介入新闻生态,想要建立过去那种相对统一和稳固的新闻标准将变得愈发困难。[②]

新闻样态和标准的变化最终决定了传统的新闻规范理论的失效。新闻规范既包括旨在约束新闻行动者的伦理规范,也包括用于规定新闻实践与社会进程之间关系的文化、政治规范。传统的新闻规范理论为新闻赋予了四重角色:监督、促进、变革与合作;其具体内涵更是丰富、包罗万象。比如,所谓的"促进"角色,指的就是新闻实践不仅应当

---

① 参见 Luis-Mauricio Calvo-Rubio, and José-Luis Rojas-Torrijos, "Criteria for Journalistic Quality in the Use of Artificial Intelligence," *Communication & Society*, 37(2), 2024, pp. 247–259.

② 参见 Vaclav Moravec, et al., "Human or Machine? The Perception of Artificial Intelligence in Journalism, Its Socio-Economic Conditions, and Technological Developments toward the Digital Future," *Technological Forecasting and Social Change*, 200(1), 2024, pp. 123–162.

致力于为文化多元主义的生发创造空间,也应该自觉地为社会构建"对话的、交互的协商结构",以确保"即使对个人的不同见解保持开放……公共协商也能持续实现"[1]。这些规范性价值目标的实现归根结底取决于人类新闻行动者的自觉和自律。而新闻样态的液化和标准的挥发,则使上述规范成为无本之木——当新闻的形式和品质日益深刻地由人机共生关系的模式和强度所决定,新闻所维系的"多元主义"还是"人本"的多元主义吗?多元主义如是,在传统新闻规范理论中发挥支柱性作用的民主也如是。牛津大学互联网研究所在其研究报告《自动化民主:生成式人工智能、新闻业与民主的未来》中用翔实的数据和资料破除了人工智能会促进民主的迷思:一切大语言模型都包含着预设的世界观和文化优先级,因此必然在某些方面固化而非削弱不平等的社会结构;而新闻的自动化生产与智能分发也的确制造了回音室效应,阻碍有意义的对话的形成。[2] 故而,有学者认为,人工智能仅能在其最浅层的行动范畴促进民主,那就是"简单且小剂量地"生成并传播准确、易读、多样且即时的新闻。[3] 面对生成式人工智能技术如此迅猛的进化速度,这种预设技术力量完全可控的规范理念不啻异想天开。

总而言之,人工智能作为关键新闻行动者的崛起,有力地瓦解了传统的新闻样态、标准和规范,新闻业陷入行动和经验均"野蛮生长"的无序状态。自动化新闻以创造连接、迎合需求与催生流量为演化目标,必定天然地倾向于营造不断熵增的信息环境。但人类新闻行动者则不同,他们除了要创造意义、追求效能之外,更期望以新闻为路径建

---

[1] Clifford G. Christians, et al., *Normative Theories of the Media: Journalism in Democratic Societies*, University of Illinois Press, 2009, p. 173.

[2] 参见 Amy Ross Arguedas, and Felix M. Simon, "Automating Democracy: Generative AI, Journalism, and the Future of Democracy," Oxford Internet Institute, https://www.oii.ox.ac.uk/wp-content/uploads/2023/08/BII_Report_Arguedas_Simon.pdf,2025 年 5 月 20 日访问。

[3] 参见 Bibo Lin, and Seth C. Lewis, "The One Thing Journalistic AI Just Might Do for Democracy," *Digital Journalism*, 10(10), 2022, pp. 1627-1649。

设服务于自身价值鹄的的历史与文明。如此,我们就面临着一个新的问题:假如机器逻辑盛行已是新闻生态演化的基本趋势,人机共生也成为数字新闻实践的基本关系,那么人类新闻行动者是否还有可能构筑一个有别于自动化新闻的、人本主义的新闻"亚生态"?

二、人类新闻实践的独异性

从系统论的角度看,人类行动者与人工智能这样的技术类行动者所扮演的角色没有什么本质的不同——他们都是构成系统的动力要素,并在相互间关系的基础上推动系统的自动演化。尼克拉斯·卢曼将这种机制称为"自创生"(参见第二章),其本质是一种非均衡的动态结构。[①] 因此,人与机器在新闻实践中的角色差异,主要存在于新闻的发生(ontogeny)环节:新闻事实如何被发现和标注,新闻行动怎样从无到有。

从发生学的角度看,机器与人"进入"新闻实践的路径有本质的不同——前者是数据式的,而后者则是语言式的。数据式路径意味着人工智能的新闻行动必须由新闻生态下既存的数据资源触发,而数据则只能是已经发生过的表述、态度和行为留下的证据或痕迹。因此,人工智能的新闻行动其实是一种"自我指涉"(self-reference):旧新闻算法捕获数据并将其结构化,而这些数据又会被新算法捕获、再结构化并生成新的意义。新闻行动循环往复,但本质上并未给新闻生态带来信息增量。而语言式路径则截然不同。如同人类的言谈和交流活动一样,人类的新闻行动不只遵循与算法框架类似的结构化语法,而且高度倚赖感官、心理活动、语境等非结构化的"机能"(faculty)。这些机能既不完全是生物意义上的,也不完全是社会意义上的,而是两者的复杂交缠,因此几乎不可能被数据化。正是在这个意义上,人类行

---

① 参见 Niklas Luhmann, *Social Systems*, Stanford University Press, 1996, pp. 35-40。

动者相对于其机器对应物的独异性得以显现:人发现新闻事实并付诸新闻行动的初始动力要比机器复杂得多,而人工智能的新闻行动则只能由既有的数据存量所驱动。基于此,我们可以认为新闻直觉、新闻道德和新闻文化决定了人类的新闻实践有别于机器的独异性。

(一) 新闻直觉

新闻直觉(journalistic intuition)是人类新闻行动的主要触发机能,它指的是对新闻价值的直观判断。新闻直觉长期被视为优秀新闻人的一种本能(gut feeling),具有自足性和自洽性。艾达·舒尔茨(Ida Schultz)借用布尔迪厄的文化社会学框架,将新闻直觉解释为新闻信念(journalistic doxa)、新闻惯习(news habitus)与编辑资本(editorial capital)经复杂混合后培育出的行动模式,在个体层面不可预知,但在行业层面则具有相对稳定的结构。① 在中国新闻学理论体系中,新闻直觉更常用的表述是"新闻敏感"。人民日报原总编辑、资深新闻人范敬宜就曾指出,新闻敏感是新闻工作者"极端重要的素质之一",它是"深入采访、认真思考加上人生阅历"的产物。② 因此,新闻直觉的形成既是新闻体制化(institutionalization)的结果,也是个人意志、经验和选择的结果。

新闻直觉并不完全是后天习得的,它与人类行动者个体的社会化历史紧密相关,因此它更像是一个具有包容性的框架,无法被严格界定。传统的新闻观念对新闻直觉持有复杂的态度:它既是好记者的必备素养,也是对新闻公共性构成威胁的不稳定因素。著名记者、新闻学理论家菲利普·梅耶(Philip Meyer)就曾在1971年的一篇名为《直觉的局限》的文章中表达了自己的担忧:随着社会科学不断向精确化

---

① 参见 Ida Schultz, "The Journalistic Gut Feeling: Journalistic Doxa, News Habitus and Orthodox News Values," *Journalism Practice*, 1(2), 2007, pp. 190-207。

② 参见范敬宜:《新闻敏感与文化积累》,《新闻战线》2007年第10期,第26—27页。

论数字媒体生态：自动化、后人类与行动主义

的方向发展，新闻却有可能因对直觉的强调而逐渐失去对社会进程的解释力。① 正是出于这个原因，传统的新闻建制通过建立并不断更新普遍性新闻价值标准的方式，实现对记者个体新闻直觉的约束。这些新闻价值标准虽然在不同的历史时期和不同的社会条件中有不同的内涵，但其大体上还是呈现出了一种超语境性：新闻应当是有关事实的第一时间的报道（时效性），新闻应当反映公众所关切或与公共利益相关的问题（接近性/重要性），新闻应当服膺基本的人性规律（趣味性），等等。

数字时代的到来，将新闻直觉从建制化的新闻价值教条中解放出来。技术的迅猛发展使得长期被奉为圭臬的新闻价值"规律"面临重构。② 传统的新闻机构及其人类行动者对新闻价值标准的裁定权在平台化和自动化的新生态中被不断稀释，其提出的新标准——如透明性法则——对具体实践则仅有名义上的约束力，因为它尝试约束的对象已超越人类行动者的范畴。③ 与此同时，在数字新闻生态的广泛接口和扁平结构的支持下，传统意义上的新闻受众逐渐"觉醒"并成为新型新闻行动者，他们介入新闻行动所凭借的新闻直觉根本不是专业主义意义上的新闻直觉，而是高度个人化、情感化乃至美学化的体验性新闻直觉。④ 这种直觉的底色是每一个人独特的情感本能和经验历史，它们在数字空间中的聚合培育了过去十余年中在全球范围内影响力最大的那些新闻行动，构成了与冰冷、精确的自动化新闻截然相反的人类新闻的基本面貌。正如一位丹麦学者指出的：机器没有直觉，这

---

① 参见 Philip Meyer, "The Limits of Intuition," *Columbia Journalism Review*, 10(2), 1971, pp. 119-125。
② 参见杨奇光、王润泽：《数字时代新闻价值构建的历史考察与中西比较》，《新闻记者》2021 年第 8 期，第 28—38 页。
③ 参见 Nicholas Diakopoulos, and Michael Koliska, "Algorithmic Transparency in the News Media," *Digital Journalism*, 5(7), 2017, pp. 809-828。
④ 参见田浩：《数字新闻的美学化：形式创新、文化共生与价值反思》，《江西师范大学学报（哲学社会科学版）》，2023 年第 1 期，第 74—82 页。

是它与人类无法完全相互模仿的根本原因。① 长远来看,即使自动化作为新闻生产、流通、组织和叙事的基本趋势将长期存在,新闻业也永远不会只有一张面孔。

如前文所述,人工智能对新闻生态的介入首先是通过对人类行动者的模拟,也就是对其行动模式与过程的数据化来实现的,但新闻直觉是最难被数据化的人类行动逻辑。对此,尽管新闻学领域尚无系统性研究,但这在政治学、社会学、科学技术等研究领域已得到经验材料的证实。例如,一项关于组织决策(organizational decision-making)的研究表明:人工智能仅能在高度结构化、确定性的语境下完成有效的自动化决策过程,而在数据资源匮乏、不确定性程度较高的语境下,人类直觉总是能够比人工智能做出更有效的决策。② 另一项针对OpenAI产品的研究表明,以ChatGPT为代表的大语言模型的一个基本进化方向就是"反(人类)直觉",因为依照人类直觉做出的预测会被系统界定为非理性的认知偏误,从而影响自动化的效率。③ 即使是最新的文生视频模型Sora,尽管它在形式上已拥有人类想象力的替代机制,能够在很大程度上表现出"创造力",但其运作的基本原理仍然是对客观世界的视像数据化,因此当可用于机器训练的开源数据匮乏时,这种创造力也会陷入枯竭。所以,对人类行动者来说,维系全球新闻生态的人本主义属性的关键不在于跟人工智能展开精确性或可沟通性方面的竞争,而在于以适宜的方式强化蕴含于"新闻人"——既包括职业化的新闻机构人员,也包括已觉醒的新闻公众——行动逻辑中的直觉的力量。

---

① 参见 Taina Bucher, "'Machines Don't Have Instincts': Articulating the Computational in Journalism," *New Media & Society*, 19(6), 2017, pp. 918-993。

② 参见 Vinod U. Vincent, "Integrating Intuition and Artificial Intelligence in Organizational Decision-Making," *Business Horizons*, 64(4), 2021, pp. 425-438。

③ 参见 Thilo Hagendorff, Sarah Fabi, and Michal Kosinski, "Human-Like Intuitive Behavior and Reasoning Biases Emerged in Large Language Models but Disappeared in ChatGPT," *Nature Computational Science*, 3(10), 2023, pp. 833-838。

(二) 新闻道德

在经典的新闻观念中,新闻道德(journalistic ethics)包括两方面的内涵:一是有关合乎基本道德原则的新闻实践的规定,二是包孕在常规新闻实践中的普遍性道德原则。在斯蒂芬·沃德(Stephen Ward)看来,前者是一个实用性的问题,要解决的是如何让新闻室的活动服膺公共期待;而后者则是一个概念性的问题,关乎我们应怎样理解新闻与公共性之间的关系。① 因此,归根结底,新闻道德是新闻行动者对"什么样的新闻行动符合公共性法则"的判断,既然这种判断具有约束力和规定性,那么它会在很多情况下体现出"反常性"。例如,近年来在全球范围内蓬勃发展的慢新闻运动,就因其形式和策略的反常而被广泛关注:天然以时效性为生命线的新闻,为何要刻意追求"慢"呢?这首先是一种道德选择,是从新闻业的价值基石——公共性出发的"逆势"行动。或者说,在人工智能造就的高速运转、高度异化的新闻时间体系下,"慢"从"低效"的代名词转变成了一种德性原则。② 而这种与系统自创生机制明显抵牾的行动主体只会是人。

道德既是人与机器的本体论界限,也是人与机器的认识论界限。前者意指道德是人类独有的认知和文化属性,而后者则表明机器永远不能像人一样"道德地"把握客观世界。尽管从人工智能诞生的那一刻起,有关"机器道德"(machine/robotic ethics)的想象和讨论就从未停止,但目前科学界对于"有道德的机器"的设计仍然无法超越将"道德"这一复杂的人类机能语法化的思路,也即尝试通过对人类感知、认知、理解和分析进行精确计算和配置的方式,来自动生成"道德的行

---

① 参见 Stephen J. A. Ward, "Journalism Ethics from the Public's Point of View," *Journalism Studies*, 6(3), 2005, pp. 315-330。

② 参见 Seong Jae Min, *Rethinking the New Technology of Journalism: How Slowing Down Will Save the News*, The Pennsylvania State University Press, 2022, pp. 81-85。

动"。① 在新闻领域,现有的一切试图让机器人拥有道德感的技术探索均未达成预期的效果,因而无法阻挡全球新闻业道德水准在自动化时代的下滑,以至于两位意大利研究者对来自五个国家的数据进行深入分析后慨叹:道德是人工智能新闻版图"全然缺失的一角",并将道德视为自动化新闻无法逾越的本体论边界。② 现有的公开资料表明,如 OpenAI 这样的人工智能技术研发先驱其实主要通过增强监督、优化算法等方式来尽可能减少其生成信息中的偏见,践行自己对社会的"道德承诺";对于滥用数据、批量生产虚假信息、助长网络暴力等真正严肃的道德问题,却束手无策。正因如此,老牌新闻机构《纽约时报》于 2023 年 12 月向美国联邦法院起诉 OpenAI,并将 ChatGPT 对公共数据资源的不加节制地使用称为"内容反刍"。③

与新闻直觉的来源机制相似,新闻道德在很大程度上也是人在社会化的过程中习得的。其中,教育是获取道德感的主要途径——内置于公民素养教育体系中的媒介素养或信息素养为人的新闻参与行动设定了最基本的伦理框架,其中既包含对真实、公正、平等这样的终极价值目标的反复申明,也包含如不冒犯、最小伤害、反暴力等操作性色彩鲜明的行动规则的强调。在一些文化中,宗教也是新闻道德的一个重要来源,它在涉及公私边界和表达限度的道德准则方面往往更具约束力。④ 正因如此,新闻道德具有强烈的流动性和语境化特征,它在不

---

① 参见 Wendell Wallach, "Robot Minds and Human Ethics: The Need for a Comprehensive Model of Moral Decision Making," *Ethics and Information Technology*, 12(3), 2010, pp. 243-250。
② 参见 Colin Porlezza, and Giulia Ferri, "The Missing Piece: Ethics and the Ontological Boundaries of Automated Journalism," *International Symposium on Online Journalism*, 12(1), 2022, pp. 71-98。
③ 参见 Tom Chavez, "OpenAI & *The New York Times*: A Wake-Up Call for Ethical Data Practices," Forbes, January 31, 2024, https://www.forbes.com/sites/tomchavez/2024/01/31/openai-the-new-york-times-a-wake-up-call-for-ethical-data-practices/, 2024 年 10 月 8 日访问。
④ 参见 Kai Hafez, "Journalism Ethics Revisited: A Comparison of Ethics Codes in Europe, North Africa, the Middle East, and Muslim Asia," *Political Communication*, 19(2), 2002, pp. 225-250。

论数字媒体生态：自动化、后人类与行动主义

同的社会化模式中或许会拥有不同的内涵，但这无碍其在所有新闻文化中发挥约束工具理性的作用。

除了为人类行动者提供对抗机器逻辑的认识论及话语依据外，新闻道德还通过对法律观念的影响实现与国家机器的合作，在制度层面抑制后人类状况在新闻生态中的蔓延。其中，欧盟针对人工智能与网络信息的积极立法实践就产生了很大的影响，其于2024年3月推出的《人工智能法案》是人类历史上第一部针对人工智能技术的成文法典。欧洲议会所推崇的"负责任的人工智能"（responsible AI）的理念本质是一种道德承诺，直接目标是建立"人类中心的人工智能文化"（a human-centric AI culture）。① 中国在人工智能立法领域的举动也受到学界和业界的广泛关注：从2022年3月开始，《互联网信息服务算法推荐管理规定》《互联网信息服务深度合成管理规定》《生成式人工智能服务管理暂行办法》等法规相继生效。2024年4月16日，中国社会科学院国情调研重大项目"我国人工智能伦理审查和监管制度建设状况调研"起草组正式发布《人工智能法示范法2.0（专家建议稿）》，其中最重要的内容就是有关"成立人工智能伦理专家委员会""开展人工智能伦理问题研究"等道德范畴的规定。②

当然，作为一种约束性力量，新闻道德有着显著的保守性，对新闻创新——无论是人工智能驱动的创新，还是人类行动者自觉的创新——往往构成阻碍。狭义的新闻道德通常被认为是专属于机构新闻人群体的专业伦理，它不仅限制媒体机构对技术的使用方式，而且也对技术赋权下的公众新闻参与持抵制态度。这种"职业中心"的新

---

① 参见 Natali Helberger, and Nicholas Diakopoulos, "The European AI Act and How It Matters for Research into AI in Media and Journalism," *Digital Journalism*, 11(9), 2023, pp. 1751-1760.

② 参见李兆娣：《让知产力绽放新质生产力（3）|智能向善》，法制网，2024年4月24日，http://www.legaldaily.com.cn/index/content/2024-04/24/content_8988170.html，2024年10月8日访问。

闻道德在数字时代显然已不合时宜。面对数字新闻生态下机器逻辑日盛、人类角色去中心化的状况,我们或许需要建立一种边界更宽泛、容纳性更强、以全体人类新闻行动者为指涉对象的新闻道德。在这种新道德体系下,新闻实践首先是人类旨在维系历史进程的道义正当性而展开的信息创衍和意义生产活动,其要求所有人类行动者持有相似的公共性理想。虽然道德化的人类新闻实践并不必然地站在人工智能新闻的对立面,但它们遵循着截然不同且不可通约的演化逻辑。

(三) 新闻文化

将人与机器区分开来且难以被机器逻辑计算化的机能,除前文论及的直觉和道德外,还有文化。人类新闻实践不只追求新闻生产、流通和接受的效能,更为这一过程赋予价值——对不同生活经验的评价、身份认同,以及界定自我与环境之间关系的意识形态。[①] 正因如此,对于人类行动者来说,新闻既是一种社会实践,也是一个文化场域;而"文化地"把握和参与新闻,也就意味着人并不是外在于"新闻世界"的存在,而是自始至终与之交缠、融合、相互作用。[②] 对于人工智能来说,新闻与其他"任务"一样,并无超出计算原理的特殊性;但如果将人类行动从新闻生态中剥离,人类将会丧失一部分自身的历史。

在经典文化理论乃至主流社会理论中,文化都是一种排他性的人类机能;而那些被认定为"机器的"或"技术的"文化则是人类价值观的延伸,并为人的意志所界定。[③] 因此,无论人工智能创造了什么样的信息模态、搭建了如何新奇的传播网络,我们都不能认为其构成了一

[①] 参见 Mark Deuze, "Journalism Studies Beyond Media: On Ideology and Identity," *Ecquid Novi: African Journalism Studies*, 25(2), 2004, pp. 275-293。

[②] 参见姜华:《从机械复制到数智传收:论新闻世界的内涵、价值构造与延展》,《新闻界》2024 年第 3 期,第 16—27+61 页。

[③] 参见 Clive Lawson, "Technology and the Extension of Human Capabilities," *Journal for the Theory of Social Behavior*, 40(2), 2010, pp. 207-223。

论数字媒体生态：自动化、后人类与行动主义

种自洽的文化——除非我们出于特定的价值目标为其赋予这一指称。从这一视角出发，我们至多可以将自动化视为一种生态性特征或一种系统演化趋势；可包孕在自动化中的价值偏向则完全是我们基于既存的人类文化范式做出的判断，且这种判断并无统一标准。正是这种价值判断的意愿、能力和主动性本身，而不是价值判断的具体内容，在文化的意义上将人与机器区分开来。

在前数字时代，新闻文化首先是一种专业文化（professional culture），其价值赋予属性是与新闻从业者的职业属性紧密"捆绑的"。在欧美国家，客观性作为核心的专业法则的同时，也构成了新闻业的主流意识形态，对新闻实践有强大的约束力。在中国，源于马克思主义新闻思想的党性和人民性原则是新闻业的价值柱石，其强调新闻实践的阶级性和教益功能。哥伦比亚大学新闻学院最新的研究报告认为"人工智能会让新闻工作变得更为理性""人工智能会帮助新闻业解决很多顽固的问题"[①]，就是基于传统意义上的客观主义意识形态做出的判断，这种"专业中心"的价值判断往往会低估人工智能可能扮演的颠覆性角色。然而随着数字时代的到来，新闻生产的"权限"逐渐向普通媒体用户开放，新闻文化也不断向一种日常身份文化弥散开来：这种文化强调新闻实践的人本属性，主张新闻参与是彰显人类历史主体性的重要路径，它鼓励大众通过介入性新闻行动更加直接地推动公共议程。[②] 我们可以认为，数字新闻文化的大众性（民粹性）和建设性（干预性）色彩更加鲜明，这种新闻文化更倾向于对人工智能持有慎戒甚至怀疑的态度，其目标在于高扬人类行动者的主体性。

---

① "Tow Report: 'Artificial Intelligence in the News' and How AI Reshapes Journalism and the Public Arena," Columbia Journalism School, March 6, 2024, https://journalism.columbia.edu/news/tow-report-artificial-intelligence-news-and-how-ai-reshapes-journalism-and-public-arena，2024年10月8日访问。

② 参见常江、罗雅琴：《"新闻人"：数字新闻生产的主体泛化与文化重构》，《福建师范大学学报（哲学社会科学版）》2023年第2期，第119—128+171页。

生成式人工智能技术导致的新闻劳动力市场萎缩和算法造成的信息茧房效应显著削弱了传统的新闻专业文化,但平台生态中的"用户觉醒"则完全有可能形成一种足以制约自动化力量的"认同的文化"——新闻作为普通人践行公共性理念、申明负责任的公民身份的行动方案,被用以对抗自动化带来的机器叙事、算法依赖和消极精神。在过去十余年中,这种新文化已"培育"出一些相当成功的新闻行动方案。例如,主张通过跨地域用户协作来完成重要且复杂的调查性任务的众包新闻(crowd-sourcing journalism)就取得了卓著成效。这种新闻行动模式凝聚专业和非专业"新闻人"的能动性,强调技术的辅助性角色,并在新闻生态中构建了一种自下而上的、多元的公共叙事。① 在2021年中国河南暴雨的救灾行动中,海量网络用户自发创造并开放编辑的"救命文档"不但成为对整个事件最完整的信息记录,而且直接促进了救助工作的完成。② 这样涉及复杂价值判断和价值驱动选择的行动,只有在一种共享的公共性文化框架下才能完成。除众包新闻外,标签运动也已成为一种成熟的大众化新闻行动模式,这种借助主流社交平台标签功能展开的长时段、跨地域的新闻实践将技术从"媒介"转变成文化发生和存续的"空间",不断打破人工智能塑造的个人化信息经验结构,在过去的十余年间产生了强大的意识形态效应。③

不过,数字新闻文化并不总是指向公共性价值,包孕在大众参与结构中的极端化倾向有可能让人类新闻实践丧失最基本的客观性,沦为利益和党派之争的工具。在很多方面,人工智能正在助长这一趋势,机器逻辑借此抵消大众对新闻生态的介入意愿和普遍信任。活跃

---

① 参见杨奇光:《从参与到众包:数字新闻业的开放生产机制与理念衍替》,《新闻界》2023年第12期,第4—12页。
② 参见徐笛、许芯蕾、陈铭:《数字新闻生产协同网络:如何生成、如何联结》,《新闻与写作》2022年第3期,第15—23页。
③ 参见 Adrienne Russell, *Journalism as Activism: Recoding Media Power*, Polity, 2016, pp.3-8。

论数字媒体生态：自动化、后人类与行动主义

于社交媒体平台的智能机器人对正常新闻流通秩序的干预①，以及全球范围愈演愈烈的新闻回避现象②，都表明数字媒体生态中的人机共生既是新闻文化革新的动力，也意味着不可避免的文化战争。

三、人机共生的未来新闻生态

在一个经验主义的世界里，谈论未来通常是不明智的。然而，人工智能的崛起、自动化新闻的产生以及后人类状况的蔓延原本就是超越既有人类经验框架的历史趋势。在这一语境下，理论想象力成为人类的主体性赖以存续的重要资料——我们需要首先明确界定一种理想的未来新闻生态应当具有何种面貌，才能据此规划我们对当下经验的选择和获取。

在数字媒体生态中，人工智能获得了与人类行动者相似的"生态位"，瓦解了传统的新闻样态、标准和规范，创造了一种持续熵增的自动化新闻生态；与此同时，人类行动者也从自身独有的机能出发，以新闻直觉、新闻道德和新闻文化为立足点，不断构建与机器逻辑相颉颃的人类新闻亚生态。人本主义新闻理念的未来存在于人类有别于机器机能的独异性之中，而追求生活意义和历史价值的新闻实践也首先取决于人类主体对上述独异性的行动化。人机共生的未来新闻生态，或将在两种遵循不同演化逻辑的"亚生态"的交缠和对冲之中动态演进，而这一进程也将显著地影响公共性作为基本价值原则在数字文明中所占据的地位。

对于新闻学研究来说，直面全球数字媒体生态的后人类状况，并

---

① 参见 Rose Marie Santini, et al. "Making up Audience: Media Bots and the Falsification of the Public Sphere", *Communication Studies*, 71(3), 2020, pp. 466-487。
② 参见仇筠茜：《再造信任：数字新闻生态下新闻回避的路径与应对策略》，《新闻与写作》2023年第7期，第16—25页。

将人工智能视为与人类同等重要的行动者,应当成为理论发展的基本认识论前提。毕竟,对"应然"的设计须建立在准确把握"实然"的基础之上,而凝聚在"应然"中的人类思想和关怀的历史则超越一切已确立的经验。对于一个理想化的未来,我们既要时时展望,也要不断靠近。

第十章 作为知识文化的数字出版：
一种生态主义阐释

在数字媒体生态中，出版业也如新闻业一样，既受到了前所未有的冲击，也获得了新的文化内涵。大体而言，数字技术的发展降低了出版实践的准入门槛，赋予个体出版商更大的权力；Web 2.0 架构下的参与式文化则进一步激励了知识生产与共享领域的协作，使出版业拥有了向其价值目标进一步靠近的可能性。数字出版作为以"共享"为核心的知识文化[①]，与数字媒体的技术逻辑具有同构性。

不过，无论技术的冲击带来何种剧烈的变化，出版行为的本质始终是恒定的，那就是对知识进行系统性记录、生产和传播的媒介实践。在历史上，出版业的大众化是随着印刷术的普及而兴起的。自那时起，出版一直是面向普罗大众的知识传布系统，在思想文化的传播中扮演了重要的中介角色。在中国，近代报刊和大众出版物的流行更是成为知识分子推动历史进程和文化现代化的直接工具，很多中国革命家都曾是报人或出版人。在传播知识与信息的同时，出版业也维系着

[①] 参见 Mitra Dilmaghani, et al., "Function of Knowledge Culture in the Effectiveness of Knowledge Management Procedures: A Case Study of a Knowledge-Based Organization," *Webology*, 12(1), 2015, pp. 1–21。

社会的文化规范、价值共识以及意识形态①,是社会观念系统的"稳定器"。将出版视为一种具有特定文化价值的人类知识生产实践,而不仅仅是一个"行业",有助于我们从历史和辩证的角度把握出版的本质。这也是数字媒体生态理论的一个认识论基础。因此,本章将方兴未艾的数字出版(E-publishing/digital publishing)视为一种由数字媒体生态所培育的"知识文化"(knowledge culture),并在此基础上展开对这一概念的理论化。

一、什么是数字出版?

在人类文明发展的历史上,出版一直是文化记录与传承的基本手段,出版实践则是对这种记录与传承的专业化。在欧美语境下,"出版"一词源于古拉丁语词汇"publicattus",意为"公之于众"。在商务印书馆1903年出版的约翰·斯图亚特·密尔(John Stuart Mill)的《论自由》(On Liberty)的中译本《群己权界论》中,严复最早将英文"publish"一词翻译成中文"刊布",即是对其词源的准确理解。② 而我们现在广泛使用的"出版"一词,则是从日本舶来的"和制汉语",其字面意思为"出于印版",这便揭示了现代意义上的出版本质:倚赖印刷术实现的标准化的知识生产与传布活动。由此可见,媒介技术的发展是推动出版这种知识文化实践提升效能、革新程式的基础性力量,而出版业的发展长期以来也以维护知识的标准化和权威性为根基。

从技术文化的视角看,"出版"一词的核心在于"版",以及其中蕴含的机械复制隐喻。在"前数字"或"前电子"时代,用于印刷的"版"

---

① 参见 James Curran, Michael Gurevitch, and Janet Woollacott, "The Study of the Media: Theoretical Approaches," in Tony Bennett, et al., eds., *Culture, Society and the Media*, Routledge, 2005, pp. 15-34。

② 参见胡国祥:《"出版"概念考辨》,《武汉大学学报(哲学社会科学版)》2008年第3期,第437—442页。

论数字媒体生态：自动化、后人类与行动主义

是可感可触的刻印板，它们既是内容文本经手工或机械方式大规模复制的标准化"模版"，也是这些内容文本所承载的信息和观念被呈现和传布的标准化形式。而出自这套"模版"的内容、信息和观点能够影响多大范围内的和什么性质的受众，则取决于印刷技术的发展水平。进入数字时代以后，"出版"一词有了新的内涵，"版"变成一系列抽象的复制程序（programs），出版商也开始在计算机环境下收集、编写、储存和更新信息内容，并利用互联网渠道将这种生产机制带来的新式出版物传播给特定受众，新的数字出版实践因此成形。

媒介史的经验表明，出版业是技术进步作用于社会变迁的重要中介，因为技术发展带来的认识论革新必须以知识的标准化生产为路径。古登堡印刷机的发明和普及曾是席卷欧洲的宗教改革的基础动力，也是现代宗教多元主义（religious pluralism）得以确立的最初动因[1]；而数字出版则带来了知识生产的万众参与趋势，使诸多原本为精英专业人士所垄断的知识领域得以向普通人和一般性的社会机构开放[2]。将出版把握为一种基础性的人类知识文化实践，而不仅仅是一个"行业"或"职业"，有助于我们在认识论上厘清出版的本质规律。

基于数字媒体生态理论，我们可将数字出版实践的演化历程划分为三个阶段，并以这三个阶段的主导性技术的逻辑为线索，厘清数字出版作为知识生产实践的本质和规律。

（一）超文本与把关压缩

传统出版业的知识生产模式体现为由作者、出版商、同行评议专家、编辑以及图书发行与售卖系统连缀而成的线性结构。在互联网发展初期（大致为20世纪90年代中期），Web 1.0架构开启了出版业数

---

[1] 参见 Elizabeth L. Eisenstein, *The Printing Press as an Agent of Change*, Cambridge University Press, 1979。

[2] 参见 Tracey Lung, "The Impacts of E-Publishing and Smart Technology," *Current Trends in Publishing*, 1(1), 2014, pp. 1-10。

字化的进程,数字技术对传统出版实践的改造就是以破坏上述线性结构的方式实现的。

Web 1.0 的本质是在网站上展示信息的内容传递网络(content delivery network,CDN),是对于信息的内容和形式的"初级数字化"。初代网页除在信息文本之间建立广泛的连接之外,最主要的新性能在于赋予了信息文本结构化和可编辑性等新属性,并最终编织了一个"超文本"(hypertextual)的信息环境。在 Web 1.0 的标准通用标记语言(standard generalized markup language,SGML)的规则下,文本的各个部分第一次以其"功能"而非"内容"被标记和结构化,并拥有了动态的、可被重复写入的表现形式。基于此,超文本标记语言(HTML)成为全球通行的信息内容"语法",这种新语法的通行则意味着几乎所有基于网页呈现的信息内容在理论上都是"可接近"和"可编辑"的。内容自此成为可以管理的信息产品,而不再仅仅是封闭的专业编辑工作的产物。基于 Web 1.0 架构的信息文本即"超文本",这个"超"字既意味着对传统信息文本的"超越",也暗示着其自身永恒的"未完成性"。

作为早期数字媒体生态的基础结构,超文本环境使得对文本的持续管理以及文本与多媒体材料之间的相互映射成为可能。[①] 对于出版机构来说,这意味着工作流程(即知识生产方式)的再造,因为越来越多从事产品设计和内容维护的技术人员需要被纳入生产机制——除非坚定地抵制数字化,否则就必须接受出版物不再仅仅是"编辑的产物"这一既成事实。对于读者来说,这却意味着阅读模式(即知识获取方式)的改变,因为在超文本环境中,几乎所有的"出版物"都不再仅仅指涉自身,而是身处一个或多个互文的关系网络中,阅读进而也不再是线性的和自省式的行为,而是获得了一种交互性。[②] 总之,无论

[①] 参见李恪:《超文本和超链接》,新星出版社 2021 年版,第 91 页。
[②] 参见 Naomi S. Baron, "Reading in a Digital Age," *Phi Delta Kappan*, 99(2), 2017, pp. 15-20。

论数字媒体生态：自动化、后人类与行动主义

在生产还是接受层面，超文本都极大地提升了出版的网络化和互动性，出版物逐渐成为一种高度开放的文本形式——已经"发行"的电子期刊的内容可以随时修改，已经"发布"的新闻报道也可依据事态的进展不断更新。传统出版业自此进入了一个机遇和挑战并存的新时代。[①]

从文化的角度看，超文本环境的形成带来了传统出版业把关流程的压缩和把关权力的衰微。网站注册向所有组织和个人开放，网页制作的技术和经济门槛远低于传统发行渠道的运维，作者拥有了更多绕开行业把关机制并自由发布文稿的权力，这无疑提升了整个出版业的民主化成色，也在一定程度上改变了人类知识文化的面貌。有研究即显示，学术出版的数字化带来了独立研究者（independent researchers）群体的崛起，挑战了学院系统的知识权威。[②] 但正如我们在新闻业的早期数字化过程中所看到的那样，传统机构由于其雄厚的内容资源储备和专业人才储备，始终是这一阶段出版业数字化升级的主力，真正从"读者"成功转型为"出版人"（publisher）的个体数量极少。老牌出版机构不愿失去传统的知识权威，故对数字化创新持有相当审慎的态度，真正意义上的"数字出版业"尚未形成。

（二）搜索引擎与万物优化

世纪之交，以谷歌、百度为代表的搜索引擎的崛起标志着数字媒体生态"站点互联"时代的到来。搜索引擎的普及极大地改变了媒体用户接触信息的方式，他们对出版物的获取开始较以往更少地依赖传统的推介渠道，而逐渐转变为一种首先出于个人需求进行定向检索的

[①] 参见 Erin Carreiro, "Electronic Books: How Digital Devices and Supplementary New Technologies Are Changing the Face of the Publishing Industry," *Publishing Research Quarterly*, 26(4), 2010, pp. 219-235。

[②] 参见 Patricia Nascimento Souto, "E-Publishing Development and Changes in the Scholarly Communication System," *Ciência da Informação*, 36(1), 2007, pp. 158-166。

行为。从某种程度上看,搜索引擎的崛起是"迫使"传统出版商进行数字化转型的重要原因,也是包括个人在内的非专业行动者大规模参与出版实践的关键契机。

搜索引擎有"连接"和"呈现"两种基本功能,分别对应链接索引(URL index)和搜索引擎结果页面(search engine results page,SERP)两项产品。对于出版业来说,搜索引擎的本质是大型的复合内容索引体系,信息内容"可被检索"的性质直接决定着其"可被获取"的结果,因而过去作为辅助性要素存在的"摘要"和"索引"如今成为关乎出版机构生死存亡的核心产品。搜索引擎服务商通常与 Spyder 合作——这是一个开源跨平台的科学运算集合开发环境(integrated development environment, IDE),如"赛博蜘蛛"一样嗅探信息素、循环爬取网络节点,并将其编织进索引中,构成了万维网的互联格局。但并非所有的链接都是有价值的,数字媒体生态中充斥着同质化内容与熵增。为序化搜索引擎的结果页面,谷歌开发了一套至今仍在更新的算法,对搜索结果进行价值排序,而围绕这套排序体系形成的内容竞争模式极大地改变了出版业原有的格局。此后,为防止排名操纵,主流搜索引擎的核心技术从早期简单依赖关键词密度提供结果的定序算法,逐渐进化到包含 200 多种未公开信号值的复杂排名算法。这项技术过于复杂,传统出版机构无法独自应对,专业的搜索引擎优化(search engine optimization,SEO)服务遂应运而生。这种服务起初多由第三方机构提供,后逐渐成为数字出版机构的内置业务部门,其主要工作任务就是努力拆解搜索引擎的算法黑箱,提高产品检索排名。如今,包括贝塔斯曼(Bertelsmann)、汤森路透(Thomson Reuters)、培生(Pearson)在内的顶尖出版集团均有强大的 SEO 研究部门。

SEO 服务在出版行业的主流化带来了一个令人多少有些意想不到的结果,那就是进一步强化了大出版商的行业地位。个人或小型出版商由于缺乏足够的资源和资金购买 SEO 服务而难以策略性地提高排名,建立于搜索引擎框架上的出版业竞争遂出现强者愈强、弱者愈弱的马太效应,这令一些预言互联网将推动知识生产民主化的研究者失望。① 这一趋势与数字新闻业很不相同:在相当长的时间里,新闻竞争的核心仍是稀缺信息资源和时效性的竞争,在这一点上,大型传统新闻机构并不必然比新型数字媒体更具优势;但出版业的产品天然是反碎片化的,对时效性和稀缺性的要求也远不如新闻业那样高,因此大机构得以凭借其雄厚的资金力量和强劲的技术研发能力为行业设立极高的准入门槛。个人和小型出版机构尽管可以在理论上迅速建立起一整套生产流程并推出产品,但面对业已高度结构化的搜索引擎生态,则不可避免地陷入无法触达大众的窘境。

(三) 社交媒体与行业危机

从很多方面看,Web 2.0 架构都是对第一代互联网架构的重组而非延续。如前文反复讨论过的,作为广泛的参与式社交网络,基于 Web 2.0 架构的数字媒体生态以平台化为重要的构成逻辑:无论机构还是个体,首先都要接入平台,然后再以平台为场景进入竞争。平台有自己的相对独立的规则体系和"亚生态"。为确保传播的互动性和信息的连通性,平台往往严格划定用户的"行动范围",除极特殊的情况外,平台对所有行动者"一视同仁",施以同等的约束和限制。与此同时,不同平台又拥有不尽相同的规则,需要行动者分饰多角、逐个适应。这就极大地弱化了传统出版机构的资金和技术优势。在 Web 2.0 架构下,一个熟悉平台规则的普通人完全有可能在特定平台上创造有影响力的出版品牌,与既有传统机构品牌平等竞争。这一点,在中国以微信公众号为形式的杂志出版创新领域有集中的体现:大量以选题和深度著称的传统杂志,如今不得不面临似乎完全没有章法的个人自

---

① 参见 Jaime A. Teixeira da Silva, "The Matthew Effect Impacts Science and Academic Publishing by Preferentially Amplifying Citations, Metrics and Status," *Scientometrics*, 126(6), 2021, pp. 5373-5377。

媒体的剧烈冲击;我们每天接触到的拥有"10万+"阅读量的推文,很少出于传统杂志。

当然,我们必须承认 Web 2.0 带来了互联网信息的总体低质化;但对于整个出版业态来说,它更多意味着一种新的、有限或保守的行动主义的形成。第一,大量读者由搜索引擎时代的"主动"再度变回"被动",平台利用智能推荐算法向海量用户进行个性化的内容分发,制造不同形式的信息过滤泡,个人阅读兴趣变得日益窄化和固化,传统出版机构的大众化策略面临失效。第二,Web 2.0 以"创造互动"为基本逻辑,调用多种机制鼓励用户的转发、评论与点赞行为,并通过制定相关的规范来刺激互动、制造流量,这不可避免地影响了出版业的总体内容策略,使那些经过社交媒体话题"考验"的、具有更强交互潜质的内容获得更高的传布和流通优先级。第三,由于大众品位的高度分化和日益区隔(参见第六章),新的行业生态实际上有利于独立作者和小型出版商的利基式生存,在没有自上而下的政策干预的情况下,他们往往可以通过深耕某一细分内容领域积累固定而忠实的读者群,并利用平台提供的几乎无成本的内容分发服务实现持续发展。

个体和小型机构的行动主义出版实践,不但给传统的出版机构制造了不同程度的危机,而且对既有的版权法律体系构成了冲击。一种以"开源"(open source)为核心话语的知识文化在全世界范围内崛起。在出版业,开源包括两方面的含义。一是平台向用户免费提供可用于修改和重新分发的源代码,并支持所有网络用户进行开放式的协同知识生产。其中,最具影响力和代表性的平台莫过于维基百科(Wikipedia),这一将内容生产权限向所有人开放的数字百科全书目前已拥有 301 个语言版本、总计 5500 万个词条。[①] 二是通过挑战既有的版权法

[①] 参见 Matt Chase, "Wikipedia Is 20, and Its Reputation Has Never Been Higher," The Economist, January 9, 2021, https://amp.economist.com/international/2021/01/09/wikipedia-is-20-and-its-reputation-has-never-been-higher, 2024 年 10 月 13 日访问。

律框架来解构传统的出版机构对知识生产的垄断以及这种垄断带来的高额利润,呼吁整个社会重建关于版权的认知,建立一种更具民主性的出版文化。其中,最极端(非贬义)的个案即为哈萨克斯坦程序员亚历山德拉·埃尔巴金(Alexandra Elbakyan)于2011年创办的"影子图书馆"(shadow library)①Sci-Hub,该网站帮助全世界范围内的研究人员绕过出版机构的付费墙免费获得学术资源——至2022年7月,该网站总共收录超过8800万篇学术论文供全球读者免费下载。

厘清了数字出版的含义及其在数字媒体生态下形成的有限行动性,我们将进一步探讨与数字新闻实践相比更为保守(或持重)的数字出版实践在文化上的特征。接下来,本章从微观、中观和宏观三个层面分别探究数字出版实践的物质属性、组织形式,以及总体行动逻辑;它们分别对应着数字出版的架构、生态与普惠性。

二、数字出版的架构

架构(architecture)即实践赖以存在和维系的物质性技术框架和组织形式。

数字媒体生态所具有的物质属性是数字出版实践得以发生的前提。传统出版行业的工作流程是单一且不可逆的,不但文本与视听内容不可彼此转换和交互,而且产品一旦"发行"便不可编辑。而数字出版物则具有极高的灵活性,既能以单一的文字或视听符号的形式呈现,也能以多模态交融的形式呈现。尼古拉斯·尼葛洛庞帝(Nicholas Negroponte)将这种"数字化"的进程描述为从"原子"(atom)向"比特"(bit)迁移的过程——在他看来,"比特"媒介的灵活性在内容生产领

---

① "影子图书馆"通常是指以侵犯版权的方式向大众提供文献资料的在线数据库,具有去中心化和匿名性等特征,并以无力负担昂贵的文献购买费用的发展中国家民众为目标受众。

域集中体现为可编辑性。① 作为最小的计算单位,比特可以被组合为极度丰富的媒体形式(文字、音乐、视频),并可被编程与编辑;而且由比特组合而成的文本不只是数字媒介所承载的内容,更可作为"功能性文本"被用于生产者对其他内容的标签化(形成元描述)或结构化。这分别促进了索引与内容管理行业的发展。

数字媒体生态的上述物质属性改变了出版业的运作逻辑。具体来说,"原子式"的传统出版模式遵循着制造业的递送逻辑,大体上呈现为线性机制,其流程为:作者在完成稿件后递交出版商,经由同行评议专家以及编辑把关定稿后,交付渠道商与终端商进行售卖。而"比特式"的出版模式则是非线性的,可替代性极强,这导致通过行业机制来实现对特定内容生产权的垄断不再可能。与此同时,出版渠道的多元化以及发行成本的降低也使那些掌握技术的出版行动者更具话语权,而索引系统、内容社区等新要素的出现也令出版的模式变得更加复杂。

除物质属性外,组织形式也至关重要。如前文所述,关联性是数字技术赋予出版实践的一个重要的特性,它为知识的生产与行动者间的协作提供了新的组织形式。关联性分别体现为内容链接与主体互联两个方面,其物质基础则是用于记录、存储以及信息调取的技术设备。内容间的关联性主要基于 Web 1.0 时代超文本网络及其衍生的检索功能,主体间的关联性则盛行于以社交媒体为代表的 Web 2.0 时代。可以说,从 Web 1.0 到 Web 2.0,数字出版完成了对其一般行动体系的重组。作为数字媒体生态最基础的结构要素之一,超文本使文本的标记以及多媒体材料之间的相互映射成为可能,它能够有效突出文本的关联性意义。② 出版行动者可以通过超文本实现内容引用,或将

---

① 参见 Nicholas Negroponte, *Being Digital*, Knopf, 1995。
② 参见孙玮、李梦颖:《数字出版:超文本与交互性的知识生产新形态》,《现代出版》2021 年第 3 期,第 11—16 页。

论数字媒体生态：自动化、后人类与行动主义

自己生产的内容"引流"至其他网站、建立新的内容网络。在此基础之上，主流搜索引擎构建了庞大的索引网络，拓展了内容的关联性。根据关键词检索得到的分布式页面对知识进行了"有文化依据的组织形式重构"①，信息的"再组织"因其结构形式的变化而产生了新的文化价值。上述新的组织模式预示着整个出版业行动体系的去中心化——个体的、轻量的出版主体在新的生态中具有（相较过去）更大的影响力和话语权，而传统出版机构的权威性则日益面临着来自方方面面的挑战。这也意味着一种更具民主化色彩的知识文化的不断成熟。

基于上述分析，我们得以归纳数字出版实践的行动逻辑——开放性。在全球范围内，"信息高速公路"与"数字社区"等政策代表了各国政府将数字网络建设作为社会发展基础动力的决心。从很多方面看，数字媒体生态都正在成为全球文化与公共生活赖以维系的基础设施，数字出版及其培育的知识文化正是这一基础设施化进程的一部分。而开放性的媒介行动逻辑，则是数字媒体生态能够不断扩大规模与范围并完成基础设施化的关键原因。从技术的角度看，应用程序接口（application programming interface，API）是数字媒介行动开放性逻辑的物质基础，是数字媒体生态边界扩展的重要动力机制。② API 使外部网络能够在平台上创建新的应用程序，并与平台实现数据交换，新的知识形式因此被不断创造出来。③ 例如，中国的小程序开发商就能够通过微信提供的接口开发新的功能，帮助微信拓展功能边界，并

---

① 方师师：《搜索引擎中的新闻呈现：从新闻等级到千人千搜》，《新闻记者》2018 年第 12 期，第 45—57 页。

② 参见 Ahmad Ghazawneh, and Ola Henfridsson, "Balancing Platform Control and External Contribution in Third-Party Development: The Boundary Resources Model," *Information Systems Journal*, 23(2), 2013, pp. 173-192。

③ 参见 David S. Evans, Andrei Hagiu, and Richard Schmalensee, *Invisible Engines: How Software Platforms Drive Innovation and Transform Industries*, The MIT Press, 2006。

吸引更多的用户使用这一平台。API 的开放,标志着数字媒体基础设施化的开始。日益丰富的功能环境不仅为数字出版提供了更具黏性的用户,而且也为数字内容的生产与流通提供了更多的可能。

三、数字出版的生态

生态,如前文所述,是由各种类型的行动者及其相互关系构成的、带有"自创生"色彩的社会实践系统。一如生物界的生态系统,媒介和文化的生态也是不同类型的"亚生态"交叠、交互,乃至在激烈的资源竞争中共同构成的弥散式环境。因此,我们可以将数字出版视为数字媒体生态的一个"亚生态",对它的考察也须摆脱功能主义视角的桎梏,转向对数字出版的"总体性"阐释,立足于技术-文化共生论,剖析数字出版环境与多方行动者的相互作用机制。

当下,平台化是整个数字媒体生态最主要的结构演化趋势,数字出版也不能免俗。① 数字平台自身的基础设施化,为出版机构、参与型用户以及渠道商等行动主体提供了有力的技术支持;但同时,平台本身也是数字出版"亚生态"中的重要行动者,其文化选择和价值偏向深刻地影响着出版实践的发展方向。本节将重点探讨日益平台化的数字出版业在知识的生产、流通和接受维度上,对人类知识文化的演进发挥的作用。

(一) 平台化知识生产

在前数字时代,平台指为多主体间沟通提供条件的空间;而在数字媒体生态下,这一概念则更凸显"参与"与"合作"的理念。平台化

---

① 参见 Jean-Christophe Plantin, et al., "Infrastructure Studies Meet Platform Studies in the Age of Google and Facebook," *New Media & Society*, 20(1), 2018, pp. 293-310。

的知识生产模式是协作式的、以社区为中心的,其实践受到不同出版行动者之间的多边关系的影响。①

首先,平台为其用户提供的创作版式模型对于内容的组织具有高度的限定性。例如,全球社交平台 X 的推文模板是短文式的,可添加多媒体材料、外链以及标签;但与此同时,平台对多媒体材料和外链的数量以及单条推文的篇幅长度都有严格的限制,且图文无法按照文本逻辑进行顺序排列。由此可见,平台通过设立固定版式标准的方式降低了内容生产的门槛,让普通用户也能制作出具有基本流通性的内容产品,同时有力地限制了行动主体对于内容的控制——这被一些学者称为格式化(formatting)②,即平台生态对知识的形式做出限定的种种机制的总和。其次,围绕平台形成的新型商业网络对出版行业有了更多的控制形式。目前,几乎所有平台都建立起庞大的赞助网络与广告板块以保证内容生产主体与广告主的连接,从而间接提升自身的数据变现能力。由于以平台为依托的碎片化内容生产缺少向消费者直接收费的机制,因此失去大部分发行收入的传统出版商不得不更加深度地依靠平台广告获得收益。这也就意味着平台化使得出版业对广告商的依赖变得更强而不是更弱了。最后,平台运营的"用户至上"逻辑极大地影响了出版机构对于内容策略的选择。用户是平台一切经济来源的根本资源,保持用户黏性、持续提供用户喜爱的内容是平台赖以生存的基础。也正是出于这个原因,"相关性"与"流行性"成为平台衡量出版内容价值的重要指标。例如,Facebook 曾将新闻推送的价值标准设定为"最大化的'有意义互动'的内容数量",而"有意义"则

---

① 参见 Jean-Charles Rochet, and Jean Tirole, "Platform Competition in Two-Sided Markets," *Journal of the European Economic Association*, 1(4), 2003, pp. 990–1029。

② 参见 Ganaele Langlois, and Greg Elmer, "The Research Politics of Social Media Platforms," *Culture Machine*, 14(1), 2013, pp. 1–17。

指向"相关性"。① 为追求用户触达率,出版商们不得不选择最多人感兴趣的内容策略,专注于生产那些能被流行度(trending)算法模块捕捉到的内容。②

总而言之,在平台化生态中,数字出版实践所代表的知识文化正在"降级"为一种受标准化形式约束、受广告主利益控制、流行至上的文化,其公共性色彩变得极为薄弱,其内涵与"知识"这一独特信息类型的应有之义更是背道而驰。因此,从知识生产的角度看,数字出版实践的发展体现为传统出版机构权威性和自主性逐渐丧失的过程。③而硬币的另一面,即小众的、趣缘的、个体化的新型出版主体的崛起,目前也是一个仅在理论上成立的判断,因为用户一旦拥有了追求个体权威性的诉求,便不再是可以被平台轻易"数据化"的用户,从而变成了平台逻辑潜在的敌人。

(二) 知识流通

数字出版的内容产品有十分丰富的发行方式,出版商既可将原有的文本数字化并输入流通渠道(如电子书),也可以平台为首发渠道推出原生的数字出版物。但更丰富的内容分发渠道并不必然意味着更多元的知识流通"管道"。对于所有出版商而言,除有能力开发自有平台之外,接入业已拥有海量用户的综合性平台才是最务实的选择。这就带来了两个问题。

---

① 参见 Kurt Wagner, "Facebook Wants News Feed to Create More 'Meaningful Social Interactions.' It's Still Trying to Figure out What That Means," Vox, February 13, 2018, https://www.vox.com/2018/2/12/17006362/facebook-news-feed-change-meaningful-interactions-definition-measure, 2024 年 10 月 13 日访问。

② 参见 Michael Nunez, "Former Facebook Workers: We Routinely Suppressed Conservative News," Gizmodo, May 9, 2016, http://gizmodo.com/former-facebook-workers-we-routinely-suppressed-conser-1775461006, 2024 年 10 月 13 日访问。

③ 参见 Emily Bell, "Facebook Is Eating the World," Columbia Journalism Review, March 7, 2016, http://www.cjr.org/analysis/facebookandmedia.php, 2024 年 10 月 13 日访问。

论数字媒体生态：自动化、后人类与行动主义

第一，在数字媒体生态中，接入平台也即意味着接受算法的规训，并依照算法的规则管理内容。这不可避免地会造就一种与传统出版业极为不同的知识流通模式：知识的流通在形式上更加自由，而其内涵则愈加单薄和保守。导致这一知识流通悖论的原因很清晰：算法赋予更具流行度、与用户生活经验更加相关的内容以更高的权重，而这一权重体系在平台生态下则可直接演化为针对不同内容的可见性（visibility）层级体系。所以，在理论上，任何出版物都是可见的；但在实践中，大量不符合算法规则的内容会迅速湮灭在信息洪流之中。而一个更加严肃的问题是，不同平台的算法规则是高度迭代且完全不透明的，所谓"算法对相关度、流行度的青睐"也仅仅是一种源于观察的、粗粝的经验。算法规则的多变性及其指标的不透明性，使得出版商对于"何种知识可见"的判断毫无规律可循，这显然也为学界对出版学理论的探讨设置了障碍。

第二，平台的内容条款以及审核机制也成为知识流通的重要关卡。无论什么类型、级别的出版行动者，其创衍内容的流通都须在平台出版条款的制约框架下完成。为约束用户行为、塑造良好的生态，几乎所有平台都会制定一整套通用的行为规范来限定某些内容的流通。例如，作为目前中国数字出版最主要的平台之一，微信公众平台就通过严格的条款对机构和个人用户发布的内容做出明确规定，包含暴力、低俗、欺诈、谣言等因素的内容会被界定为"违规"，这些内容不但不予发布，也无法在草稿箱内保存。与此同时，平台对于谣言、虚假信息以及"其他类"等内容的判定具有模糊性，大量处于"灰色地带"的内容最终是否"可见"或在多大程度上"可见"，取决于审查者对于以上概念的理解，以及特定时期的监管政策。对于出版商来说，通过阅读"条款"来规避审查，与通过解读算法规则来提升内容可见性一样，都只能是一种理论上的策略。绝大多数出版商会通过自我审查的方式以在最大程度上消除可能的流通障碍。

总而言之,在知识流通的环节,出版商面临的最大问题就是平台规则的模糊性和不透明性。无论是算法调节还是审核逻辑,数字出版的行动者都无法预测自己的内容是否会被突然判定为"违规"或"无价值"。不透明性本身作为一种风险环境存在于知识文化的流通中,令数字出版成为一种具有高度不确定性的知识文化。

(三)知识接受

如果说在知识的生产和流通领域,数字出版实践体现出非自主性、非公共性和高度的不透明性、不确定性,那么在知识接受的维度上,数字出版则意味着一场革命:用户(读者)的接受需求受到出版机构和平台前所未有的重视,这种接受需求对"上游"的生产和流通环节产生了深刻的影响,使数字出版成为一种名副其实的参与性知识文化。

在当下生态中,出版商能够通过平台提供的数据服务直观、及时地看到用户对内容的反馈,并将这些反馈信息内化为未来生产策略的一部分。如Facebook提供的数据板块Insights、微信的"流量主"板块、微博的"数据管理中心"等,均可为出版商提供免费的基础数据服务(更加高级的服务仍需付费),其指标一般包括阅读量、转发量、分享率、广告转化率等。基于数据分析的控制面板(dashboard)是平台运营逻辑的具象化形式,通过使用平台提供的数据工具,出版商潜移默化地接受了平台的逻辑,并积极调整自身的生产和传播策略,以求融入平台生态。并且,平台提供的用户数据分析与传统商业企业的消费者行为分析十分相似,这也间接带来了出版机构与读者之间关系的改变——出版商不再将自己预设为面向普罗大众的知识散播者,而是日益接受了"阅读是一种消费需求"的理念。在此过程中,知识的价值被简化为更加"纯粹"的、仅关乎使用与满足的交换模式,"知识传播"降级为"内容服务"。

四、数字出版的普惠性

数字媒体生态架构的高度开放性鼓励越来越多的行动主体参与出版实践。平台的累积效应则意味着,有越多的行动者加入,平台内容生态便越丰富[1],从而使整个社会从大众参与式的知识文化中获益。从理念上看,"数字的"知识文化似乎真正面向了全体人类,尤其使居于传统"知识沟"劣势端的人们也能享受知识发展的红利。基于此,本书认为,普惠性(inclusiveness)是数字出版行动——乃至一切数字媒介行动——理应追求的价值目标。"普惠性"作为社会实践范畴的概念,其字面含义为"为可能被排斥或边缘化的人,如身体或精神残疾或属于其他少数群体的人,提供平等机会和资源的做法或政策"[2]。而在广义上,普惠性的内核在于立足公益诉求追求普遍意义上的平等。从汉语构词来看,普惠中的"普"要求这种平等主义实践的全面性,而"惠"则界定了追求平等的诉求应当基本是无功利的。在这个意义上,"普惠"比英文"inclusiveness"的内涵更加丰富和精准。而基于前文分析可知,数字出版实践对这一目标的追求具有坚实的物质和文化基础。事实上,在世界上的不同国家,数字出版业最初的发展都是在以知识普惠为立意的国家政策或主流民意的支持下进行的。

尽管数字出版无论在物质构成还是文化构成上都内化了"平等参与"的理念,但理念和实践之间往往存在着不小的差距,形式上的平等参与往往与实际上的普惠相去甚远,数字出版对知识普惠的推动还需要大量的理论探讨和制度设计。我们在全球范围内看到,尽管数字媒体生态的基础设施化和平台化一般性地弥合了横亘于不同社会群体

---

[1] 参见 Thomas Poell, David Nieborg, and José van Dijck, "Phantomization," *Internet Policy Review*, 8(4), 2019, pp. 1–13。

[2] "Inclusiveness," Cambridge Dictionary, https://dictionary.cambridge.org/us/dictionary/english/inclusiveness, 2024 年 10 月 13 日访问。

间的知识鸿沟,但不同国家和地区在知识传播普及性方面的距离并没有显著地缩小。① 而且,数字出版既有的一些文化倾向(如非公共性、去权威化等)也使得我们对普惠的理解不能停留于形式上的"知识普及",而要探究更深层次的价值纹理。因此,本节希望从两个视角来辨析数字出版的普惠性:一是基于基础设施建设的政治经济学批判视角,二是基于平台生态的批判视角。

早在 20 世纪 50 年代,哈罗德·英尼斯(Harold Innis)就在其著名的"媒介偏向论"中探讨了媒介系统与文明和帝国组织之间的关系。② 20 世纪 70 年代,传播政治经济学视角全面开启,一批学者从后殖民时代全球通信系统与国际权力格局的关系入手,深入探讨了电信基础设施对媒体系统产生的政治、经济和文化的重要影响。③ 媒体基础设施的发展与其他基础设施项目(如道路、电气化等)的发展齐头并进,共同向现代国家的国民承诺了一个更加美好的未来。但是,由于历史性的结构原因,全球媒体的基础设施化实际上制造了更大范围的不平等,全球范围的媒介生态的联通和平台化不可避免地助益科技资本主义文化乃至文化帝国形态的扩张。④ 这也就意味着,虽然数字媒体生态在理论上可以让所有人接入,但其在不同地区基础设施化的目标和进程始终在极大程度上受到经济状况和政治格局的影响。⑤ 因此,我们很难相信亚马逊这样的全球性出版发行平台会让第三世界的知识

---

① 参见 Manjunath Pendakur, "The New International Information Order after the MacBride Commission Report: An International Powerplay between the Core and the Periphery Countries," *Media, Culture & Society*, 5(3-4), 1983, pp. 395-411。

② 参见 Harold Adams Innis, *The Bias of Communication*, University of Toronto Press, 2008。

③ 参见 Nicholas Garnham, "Contribution to a Political Economy of Mass-Communication," *Media, Culture & Society*, 1(2), 1979, pp. 123-146。

④ 参见 Miriyam Aouragh, and Paula Chakravartty, "Infrastructures of Empire: Towards a Critical Geopolitics of Media and Information Studies," *Media, Culture & Society*, 38(4), 2016, pp. 559-575。

⑤ 参见 Lisa Parks, *Cultures in Orbit: Satellites and the Televisual*, Duke University Press, 2005。

论数字媒体生态：自动化、后人类与行动主义

变得更加可见,尽管在理论上所有知识都是被"平等"对待的。

基础设施作为公共事业,自觉捍卫文化公共性是其应有之义。但至少在当下,数字媒体生态的基础设施化首先仍是一种趋势甚至是一套修辞,只要平台作为商业机构的本质并未改变,数字出版实践对知识普惠的追求也便不可能完全摆脱资本逐利诉求的影响。而在前数字时代,由于整个出版业的合法性是建立在捍卫知识权威而非追求知识普惠的基础之上的,所以社会并不会对出版业的"公共性"寄予过高的期望,出版商的营利行为也便更加自洽。数字媒体生态承诺建构一个"公共"而平等的知识文化生态,但从政治经济学的视角来看,这种生态是一个只可不断靠近而决然无法企及的理想状态,除非数字平台能够形成与上世纪西欧公营广播电视相似的体制。

对于数字出版实践来说,随着技术的发展,更美观、更富交互性的新内容形态会被不断研发出来,这些目前还难以界定的"出版物"也会因平台提供的"现成的"用户资源和数据服务而实现"使用与满足"意义上的优胜劣汰。但在一个更理想的行业生态中,社会仍然需要动员各方力量为公益性的、以知识普惠为价值宗旨的数字出版行动者的生存创造条件,让那些坚持非营利的、形式朴素的,甚至"低带宽需求"的出版物也有广阔的流通空间。而在国家层面,持续深入地推进数字基础设施建设仍是实现数字知识文化普惠性的必要条件。

与此同时,在平台化的总体生态中,出版实践面临多方面的制约。受限于如今的媒介环境,出版行动者不得不顺从多方利益相关者的要求,被平台、商家以及受众的行为逻辑裹挟。因此,在我们探讨普惠性的实现路径时,应注意普惠的对象不仅包括读者(用户),也应包括出版行动者。数字出版普惠性的前提,是对知识生产主体及其自主性的保护。如若生产主体的能动性受到数字媒体生态的严重压制,那么数字出版作为一种知识文化也不可避免地会呈现出保守性。

数字平台对内容流行度的青睐似乎体现了一种普遍主义的理念,

但实际上这种逻辑是将出版视域下的"大众"定义为抽象而统一的群体,轻视群体内部存在的异质性,并放弃对少数群体利益的关切,其本质仍是充满异化色彩的数据拜物教(参见第七章)。若出版商在平台算法的"培育"下将追求流行度作为首要的生产策略,过度关注"热搜"动态并有针对性地定制朝生暮死的"爆款"内容,那么"出版物"和"娱乐小报"又有什么分别呢?久而久之,出版行动者将对"公共利益"持有僵化的看法,认为"流行的就是公共的",从而丧失出版业的文化独特性——对系统性的、有沉淀的知识的生产与传布。

此外,版权问题也是数字出版追求普惠性价值的巨大障碍。在数字媒体生态中,由比特组合而成的数字文本以可编辑性著称,其后果则是双刃剑:在提升了出版行动效能的同时,也使得抄袭、无版权搬运等侵权行为的成本极大地降低。而在全球范围内,针对数字版权保护的法制环境在总体上仍不完善。尽管流行观念将"免费"和"共享"视为互联网文化的基本精神,但彻底推倒版权体系只会导致知识的低质化和庸俗化(比如广受严肃出版机构诟病的自媒体"洗稿"现象)。若知识产权不能得到充分的保护,又何谈对知识生产者的"普惠"呢?这也启发我们,在看到数字媒体生态具有高度开放性的同时,也要反思其可能对某些关键行业固有的文化独特性的吞噬。

五、小科学的复兴

从诞生之日起,出版就被广泛视为一种面向大众的知识生产实践。在迈克尔·吉本斯(Michael Gibbons)等学者看来,以现代出版业为代表的大众知识生产模式具有五个特征:情境与应用性驱动、跨学科性、异质性和组织多样性、社会责任和反思性、质量控制。[①] 这些特

[①] 参见 Michael Gibbons, et al., *The New Production of Knowledge: The Dynamics of Science and Research in Contemporary Societies*, Sage, 1994。

论数字媒体生态：自动化、后人类与行动主义

征几乎严格地对应着传统出版行业的实践模式——这种实践模式青睐出版主体的规模化和权威性，并主张对知识的话语和扩散进行严格的把关。但如前文所述，数字媒体生态的"降临"改变了这一点。用雷·利弗洛（Leah Lievrouw）的话来说，技术的发展令知识生产重返"小科学"（little science）时代，即一种小规模的、主要由趣缘群体组成的、包含大量非正式交流渠道的知识生产逻辑。[①] 总体上看，数字出版的知识文化模式是颗粒化和交互性的：前者意指生产主体分布的广泛性和知识生产单位的高度细化，出现了多个生产主体围绕一个知识节点进行众包式生产的格局；后者则指在（主要是）Web 2.0 技术架构下，知识生产主体之间存在越来越多非正式的交流网络，这些交流网络主要指向一种同人式的协同创衍网络，而不是基于人群覆盖的空间发行网络。

在出版物的内容策略方面，我们也可以清晰归纳出一条演进的脉络：从可读性到可追溯性，再到广泛关联性。可读性基于浏览器架构，通过将知识内容转化成代码而使之具有被不同类型的数字终端读取和修改的属性。可追溯性则建立在搜索引擎架构上，这一架构为所有已出版的内容搭建理论上永存的索引体系并依据不断进化的算法规则对其重要性进行排序。广泛关联性则是 Web 2.0 时代的产物，出版物的内容被普遍期望"用户相关"和"场景相关"，以服膺平台的算法规则。不难看到，在数字媒体生态中，整个出版业的"操作系统"被完全打开，各种类型的出版物与其说是某一知识产品的最终形态，不如说是流行性、网络化的知识生产过程中的某一个"凝固的瞬间"，是用户生活经验与知识获取实践的一个语境化的交叉点。用户不断基于个人兴趣和外部信息环境的影响主动检索出版物，出版行动者也根据平台算法规则和自己的 SEO 策略不断对自己的产品进行灵活的"优

[①] 参见 Leah A. Lievrouw, "Social Media and the Production of Knowledge: A Return to Little Science?," *Social Epistemology*, 24(3), 2010, pp.219-237.

化"。传统出版机构对数字逻辑的妥协并不体现在对自身工作机制的数字化,而体现在整个知识生产策略的"小科学转向"。

在一些研究者看来,数字出版及其代表的"小科学"的复兴意味着大出版商及其高利润时代的终结,这对于人类知识的流通来说有着积极的意义[1];但出版业生产主体的分散化,也吸引了关于"数字劳工"的批判性审视,尤其是在大出版商仍然有着强大力量的学术出版领域[2]。不过,与其做出斩钉截铁的价值批评,不如更加准确地解释和预判数字出版实践的发展对于人类知识文化,乃至社会文明的走向而言究竟意味着什么。一方面,知识本身将在很大程度上"重归"无序性,在内容和形式上均体现为一种"非有机"状态,对知识的脉络进行组织的基础力量则是人的兴趣和需求,"知识"这一概念的权威性在总体上被大大削弱,变成了一种镶嵌在日常生活中的观念话语。当然,这种数字时代的无序性又与"前现代"的无序性有着本质不同——前者建立在信息极度丰富的基础之上,后者则建立在信息高度稀缺的基础之上。从可能的文化后果上看,前者往往导致观念的分裂和极化(polarization),后者则更多意味着大范围的蒙昧状态。另一方面,人对外部世界的认识也不再是总体性和结构性的,而更多体现为微观视角。将碎片化的知识缝合为完整的认知框架,要求用户掌握很高的信息检索和技术整合技能,这远远超出了当下大众普遍的素养水平。在数字媒体平台日益成为日常生活须臾不可离开的基础设施的当下[3],人的认识论和世界观将日益凸显出技术逻辑的影响。

---

[1] 参见 Vincent Larivière, Stefanie Haustein, and Philippe Mongeon, "Big Publishers, Bigger Profits: How the Scholarly Community Lost the Control of Its Journals," *Media Trope*, 5(2), 2015, pp. 102-110。

[2] 参见 Michelle Glaros, "The Academy in the Age of Digital Labor," *Academe*, 90(1), 2004, pp. 42-46。

[3] 参见 Jean-Christophe Plantin, and Gabriele de Seta, "WeChat as Infrastructure: The Techno-Nationalist Shaping of Chinese Digital Platforms," *Chinese Journal of Communication*, 12(3), 2019, pp. 257-273。

论数字媒体生态：自动化、后人类与行动主义

对于数字出版实践来说，共同进化（co-evolution）、协同专业化（co-specialization）与竞合（co-opetition）将是长期性的演化规律——这一观点主要源于埃利亚斯·卡拉雅尼斯（Elias Carayannis）等学者对新技术环境下的行业创新理论的发展。[①] 所谓共同进化，原指生物进化过程中关系密切的物种相互影响的机制，在本书的语境下则指向不同类型的出版行动者围绕共同的知识生产诉求而保持密切互动的机制。在整个出版业态经历持续性震荡的当下，无论是传统出版机构还是新兴个体或轻量出版商均要依照数字技术的文化逻辑革新自己的行动方案并与其他竞争者彼此观照。协同专业化则指在数字媒体生态中，任何出版行动者试图将自己的产品与其他竞品隔离开并提供"独家"内容或体验的"围墙花园"（walled garden）策略都注定不可能成功。数字出版的专业话语必将回归"野性"[②]，为所有行动者所认同的专业主义也必须要由数字媒体生态中的多元行动主体以协商的方式集体构建。至于"竞合"，则指数字出版行动者之间的竞争是"合作竞争"而非"零和博弈"。这一方面是因为全行业存在共同的"敌人"——平台及其技术帝国；另一方面也缘于个体兴趣被社交网络完全"唤醒"之后，竞争的场域在理论上变得无穷大，从而使"你死我活"的竞争在理论上不再有效。

而本章的全部分析就在于，促使媒介理论回归关于"知识"和"出版"的一些最基本的讨论。比如，"究竟什么是出版？"如前文所述，从其词源来看，英文"publish"的本义是"公之于众"，而中文里"版"这个字则暗喻知识的标准化和权威性。那么，在学术、技术、工业、政治和社会机构之间的界限日渐模糊的当下，知识文化已经全面进入"分众

[①] 参见 Elias G. Carayannis, David F. J. Campbell, and Scheherazade S. Reh, "Mode 3 Knowledge Production: Systems and Systems Theory, Clusters and Networks," *Journal of Innovation and Entrepreneurship*, 5(17), 2016, pp. 1–24。

[②] 参见 Donald Beagle, "From Walled-Garden to Wilderness: Publishing in the Digital Age," *Against the Grain*, 25(3), 2013, pp. 22–23。

化"和"非标准化"的时代①,我们是否需要重新界定"出版",并将其理论化为一种更具普遍性色彩的知识生产实践?另一个值得深思的问题是,如何将相关的理论探讨应用于版权立法和政策实践?尽管包括 Sci-Hub 在内的大量"影子图书馆"尝试以技术为武器挑战既有的法律体系并产生了巨大反响,但一个法律问题是不能长期以运动的方式去应对的。在这个意义上,以欧洲数字图书馆 Europeana 为代表的新型数字出版项目在版权保护方面的实践②,以及学界关于如何将区块链技术运用于版权保护的深入探讨③,都具有重大的、建设性的认识论意义。如何在全民知识生产与知识获取的诉求和出版活动制度保障的社会治理需求之间找到平衡点,以及基于数字出版行动构建的新的文化生态重新厘定作者、出版机构和"公共"的知识产权边界,是数字媒体生态理论发展的一个重要的现实使命。

---

① 参见 Terry Shinn, "The Triple Helix and New Production of Knowledge: Prepackaged Thinking on Science and Technology," *Social Studies of Science*, 32(4), 2002, pp. 599-614。
② Marta-Christina Suciu, and Mina Fanea-Ivanovici, "The European Digital Library (Europeana): Concerns Related to Intellectual Property Rights," *Juridical Tribune-Review of Comparative and International Law*, 8(1), 2018, pp. 244-259。
③ 参见 Alexander Savelyev, "Copyright in the Blockchain Era: Promises and Challenges," *Computer Law & Security Review*, 34(3), 2018, pp. 550-561。

第十一章　媒介尚古主义：后人类状况下的人类文化行动

"我们将在2024年见证纸质杂志的复兴。"加拿大著名记者、媒体评论家拉娜·霍尔（Lana Hall）在2024年年初的一篇博客文章中宣称。她的兴奋并不仅仅源于传统媒体人常有的怀旧之情，而且有着充分的现实依据——数据显示，仅在美国，从2019年到2023年就有466本纸质杂志诞生，这些杂志覆盖了新闻报道、生活方式、科技与艺术、历史文化等方方面面[①]；就连早已停止发行印刷版、全面转型为网站的老牌杂志《生活》（*Life*），也于2024年3月宣称即将回归纸质形式，以重建"有品位的叙事、本真性与文化共鸣"的日常生活[②]。这一状况令人沉思：在生成式人工智能迅猛发展、数字媒体生态加速扩张的当下，为何像纸质杂志这样"原始"且"笨重"的印刷媒介能够迎来复兴？这引发了很多观察者的兴趣。对此，《福布斯》杂志专栏作家创造了一个

[①] 参见 Amy Watson, "Print Magazine Launches in the U.S. 2019-2023," Statista, January 25, 2024, https://www.statista.com/statistics/238598/magazine-launches-in-the-united-states-by-category/，2024年10月13日访问。

[②] 参见 Todd Spangler, "Karlie Kloss Is Relaunching LIFE Magazine," Variety, March 28, 2024, https://variety.com/2024/digital/news/karlie-kloss-relaunching-life-magazine-1235954452/，2024年10月13日访问。

有趣的表述——"死亡互联网理论"(the dead Internet theory)。他认为数智时代充斥着由 AI 和机器人生成的内容,人已经失去对文化的支配权,故而对于人的真实需求而言,互联网正在变成一个陌生、虚假,甚至正在死去的世界。① 正是在这种状况下,对前数字、前智能媒介经验的记忆重现成为一种文化理想。

纸质杂志的重生并不是上述文化溯旧潮流的孤证。在此之前,黑胶唱片(vinyl)的复兴已经吸引了全球范围内大量实践者的参与。大约从 2007 年开始,黑胶唱片这种早已被时代"淘汰"的音乐存储媒介开始在全世界悄然重生。彼时不但远比黑胶便捷的磁带和 CD 都已在市场上销声匿迹,今天几乎全民普及的流媒体服务也已相当成熟。然而 2023 年的数据显示,黑胶唱片的全球市场规模已实现连续 17 年的高速增长,占据整个音乐行业实体介质售卖盈利的 71%。② 值得一提的是,复兴黑胶唱片的主力人群并非更倾向于怀旧的群体(如古典音乐爱好者),而是几乎完全成长于互联网时代的数字原住民。当下知名的流行音乐巨星泰勒·斯威夫特(Taylor Swift)甚至专门发布黑胶唱片专辑,其 2024 年推出的《苦难诗社》(*The Tortured Poets Department*)打破了有史以来的黑胶唱片周销量纪录,在上市的第一个星期就售出了近 90 万张。③

流行的媒介理论倾向于将上述现象界定为一种媒介化的怀旧行

---

① 参见 Dani Di Placido, "The Dead Internet Theory, Explained," Forbes, January 16, 2024, https://www.forbes.com/sites/danidiplacido/2024/01/16/the-dead-internet-theory-explained/?sh=1702f67e57c2, 2024 年 10 月 13 日访问。

② 参见 "2023 Year-End Music Industry Revenue Report," RIAA, March 26, 2024, https://www.riaa.com/2023-year-end-music-industry-revenue-report-riaa/, 2024 年 10 月 13 日访问。

③ 参见 Keith Caulfield, "Taylor Swift Makes Historic Debut at No. 1 on Billboard 200 with 'The Tortured Poets Department'," Billboard, April 28, 2024, https://www.billboard.com/lists/taylor-swift-tortured-poets-department-debut-number-one-billboard-200-chart/swifts-14th-no-1-album-on-the-billboard-200/, 2024 年 10 月 13 日访问。

论数字媒体生态：自动化、后人类与行动主义

为,体现了个体对媒介环境变迁的适应机制。① 以这一观念为出发点,拥有不同背景的研究者做出了类似的解释。比如,三位英国学者提出了"回溯技术扩散"(the diffusion of retro-technologies)假说,来描述那些已被废弃的媒介技术在特定社会语境下被重新激活的原理。在他们看来,回溯技术扩散的发生是多元行动者被数字技术赋权的必然结果,预示了媒介文化中心和边缘之间的界限不断消融的趋势,以及人对这种趋势的适应过程。② 而两位欧洲学者则从文化社会学的视角出发,将旧媒介在新技术生态下的重生解释为一种追求"触感愉悦"(the pleasure of tactility)的文化消费模式。他们认为,怀旧的本质是青年群体尝试为自己赋予有别于主流人群的"冷静感"(sensibility of coolness),从而获得一种自我确信的文化满足机制。③ 这些解释为我们的思考提供了有益的启发,但它们均局限于具体个案,缺少语境化和批判性的分析,因而很难超越媒介化怀旧的功能主义框架。若仅仅将古早媒介技术、媒介经验和媒介文化的回溯视为个体怀旧的结果,则有可能遮蔽这类实践的真正历史并将其转变为去政治化的私人或集体神话④,进而消弭这种现象中包孕的进步性文化价值。

因此,本章认为,无论是纸质杂志的重生还是黑胶唱片的复兴,都不单纯是技术的此消彼长或人对媒介的权且利用,而是指向了数字媒体生态中一种意涵深刻的抵抗文化实践。我们将这种实践界定为"媒介尚古主义"(media primitivism),并将其视为人类基于自身主体性认

---

① 参见 Manuel Menke, "Seeking Comfort in Past Media: Modelling Media Nostalgia as a Way of Coping with Media Change," *International Journal of Communication*, 11, 2017, pp. 626-646。

② 参见 David Sarpong, Shi Dong, and Gloria Appiah, "'Vinyl Never Say Die': The Re-Incarnation, Adoption and Diffusion of Retro-Technologies," *Technological Forecasting and Social Change*, 103(3), 2016, pp. 109-118。

③ 参见 Dominik Bartmanski, and Ian Woodward, "The Vinyl: The Analogue Medium in the Age of Digital Reproduction," *Journal of Consumer Culture*, 15(1), 2015, pp. 3-27。

④ 参见 Svetlana Boym, *The Future of Nostalgia*, Basic Books, 2008, pp. 3-13。

下　编　实践观察与行动想象

同塑造数字媒体生态、主导媒介演进的典型行动。媒介尚古主义行动的范畴超越技术本身,覆盖了完整的媒介认识论和实践体系,正在成为人本主义对抗机器逻辑、重申人类对媒介文化领导权的主要路径。本章尝试通过一项探索性的研究,对媒介尚古主义的认识论内涵、发生语境、行动特征和结构局限性做出分析,以期为更加透彻地理解我们置身其中的"后人类状况"提供启发。

一、什么是媒介尚古主义?

尚古主义(primitivism)是一个有着丰富内涵的概念,在人类思想的多个领域留下了深刻的认识论烙印。其中,最为人们所熟知的是作为美学思想的尚古主义,即通过对原始状态下人类生活经验的再现来倡导一种更接近本真性的道德理想,并据此对工业革命和现代性的后果做出反思。在艺术史上,典型的尚古主义作品如亨利·卢梭(Henri Rousseau)对雨林和野生动物等意象的描绘、保罗·高更(Paul Gauguin)创作的塔希提岛居民的生活图景,以及音乐家伊戈尔·斯特拉文斯基(Igor Stravinsky)早期的芭蕾舞剧作品——如《火鸟》(The Firebird)等,无论在媒介、技法还是美学上都体现出了删繁就简、回归质朴的意图。更重要的是,在以卢梭为代表的尚古主义画家身上体现出了与20世纪主流艺术观念截然不同的风格:他对一切被界定为"先锋"的创作手段不屑一顾,并坚持艺术实践的主要目的是取悦人类自身。[1] 在尚古主义的策展活动中,富含原始意象的作品时常被置于现代意义上的"文明"场景中加以展示,以制造认知反差、唤起观者的陌生感,进而激发其对现代性的批判。[2] 因此,"primitivism"一词更常见

---

[1] 参见 Ronald Alley, *Henri Rousseau: Portrait of a Primitive*, Chartwell, 1978, pp. 22-38。
[2] 参见 Sally Price, *Primitive Art in Civilized Places*, University of Chicago Press, 2001, pp. 17-21。

论数字媒体生态：自动化、后人类与行动主义

的译法其实是"原始主义"。

那么，本书为何选择"尚古主义"这个拗口的译法？这是因为，在哲学和认识论领域，"primitivism"一词的历史更为悠久，其意涵也远较作为艺术思潮的"原始主义"丰富。早在 17 世纪，尚古主义就作为一种文化理想为不少启蒙思想家所推崇。比如意大利的维柯（Vico）通过对荷马史诗与《圣经·旧约》的分析指出，古典文学比现代文学更能造就文化意义上的人，盖因前者在精神气质和社会功能上与诗学的本质更为接近。[①] 后工业时代的文学评论家金斯利·威德默（Kingsley Widmer）也做出过类似的判断，他认为艺术的"原始主义"和哲学的"尚古主义"其实有本质的不同：前者是一种意识形态、一个道德概念；而后者更准确的表述方式应当是"the primitivistic"，即一种实践形式，它既包括了崇尚本真的道德理想，也包括了一系列物质性的行动方案。因此，尚古主义的实践并不必然导致"回归原始"的结果，其目的则在于以回归原始为形式创造一种新的历史经验。[②] 不过，在西方启蒙主义的视域中，无论美学还是哲学的尚古主义都有文化殖民主义的倾向，其倡导者多持有将"原始的殖民地文明"作为"现代西方文明"的他者和对立物的认知框架，他们通过创造"高贵的野蛮人"（the noble savage）这样的文化意象来臆想一种从未被现代文明"污染"的所谓纯真状态。因此，经典尚古主义的本质其实是一套东方主义修辞，它所承载的"本真性"的本质其实是"拥有某种'遥远'且'不同'的形式的……西方中心主义凝视"。[③]

在媒介文化领域，尚古主义无论作为道德理想还是实践体系，都

[①] 参见 Urs Bitterli, *Cultures in Conflict: Encounters Between European and Non-European Cultures, 1492-1800*, Stanford University Press, 1989, pp. 11-12。

[②] 参见 Kingsley Widmer, "The Primitivistic Aesthetic: D. H. Lawrence," *The Journal of Aesthetics and Art Criticism*, 17(3), 1959, pp. 344-353。

[③] 参见 Ruud Welten, "Paul Gauguin and the Complexity of the Primitivist Gaze," *Journal of Art Historiography*, 12(1), 2015, pp. 1-13。

未被深入讨论,但它的影子却始终存在于当代媒介思想和日常生活的全部历史。媒介环境学派的代表人物尼尔·波兹曼(Neil Postman)的思想就有着鲜明的尚古主义倾向。在他看来,不同的媒介不仅意味着不同的内容形式和传播方式,也承载着不同的道德生活,而印刷媒介及其代表的"字词的文明"则是最符合公共性理想的媒介文化形式。在波兹曼的影响下,相当一部分媒介生态主义者主张应当在公共生活中尽可能恢复印刷的——甚至口语的——信息交流形式,以重建有机的、受现代科技异化程度最低的人类经验。[①] 而在日常生活中,为"古早"媒介经验赋予新的意义并致力于使其复兴的实践也层出不穷。比如,有研究发现,声音媒介(audio media)正在吸引越来越多的追随者,如"广播剧"这样已经销匿了大半个世纪的节目形式的重生既是流媒体与播客技术培育的产物,也是很多人尝试重建有机媒介体验的结果。[②] 另一个引人关注的例子是剧场新闻(live journalism),即将新闻报道改编为舞台剧,在真实的剧场空间中为现场观众演绎并与之交互的过程中进行意义协商的另类新闻实践——通过这种方式,新闻得以脱离社交媒体浮躁且失真的环境,实现对真正意义上的社区情感结构的回归。[③]

当代媒介技术演化的基本方向是智能化、自动化和视觉化。无论是印刷文明还是口语传统、无论是广播剧还是剧场,其笨重的实践形式都意味着对媒介生态的自然规律的反拨。因此,我们显然不能将它们在数字时代的复兴视为另类或怀旧的小众生活方式,而要看到其背后深刻的认识论根基——媒介不是文化的容器,而是构成文化本身的

[①] 参见 Thomas F. Gencarelli, "The Intellectual Roots of Media Ecology in the Work and Thought of Neil Postman," *New Jersey Journal of Communication*, 8(1), 2000, pp. 91-103。

[②] 参见许加彪、梁少怡:《播客复兴:听觉媒介社交文化发展的价值优势与理性反思》,《当代传播》2023年第3期,第103—105+112页。

[③] 参见田浩、常江:《回归社区与重构真实:剧场新闻的理念与实践》,《中国编辑》2023第Z1期,第105—112页。

重要元素;人对媒介的选择和使用也不是对自身需求的简单满足行为,而是一种有意图的、在很多时候是抵抗性的文化行动。基于这种理解,我们得以对本章的核心概念做出界定:**所谓媒介尚古主义,就是一种通过复兴旧媒介实践、重建旧媒介经验的方式对人工智能支配下的数字媒体生态进行反拨的人类文化行动。**

如同艺术和哲学领域的尚古主义者一样,媒介尚古主义的践行者大多有着强烈的能动性和自主性;他们的行动方案虽然丰富多元,却遵循一种共同的模式,我们不妨将其称为"回溯"(retrospect)。那么,媒介尚古主义者为何要弃新溯旧、回归"原始"呢?他们试图抵抗的支配性文化结构,又是一种什么样的结构?这就需要我们对当下全球数字媒体生态做出描摹。

二、人工智能与媒介文化的后人类状况

人工智能作为关键技术类行动者的崛起,加深了数字媒体生态的系统离散性(systematic discretization)和语法化(grammaticalization)[①],进而对媒介文化的演进产生了深刻的影响。

仅以新闻实践为例。随着生成式人工智能技术的不断成熟,在新闻生产方面,活跃于几乎所有平台的社交机器人和大型媒体机构的机器人记者(robotic journalists)正在成为与人类媒介使用者同等重要的新闻来源,这些新型生产者所遵循的意义可计算性和流量经济法则,与现代新闻业所确立的专业和道德标准几乎不可通约,从而塑造了与过去截然不同的舆论生态。[②] 在新闻流通方面,智能推荐算法成为传播网络的基础设施,其通过对用户行为进行实时的数据转化、分析与

---

① 参见 Jacques Derrida, and Bernard Stiegler, *Echographies of Television*, Polity Press, 2002, pp. 145-163。

② 参见 Taina Bucher, "'Machines Don't Have Instincts': Articulating the Computational in Journalism," *New Media & Society*, 19(6), 2017, pp. 918-933。

研判,使一种定制化的新闻分发机制不断固化,用户日常接受的"新闻套餐"各不相同,社会公共文化空间也变得日益逼仄。① 在新闻经验方面,随着智能技术日益向"可穿戴性"趋势进化,媒介与人身体的深度融合,不仅放大了生物感官在新闻接受中的作用,而且导致新闻意义加速成为人机协商的产物。② 上述所有变化不仅带来了新闻传播过程的提能增效,更有力地重塑人类新闻实践本身,表明人机共生已经成为数字新闻生态的基本特征,人类新闻行动者也因自身主体性被机器逻辑弱化乃至褫夺而不得不面临一种"后人类"文化状况。

无论是作为经验现实的后人类(posthuman),还是作为认识论的后人类主义(posthumanism),它们都有着极为丰富的内涵,本书不欲对其展开深入辨析。在此,采纳后人类主义哲学家凯瑞·沃尔夫所下的定义作为后续论述的前提:后人类主义就是由人类身体与技术、生物、信息和经济网络的深度交缠而导致的人类去中心化的历史时刻(historical moment)。③ 从认知语言学的角度看,后人类状况之所以会发生,既因笛卡尔式的人类语言独异性假说业已被过去二十年的研究证伪——我们不能再以语言作为划定人机边界的依据——也因人工智能自身的机器语言体系已经进化出与人类完整认知系统非常相似(但遵循不同逻辑)的语法。④ 质言之,在信息和交流领域,人越来越像拥有"机器义肢"的赛博格(cyborg),而机器则日益成为兼具理性和情感官能的"拟人物种"。

后人类状况下数字媒体生态不断建立各种形式的交互(interac-

---

① 参见陈昌凤、袁雨晴:《智能新闻业:生成式人工智能成为基础设施》,《内蒙古社会科学》2024年第1期,第40—48页。
② 参见黄雅兰:《感官新闻初探:数字新闻的媒介形态与研究路径创新》,《新闻界》2023年第7期,第4—12+22页。
③ 参见 Cary Wolfe, *What Is Posthumanism?*, University of Minnesota Press, 2010, p. xv。
④ 参见 Marta Dynel, "Lessons in Linguistics with ChatGPT: Metapragmatics, Metacommunication, Metadiscourse and Metalanguage in Human-AI Interactions," *Language & Communication*, 93(1), 2023, pp. 107-124。

论数字媒体生态：自动化、后人类与行动主义

tion)——既包括人机交互,也包括人与人之间借由机器界面实现的交互。因为人在这一过程中获得了极为丰富的信息和关系,并可将其转化为认知资源,所以这种交互最初带来的是意义和身份生产的便捷。但随着机器逻辑的日益兴盛,交互渐渐不再拥有明晰的历史和价值指向——或者说,交互本身就成为这种活动的终极意义。这也就是尼克拉斯·卢曼所描述的"自创生系统"的"自我指涉性"(self-referentialness),也即一种活动发生的最终鹄的在于为自身的重复再生创造条件。当大量交互机制通过自我指涉的方式充斥于人的媒介经验并"稀释"其应有的历史和道德参照系,人也就逐渐丧失了对现实世界做出解释和判断的自觉性。一如卢曼所说:"现实成为人感知它的时候不为人所感知的东西。"①

与此同时,人工智能也开始在越来越多的领域取代人类劳动、褫夺人类决策权,致使整个媒介系统的运作越来越像一架精密的半自动机器——不完全由人类安排,也不完全以人类意志为转移。意义不仅由事件驱动,也由数据驱动,而数据则来自机器的算法对一切人类媒介使用行为的捕捉与转化。因此,只要人类接触媒介,哪怕只是在一个页面停留了稍长一点时间,就会在某种程度上将自我数据化,从自觉行动主体稍稍变形为可计算和可预测的对象。异化因此而生:劳动被剥夺了历史,数据成为衡量劳动价值的新尺度,人从人类劳动的主体蜕变为机器劳动的客体。② 由此,消极精神开始在数字媒体生态中蔓延,人们日益发现自己的意志无论是在日常的意义协商还是在宏大的历史叙事范畴中都渐渐变得无关宏旨。这进而导致了对媒介环境

---

① Niklas Luhmann, *Social Systems*, Stanford University Press, 1995, p. 37.
② 参见王文敬:《数据计算、动态优化、量化自我——论数据化劳动的异化形式及其超越可能》,《自然辩证法研究》2022 年第 7 期,第 116—122 页。

的回避、对媒介经验的戒断,甚至媒介化的犬儒主义的渐渐盛行①,越来越多的人选择逃避主义来回应自身主体性衰落的现实。

随着时间的推移和人机共生局面逐渐制度化(institutionalized),后人类正在从一种状况转变为一种结构。社会学家皮尔保罗·多纳蒂(Pierpaolo Donati)将人类主体性这一过程中的演化描述为三个阶段:人类架构(man architect)、被重构的人[(re)constructed man]以及数字人(digital man)。在最后的阶段,与机器共生(既包括身体的融合,也包括身份的交缠)成为人类存在的基本结构,文化也就变成了一种"量子规则"(quantum code),也即我们对文化的认识以及我们在文化中的存在完全成为一种"关系性的"概率分布,进而失去其全部的(人类)历史。② 意义若如约翰·哈特利(John Hartley)等人所说,正在"成为技术进化的产物而非社会革命的产物"③,那么人类能动性和创造力将何处安放?假如技术进化的基本方向是"向前",那么对进化的后果的抑制,是否可以通过"向后"来实现?这就使媒介尚古主义拥有了被想象和践行的空间。

三、媒介尚古主义行动的基本特征

媒介尚古主义尝试重新激活人类能动性,从而实现对全球后人类媒介文化的抵抗与反拨。在观念上,媒介尚古主义者期望唤醒人们对于前人工智能时代的有机媒介经验的记忆——这种记忆并不是湖畔

---

① 参见 Paul Mihailidis, and Bobbie Foster, "The Cost of Disbelief: Fracturing News Ecosystems in an Age of Rampant Media Cynicism," *American Behavioral Scientist*, 65(4), 2021, pp. 616-631。

② 参见 Pierpaolo Donati, "Being Human (or What?) in the Digital Matrix Land: The Construction of the Humanted," in Mark Carrigan, and Douglas V. Porpora, eds., *Post-Human Futures: Human Enhancement, Artificial Intelligence and Social Theory*, Routledge, 2021, pp. 23-47。

③ John Hartley, and Jason Potts, *Cultural Science: A Natural History of Stories, Demes, Knowledge and Innovation*, Bloomsbury Academic, 2014, p. 120.

论数字媒体生态：自动化、后人类与行动主义

派式的文化怀乡情，而是对曾经拥有的主体意识栖居其中的物质环境与社会关系的重新构建。正如德国学者扬·阿斯曼（Jan Assman）所说的：文化记忆不是人脑中空洞的怀旧情绪，而是在包括工具、仪式、文本、档案，以及各种各样的象征形式的文化系统中被赋形、外显和对象化的。① 而在实践形式上，媒介尚古主义者主张通过发掘旧媒介技术、恢复已经式微甚至销匿的媒介生产与使用方式，以及重振传统媒介专业主义的具体行动，来校准乃至重新界定人与媒介的关系，以期在社会文化的演进中为人类主体性开辟更大的空间。

既然人工智能对数字媒体生态的深度介入是导致后人类媒介文化滋生的主要原因，那么媒介尚古主义行动也就呈现出了三个主要特征：有限连接、反自动化，以及模拟美学。

（一）有限连接

有限连接（limited connectivity）是媒介尚古主义行动最基础、最直观的特征，它显然因应人工智能的"泛连接"可供性而来。数字媒体生态下的人之所以渐失文化自觉、陷入消极精神，直接原因即在于两者之间的接口数量过多、连接效应过强。人工智能没有自己的传统和惯例，它对社会进程的介入——至少在当下——必须通过跟人类的身体与意识建立连接的方式来实现。在这个意义上，人的存在本身在某种程度上成为机器逻辑的寄主，广泛而强效的"人机接口"则是上述关系得以实现和维系的基本物质架构。有限连接则意味着人对自己以何种方式与程度跟机器共生有更大的选择权和裁量权，而这种选择和裁量的价值底线则是人能够实现对自己行为、身体和感官系统的完全控制。

---

① 参见 Jan Assmann, "Communicative and Cultural Memory," in Astrid Erll, and Ansgar Nünning, eds., *Cultural Memory Studies: An International and Interdisciplinary Handbook*, Walter de Gruyter, 2008, pp. 109-118。

对有限连接性的追求,决定了媒介尚古主义者普遍认为基于文字和声音的信息传播模式是更具秩序感、更优越的人-媒介关系模式——它们明显指涉传统的印刷和口语文明。一个典型的观点就是,印刷媒介和电台广播与人的关系更接近"陪伴"(companionship),可以帮助人抵御数字媒体的入侵性(intrusiveness)。[①] 美国著名媒体人斯蒂芬·卡西米罗(Stephen Casimiro)就是一个坚定的印刷媒体的倡导者,他在2016年"逆历史潮流而动",创办了一本颇具复古主义色彩的纸质杂志《历险期刊》(*Adventure Journal*)。之所以称其"逆历史潮流而动",是因为户外旅游类杂志是最早被数字化浪潮所吞噬的。但卡西米罗却认为自己所从事的是极有意义的工作,他在接受《纽约时报》采访时明确指出,媒介应当是人类生活的陪伴物而非入侵者:"人应当将杂志拿在自己手里,放在自己的咖啡桌上……而不是让杂志变成屏幕包裹我们……我们需要留下可以回味的东西。"[②] 除纸质杂志之外,与电台广播在形式上高度相似的播客(podcasting)在近年来也吸引越来越多的人投身其中。一位意大利学者将其界定为"传统声音文化的回潮",并认为播客是一种典型的新旧杂合的文化形式,能够让其实践者在充分利用数字技术带来的生产性便利的同时,在一定程度上还原电台与人之间的有机情感关联。[③] 有中国研究者也认为,引领"听觉复兴"的播客比其他全感官媒介更有助于文化共同体和文化公共领域的形成。[④]

---

① 参见 Hallvard Moe, and Ole Jacob Madsen, "Understanding Digital Disconnection beyond Media Studies," *Convergence*, 27(6), 2021, pp. 1584-1598。

② 参见 John Branch, "In a Digital Age, High-End Outdoors Magazines Are Thriving in Print," The New York Times, June 16, 2024, https://www.nytimes.com/2024/06/16/business/media/outdoors-print-magazines.html, 2024年10月13日访问。

③ 参见 Tiziano Bonini, "Podcasting as a Hybrid Cultural Form between Old and New Media," in Mia Lindgren, and Jason Loviglio, eds., *The Routledge Companion to Radio and Podcast Studies*, Routledge, 2022, pp. 19-29。

④ 参见李雪娇、胡泳:《听觉复兴:从"媒介四定律"看中文播客的解构与重构》,《中国编辑》2022年第12期,第77—81+91页。

论数字媒体生态:自动化、后人类与行动主义

需要注意的是,追求有限连接性的媒介尚古主义与数字断联/戒断(digital disconnection/detox)并不相同:前者是对旧媒介的积极使用,以重建人类作为意义生产主体的行动,有着明确的文化公共性诉求;后者则是通过消减媒介经验实现个体层面的抵抗,其价值宗旨在于申明人的自由和自主(参见第十二章)。因此,在具体实践中,媒介尚古主义从未体现出逃避主义的意图,其最常见的行动方案也是传统意义上的内容生产。比如,慢传媒运动作为全球范围内最具代表性也最具组织规模的媒介尚古主义运动,就在其公开发布的"宣言"中明确界定了自己的行动原则:推崇媒介生产的"单任务性"(monotasking),重建传统媒介文化的"灵韵"——也即"让特定的媒介经验隶属于人类生命的特定时刻"①。这种本雅明式的媒介观是对数字媒体入侵性最直接的否定。也因如此,慢传媒的倡导者大多是前传统媒体从业者而非新锐的数字原住民。他们通过创办出版周期极长(按照当下的标准)、专事深度报道的专业媒体机构来复兴传统媒介经验。著名慢传媒机构《乌龟传媒》的创办者、英国《泰晤士报》(*The Times*)前编辑詹姆斯·哈丁(James Harding)以伊索寓言中龟兔赛跑的故事作为隐喻,归纳了自己的媒介观:"我们需要以自己的道德智能(moral intelligence)作为对人工智能的回应,我们同样需要站在人类利益的视角去面对创新对日常生活的渗透。"② 因此,媒介尚古主义者追求有限连接性不是对人类媒介经验的消减,而是通过给不同连接形式赋予不同道德权重的方式来实现对人类媒介经验的重新组织。他们希望播撒的观念是:克制加速和繁复的欲望是一种更为崇高的文化经验,它会让人获得捍卫自身主体性所需的道德力量。

---

① Benedikt Köhler, Sabria David, and Jörg Blumtritt, "The Slow Media Manifesto," Slow Media, January 2, 2010, https://en.slow-media.net/manifesto, 2024年10月13日访问。

② James Harding, "What We Are for," Tortoise Media, January 14, 2019, https://www.tortoisemedia.com/2019/01/14/what-we-are-for/, 2024年10月13日访问。

(二) 反自动化

如前文所述,自动化是人工智能时代数字媒体生态最典型的文化趋势,其表现是媒介内容的生产和流通以及媒介经验的生成日益由算法支配,其本质则是机器逻辑逐渐取代人类的判断力成为媒介文化主导性演进动力的历史过程。媒介尚古主义行动总体上拒绝使用,或极为审慎地使用智能媒介技术,并尝试通过复建传统文化生成和体验的人类劳动机制来实现对数字媒体生态中诸种异化状况的修正。在这个意义上,我们可以将媒介尚古主义视为一种温和的后卢德主义(post-luddism),其行动主要观照的是人类劳动状况和劳动主体地位被数智技术的侵蚀。[①]

众包新闻(crowd-sourcing journalism)是最具代表性的反自动化媒介实践之一:其基本形式是发动分布于广袤空间的媒体用户就特定议题或目标展开的协同性新闻生产;其理念则延续20世纪90年代兴起的公民新闻(citizen journalism),主张建立专业新闻从业者与公众的联合生产机制以促进新闻业的公共性。[②] 在众包新闻的倡导者看来,人工智能虽然可以对数据进行自动检索和分析并迅速生成报道,但只有联合起来的人类行动者才能为这些数据赋予历史意义。在日常实践中,众包新闻的生产模式主要被运用于大规模、长周期的调查性报道。例如,美国新闻网站 ProPublica 在 2017 年推出的大型调查项目"失去的母亲"(Lost Mothers)关注该国女性长期以来高孕产死亡率的现状,发动全国范围内有相关经历的网民参与叙事,并最终收集了超过5000

[①] 参见 Paul K. McClure, "'You're Fired', Says the Robot: The Rise of Automation in the Workplace, Technophobes, and Fears of Unemployment," *Social Science Computer Review*, 36(2), 2018, pp. 139-156。

[②] 参见杨奇光:《从参与到众包:数字新闻业的开放生产机制与理念衍替》,《新闻界》2023年第12期,第4—12页。

论数字媒体生态：自动化、后人类与行动主义

个经核查为真的鲜活故事，在当时产生了巨大的影响。① 再如，2021年中国河南郑州的严重水灾中，最初由一个名叫 Manto 的网友制作和上传的救援信息文档借助微信平台的开放编辑功能，吸引了难以计数的普通网民参与到后续的信息输入之中，该文档的广泛流传令超过3000人获得救助，被人们称为"救命文档"。② 这两个中外代表性的众包生产案例表明蕴含于人类情感叙事中的文化能量是人工智能无法模仿的。全世界范围最著名的众包新闻平台贝灵猫的创始人、著名公民记者艾略特·希金斯（Eliot Higgins）就将自己引领的众包新闻行动理解为一种人类英雄主义："我想让新闻尽可能地充满戏剧性……没有什么能够比这更让人满足。"③尽管众包新闻项目通常需要借助不同形式的数字工具完成，尤其是对协同编辑平台有较高的依赖性，但其普遍坚持使用传统调查手段搜集和分析资料，并认为"讲故事"（storytelling）这种集体意义的建构模式具有不可替代的文化价值。

即使是走在人工智能技术应用前沿的传媒行业内，也存在着不同形式的"反自动化"亚生态。其中，近年来由一些主流媒体机构倡导的"算法透明"（algorithmic transparency）运动有很大的影响力。一项关于《华盛顿邮报》的个案研究显示，这家老牌主流媒体的算法工程师群体已形成颇具规模的"透明性"文化，其成员会通过各种制度或非制度化方式向公众解释算法在内容生产中的工作原理。④ 此外，以国际记者中心（The International Center for Journalists）为代表的一些全球性媒

---

① 参见"Lost Mothers：Maternal Care and Preventable Deaths，" ProPublica，https://www.propublica.org/series/lost-mothers，2024年10月13日访问。

② 参见徐笛、许芯蕾、陈铭：《数字新闻生产协同网络：如何生成、如何联结》，《新闻与写作》2022年第3期，第15—23页。

③ Tom Lamont，"Eliot Higgins：The Man Who Verifies，" Prospect Magazine，December 6，2023，https://www.prospectmagazine.co.uk/world/64130/eliot-higgins-the-man-who-verifies，2024年10月13日访问。

④ 参见 Hannes Cools，and Michael Koliska，"News Automation and Algorithmic Transparency in the Newsroom：The Case of *The Washington Post*，" *Journalism Studies*，25(6)，2024，pp. 662-680。

体从业者组织从2022年开始致力于令"透明化生产"成为一场专业主义运动,投身其中的媒体人遍布世界各地,其主要行动方案是通过各种方式揭示人工智能在日常媒介文化中的运作方式,并明确抵制自动化内容生产。例如,著名数字媒体机构Vox就建立起口碑卓著的"透明层"(transparency layer)制度,该制度通过公开所有参与报道项目的人员履历、分工安排、项目执行备忘录以及决策过程记录的方式,来强化内容生产的人类劳动要素。不过,这种反自动化的制度创新显然也会给媒体机构增加额外的运维压力,因此并不十分普遍。①

总之,如果说有限连接性决定了媒介尚古主义实践对旧媒介技术及其内容生产程式的复兴,那么反自动化则推动了媒介尚古主义者对传统媒介专业理念、劳动分工和制度安排的重启。这一点,对于新闻业的文化生命尤其重要,各种类型的反自动化新闻实践已经成为维系传媒公共性的重要行动。

(三) 模拟美学

主流媒介文化理论长期忽视艺术和审美的问题,这在今天已不合时宜。一方面,在数字技术革命塑造的融合媒介生态下,信息和意象、生产和创意之间的界限已高度模糊,杂合(hybridity)成为常态,我们已经很难忽视构成人类媒介经验的审美维度;另一方面,艺术长期被视为人类创造力的禁脔以及人类将自身与机器绝然区分的认知屏障,审美也因此在人工智能的时代拥有了更具解放性的文化潜能。正是基于这样的观念,模拟美学(analogue aesthetics/aesthetic analogy)成为媒介尚古主义行动的一个基本特征。

模拟(analogue)是前数字时代摄像与电视技术传输标准的统称。

---

① 参见Erin Stock,"How Vox 'Supercharged' Its Trust-Building Efforts," International Center for Journalists, October 3, 2023, https://www.icfj.org/news/how-vox-supercharged-its-trust-building-efforts, 2024年10月13日访问。

论数字媒体生态：自动化、后人类与行动主义

模拟信号是经人工频率调制后形成的信号，其作为一项"原始"技术有保真度低、衰减严重、极易受到外界噪源干扰等"缺陷"。从 2000 年前后开始，世界各国电视业均逐步实现了从模拟系统向数字系统的转换。但在过去十余年间，作为艺术运动的"模拟"竟蓬勃发展，其践行者通过创作与模拟信号画面在形式上十分相近的意象来表达对过于清晰、全无神秘感和智能化调制的媒介文化的抵制。"原始"的技术缺陷被赋予了美学内涵，获得了新的历史。模拟美学的认识论基础包孕在"模拟"一词的隐喻之中：媒介不应无中生有地构建现实，而只能是对现实的模拟，在这一过程中产生的一切干扰和失真都是这种媒介具有真实性的证据。具体而言，模拟美学虽倡导使用记录手法，却会通过创造性地加入噪点、变形、断续、频闪等元素的方式，来刻画某种未经机器文明染指的人与外部世界的自然关系。[①] 在全球范围内，遵循或借鉴模拟美学理念开展的艺术流派众多、技法纷纭，例如，从 2002 年开始不断发展壮大的故障艺术（glitch art）运动，就主张以模拟信号系统导致的屏幕显示或播出故障——包括扫描线错位、信号干扰、图层错乱、画面压缩失真等——为元素来塑造充满陌生感甚至不适感的审美体验，以提醒人们技术中介的存在。[②]

值得注意的是，模拟美学并未局限为一种小众先锋艺术，而是在主流传媒工业体系下实现了某种程度的类型化。例如，模拟恐怖片（analogue horror）就在 2015 年前后确立为一种影视作品类型，其风格最初由《81 号档案》（*Archive 81*）等播客项目，以及《无法直达》（*No Through Road*）、《本地 58 频道》（*Local 58*）、《双子座家庭娱乐》（*Gemini Home Entertainment*）等流传甚广的网络剧奠定，不但在视听要素的配

[①] 参见 Lev Manovich, "Computer Vision, Human Senses, and Language of Art," *AI & Society*, 36(4), 2021, pp. 1145–1152。

[②] 参见 Rania Gaafar, "Glitch: Art & Technology: Processing Media Matter," *European Journal of Media Studies*, 9(2), 2020, pp. 421–433。

置上仿制模拟信号电视的效果,而且在叙事上也反复使用磁带、录像机、雪花屏这样的意象来营造复古的氛围。《81号档案》在2022年被流媒体巨头奈飞(Netflix)改编为网络剧并在全球范围吸引了近1.3亿小时的总观看量,成为模拟美学从"创意"到"流行"的关键事件。著名剧评人罗琳·阿里(Lorraine Ali)的对该剧的赞誉体现出了鲜明的人本主义取向:它"用理智对抗现实的主张"让观众意识到"对清醒的追求在如今既是梦魇也是快感"。[①]

在文化意义上,模拟美学的本质是通过刻意追求媒介内容在形式、表达和意义上的不清晰性来反拨数字技术对人类创造力的拆解和祛魅,进而实现对已经逝去的那种富含微妙性和在场感的审美经验的重建;而基于机器逻辑生成的意象和作品则被媒介尚古主义者认为是将想象力计算化的结果,虽然其在表面上看起来是对现实世界的精确"还原",但本质上是对人类存在物质性的否定,是鲍德里亚式的"超级真实"——比真实还真实的有关整个世界的谎言。对此,德国媒介哲学家哈特穆特·博默(Hartmut Böhme)的观点是很有力量的,他认为旧美学形式的复兴——如同中世纪后的文艺复兴一样——往往出现在人类认识论面临严峻危机的时候;所有被保存和铭记的"文化的某些方面"其实都是对人类正在失去的某些过往的感觉结构的指涉,因此这种复兴其实是对空虚感(emptiness)的一种自觉的建构。[②] 而正是在美学的维度,媒介尚古主义超越了实用主义行动的范畴,获得了成为系统性文化革新力量的潜能。

[①] 参见 Lorraine Ali, "Review: Netflix's 'Archive 81' Is a Slow-Building Horror of a Mystery," Los Angeles Times, January 14, 2022, https://www.latimes.com/entertainment-arts/tv/story/2022-01-14/review-netflixs-archive-81, 2024年10月13日访问。

[②] 参见 Hartmut Böhme, "Der Wettstreit der Medien im Andenken der Toten," in Hans Belting, and Dietmar Kamper, eds., Der zweite Blick: Bildgeschichte und Bildreflexion, Fink, 2000, pp. 23-43。

四、媒介尚古主义的潜力和困境

本章尝试对媒介尚古主义这一概念的理论化,实现对数字媒体生态中各种自觉对抗后人类状况的文化行动的理解。媒介尚古主义的基本观念是追求媒介经验的有限性、陌生感和自主意志,其行动方案则主要体现在对原始、笨重但有人类在场的媒介技术与媒介文化生产机制的复兴。媒介尚古主义既包括专业行动(如慢传媒运动、众包新闻),也包括艺术运动(如黑胶唱片生产、故障艺术);它没有统一的纲领,却基于相同的意识形态,那就是反拨机器逻辑、重申人类文化主体性、重建有机人类生活经验的人本主义。因此,我们可以将媒介尚古主义视为一个伞状概念(umbrella concept),它可以成为我们理解数智时代人类媒介抵抗实践的基本框架。

不过,如同历史上的一切抵抗文化一样,媒介尚古主义也无法免于政治经济规律的影响。重生的旧媒介及其文化很快就会被文化工业挪用并拜物教化,而以机构为基本形式的各种另类媒体实践也必须首先实现盈利才能侈谈变革。在泰勒·斯威夫特开始发行黑胶唱片专辑以后,这种有着丰富文化政治意涵的古早媒介就不可避免地成为流行音乐产业新的利润增长点。影响力巨大的荷兰慢传媒机构"信使"(De Correspondent)尽管曾斩获多个国际新闻奖项,却也不得不面临种种现实困难,勉力维系生存。在很多情况下,如众包新闻这样需要大量人力物力却缺少商业变现途径的项目,或由坚守专业主义的老牌媒体支撑,或由少数理想主义者勉力维系,盖因其观念和实践与主流科技资本主义皆不兼容。所有这些,都是包括媒介尚古主义在内的各种另类媒介行动不得不面对的困境。如何让少数清醒者的文化探索能够不断进化为拥有强大公众基础的文化常规?对这个问题的反复思考应贯穿我们构建批判性媒介文化理论工作的始终。

第十二章　数字极简主义：重建有机生活的媒介抵抗行动

　　人类社会的基本结构和生活方式从未像今天这样受到技术逻辑的全面重塑。截至 2022 年年底，全世界移动互联网用户已达 50 亿人，全球人口的 60%是智能手机用户，人们日均花费在数字媒体使用上的时间达到 4.8 小时。① 在私人领域，数字媒体使用超越信息获取与分享的单一需求，成为一种日常化和情感性的行为模式。人类因数字技术丰富的可供性而永远摆脱了信息与交往匮乏的历史，整个媒体生态在海量个性化的"另类"生产者的参与中呈现出众声喧哗的景象。② 在公共领域，我们见证了最初作为便利工具的社交媒体服务的基础设施化进程，平台通过与不同社会范畴建立广泛接口的方式，以自身的规则改造传统服务模式并创造新的社会关系，由此，越来越多的公共活动都要依托平台生态展开并受限于特定的平台文化框架，这促使我们不断反思文化公共性在当下与科技资本主义之间难以分割

---

① 参见 Laura Ceci, "Mobile Internet Usage Worldwide: Statistics & Facts," Statista, May 16, 2024, https://www.statista.com/topics/779/mobile-internet/#topicOverview，2024 年 10 月 14 日访问。

② 参见 C. W. Anderson, "Practice, Interpretation, and Meaning in Today's Digital Media Ecosystem," *Journalism & Mass Communication Quarterly*, 97(2), 2020, pp. 342-359。

论数字媒体生态：自动化、后人类与行动主义

的关联。① 正是在这样由技术革命所驱动的剧烈的生态转型中，新的文化抵抗实践被孕育出来并参与对日常生活意义的重塑。

如前文所述，我们将主要由数字技术的诞生、推广、普及和建制化所培育的媒介环境界定为数字媒体生态（digital media ecosystem）。它核心特征是：数字媒体技术作为"基本逻辑的提供者"（the basic logic provider）为各类文化样态的出现创造条件并设定局限，而总体社会文化的健康与否则取决于掌握技术的人和组织在多大程度上确保技术的"可控"。简言之，数字媒体生态既是令当下一切媒介文化观念和实践成为可能的基本前提，也是不断对其表现和发展进行规训的核心约束机制。

作为一种新的历史条件和社会结构，数字媒体生态兼具解放性和压迫性，且两者如同硬币的两面一般不可分离。一方面，数字媒体的高度开放性和民主化的传播架构为个性的伸张创造了前所未有的巨大空间，甚至使个人得以拥有与现实生活完全平行乃至截然不同的数字生活，各种类型的趣缘群体、另类主义和亚文化因此得到繁荣发展，于总体上强化了人类社会的参差和多元[②]；另一方面，数字媒体也在不断建制化（institutionalization）的过程中塑造新的权力结构，这种权力结构致力于宣扬早期互联网革命所鼓吹的科技乌托邦主义神话，以知识和公共服务的普惠之名不断将私人生活和公共生活数据化，力图实现平台对人类行为、情感和关系的全面控制，并通过将个体参与的力量转化为民粹主义的方式建立由高科技公司所主导的新的文化政治。[③]

---

① 参见 Jean-Christophe Plantin, and Aswin Punathambekar, "Digital Media Infrastructures: Pipes, Platforms, and Politics," *Media, Culture & Society*, 41(2), 2019, pp. 163-174。

② 参见 W. Lance Bennett, and Alexandra Segerberg, *The Logic of Connective Action: Digital Media and the Personalization of Contentious Politics*, Cambridge University Press, 2013。

③ 参见 Robert Boyer, "Platform Capitalism: A Socio-Economic Analysis," *Socio-Economic Review*, 20(4), 2022, pp. 1857-1879。

数字媒体生态既"多孔"(porous)又"过度延伸"(overreaching)的复杂特征为当下的文化抵抗(cultural resistance)行为提供了新的框架,使一种建立在个体选择基础上的逃避主义(escapism)意识形态拥有了明确而积极的意涵。其中,最具代表性的即为数字极简主义(digital minimalism)——一种通过降低数字媒体使用频率和参与程度来表达对平台数据殖民的拒斥态度,并尝试在一定程度上"重建"前数字时代有机文化生活的媒介实践。本章即立足于数字媒体生态的普遍性语境,分析数字极简主义作为一种抵抗性行动方案的特征、潜能与限度,并基于文化生产的社会结构分析对其商品化蜕变过程进行反思,从而实现对"数字时代的文化抵抗"这一宏观议题的批判性考察。笔者期望通过这项研究为我们从技术和文化的互动规律出发理解人在数字时代的主体性困境做出理论贡献。

一、少即是多:数字极简主义的内涵

首先要说明的是,"极简主义"这个中文译法极易引发误解。从西语词根来看,"minimal/minimus"的释义更接近于汉语中的"减(少)"而非"简(单)"。在文化领域,极简主义主要被用于指涉兴起于20世纪60—70年代的一场文艺运动及其观念遗产,其要义是通过减少对繁复的美学要素(包括词汇、装饰、功能模块等)的使用来为接受者更加积极的意义解读实践创造空间。因此,文化上的极简主义实际上是一种主张自觉减少形式要素以确保人的文化能动性成为意义主要来源的审美意识形态。[①]

数字极简主义是文化意义上的极简主义在数字媒体生态中的延伸和发展,其核心观点,如其主要倡导者美国乔治城大学教授卡尔·纽

---

① 参见 Robert C. Clark, *American Literary Minimalism*, The University of Alabama Press, 2014, p. 17。

论数字媒体生态：自动化、后人类与行动主义

波特（Cal Newport）所言，就是"在人与数字工具的关系问题上，'少'往往意味着'多'"①。在数字媒体文化研究的主流观点中，这一核心观点可以做两方面的理解：第一，从个人福祉（personal wellbeing）的角度看，由数字媒体生态下庞大的信息流所催生的信息过载（information overload）与情感极化（affective polarization）等失序现象，已经对人的身体和精神健康构成直接威胁，带来了焦虑、抑郁和极端状态的蔓延②，从而显著影响人在社会中的幸福感和成就感，破坏了人与社会之间的有机关系，因此个体应当通过有意识地减少媒介接触或抵制特定媒介经验的方式来追求一种更加健康和自洽的社会存在③；第二，从社会发展（social development）的角度看，重复性、低质量的媒介信息和去深度、无中心的媒介经验业已对文化进步（cultural progress）事业构成严重的破坏，导致机构权威衰落、民粹主义兴起、暴力话语肆虐等深层文化危机，昭示出传统媒介元伦理在规范层面的乏力。因此，整个社会理论都有"义务"重新发掘极简主义哲学观念的建设性价值，用其引导数字媒体实践并探索一种更符合理性与公共性法则的社会变迁模式。④

当然，我们不能简单地将数字极简主义理解为无差别地减少媒介使用和回避信息环境。在认识论层面，极简主义绝非否定一切的虚无主义，而是一种通过聚合有限的认知资源来追求实在意义（concrete meanings）的辩证法——通过"做减法"来实现对生活经验的再中心化

---

① Cal Newport, *Digital Minimalism: Choosing a Focused Life in a Noisy World*, Penguin, 2019, p. 15.
② 参见杨洸、邹艳雪：《数字媒体与情感极化：表征、成因与对策》，《新闻界》2023年第9期，第15—24页。
③ 参见 Rose O. Sherman, and Tanya M. Cohn, "Embracing Digital Minimalism: Reduce Technology Use to Reduce Anxiety and Increase Productivity," *American Nurse Journal*, 15(10), 2020, pp. 32-34。
④ 参见 Timothy Aylsworth, and Clinton Castro, "Is There a Duty to Be a Digital Minimalist?," *Journal of Applied Philosophy*, 38(4), 2021, pp. 662-673。

和再权威化。有研究者将数字极简主义实践视为人在一个加速的媒介生态中重申自身对节奏和控制的主导权的努力,这种努力在经验层面体现为人有意识地建立自己获取媒介经验的认知优先级系统——决定哪些经验被分配更多或更少的认知资源的标准体系——从而使自己对媒介经验的接受状况符合自身理解外部世界的基本认识论框架。[①] 而在关于最具代表性的数字极简主义实践——数字戒断的讨论中,这种观念往往被解读为人在面对"持续连接性"的媒介环境时对正在被技术神话所褫夺的"本真性"(authenticity)的重申,以及复建"与真实生活关联的"文化经验的尝试。[②] 因此,将数字极简主义理解为一个有着明确意义和价值指向的文化政治概念而不仅仅是一种应激反应行为,对于我们准确理解其观念和行动体系有着至关重要的作用:与其说"做减法"反映了数字媒体用户消极被动的态度和逃避现实的倾向,不如说它揭示了在激烈的信息轰炸和厚重的信息茧房面前个体选择的匮乏和个体抵抗的艰难。唯此,我们才能对数字极简主义在观念和实践上所取得的(尽管是有限的)成功做出公正的评判。

对数字极简主义做出严肃考察的紧迫性还体现在数字媒体生态在当下发展阶段中体现出的强烈入侵性:媒介不仅被人采纳和使用,更介入人的行为、态度和社会关系,甚至逐渐支配了人的身体。这就使得对媒介经验的分级和消减在实质上成为捍卫人的主体性的必然之举。如微信这样的"超级应用"和苹果手机这样的"超级终端"不仅为用户提供了多样的信息和生活服务,更不断消解着私人生活与公共生活、家庭伦理和职场权力体系之间的界限,使人的行为持续处于"被观察和被记录"的状态之中;其平台"亚生态"则不断泛化为普遍性的

---

① 参见 Lisa Elliot,"Reclaiming Rhythm and Control: Practicing Digital Minimalism in a Speeding Society," DiVA, https://www.diva-portal.org/smash/get/diva2: 17829 04/FULL-TEXT01.pdf, 2024 年 10 月 14 日访问。

② 参见 Trine Syvertsen, and Gunn Enli, "Digital Detox: Media Resistance and the Promise of Authenticity," Convergence, 26(5-6), 2020, pp. 1269-1283。

社会规则体系,从而使最初作为"另类生活空间"的互联网逐渐演变成新的霸权结构。[①] 与此同时,在高度视听化和感官化的平台(如 YouTube、抖音)崛起后,用户的身体也日益成为被媒介所侵占的对象,或被用来展示商品化的生活方式,或被改造为数码零工体系下的生产工具[②];媒介对身体的入侵并因主流短视频平台用户群体的低幼化而诱发严肃的伦理争议[③]。因此,如何"做减法"就在理论和道德层面与如何摆脱机器逻辑的"殖民"、重申人对自身的存在以及精神生活的自主权的抗争联系了起来。这也是本章论述的核心主题。

二、身份仪式:数字极简主义的全球实践

尽管数字极简主义的概念在近年来持续出现在学术文献和流行话语中,但鲜有研究对其在经验层面的特征做出详尽的归纳,大多数评论者主要将其作为一种网络潮流来看待。实际上,至少在媒介文化理论的视野中,数字极简主义业已形成两种具有稳态的行动模式:新闻回避和数字戒断。

(一) 新闻回避

新闻回避(news avoidance)是媒体用户作为"信息受众"所展开的一项数字极简主义实践,它指的是受众对新闻内容有意识以及主动的忽视、逃避或拒绝行为。

---

① 参见 Ying Huang, and Weishan Miao, "Re-Domesticating Social Media when It Becomes Disruptive: Evidence from China's 'Super App' WeChat," *Mobile Media & Communication*, 9(2), 2021, pp. 177-194。

② 参见 Satveer Kaur-Gill, "The Cultural Customization of TikTok: Subaltern Migrant Workers and Their Digital Cultures," *Media International Australia*, 186(1), 2023, pp. 29-47。

③ 参见 Encarnación Soriano-Ayala, María Bonillo Díaz, andVerónica C. Cala, "TikTok and Child Hypersexualization: Analysis of Videos and Narratives of Minors," *American Journal of Sexuality Education*, 18(2), 2023, pp. 210-230。

下编　实践观察与行动想象

在一般性的媒介经验中,新闻作为"真相标识物""历史的初稿"以及公共文化档案,长期拥有崇高的认识论地位。正因如此,日益普遍的新闻回避现象显然是新闻业在数字媒体生态中面临的一场深刻的存在危机,甚至是整个人类社会的深层认识论危机的一个表征。牛津大学路透新闻研究所发布的《2023年度数字新闻报告》显示,全球范围内有36%的媒体用户日常性地回避新闻,接近历史最高值,且没有任何迹象表明这一趋势会在可预见的将来出现逆转;这一比例在英美两国尤其高,均超过45%。① 在一项关于媒体用户选择回避新闻的具体原因的调查中,可以看出同质化信息轰炸带来的抵触情绪(43%)、数字媒体生态对用户的精神和心理影响(36%),以及用户在新闻接受经验中产生的无力感(16%)发挥了关键作用。② 因此,新闻回避者通过"拒绝承认""重建认知优先级"和"自我保护"等策略来实现对自己日常接受的新闻经验的掌控,是一种以看似消极的方式来践行特定意图的文化抵抗行为。③

新闻回避的发生和流行与数字媒体生态中日益严重的信息过载现象密切相关。传统新闻生产机制的衰落导致把关体系的失效和专业评判标准的消解,制造了不同类型、品质和价值取向的信息"野蛮生长"的景象,带来了信息失序、舆论极化和普遍性的媒介疲乏问题,回避的文化遂"应运而生"。④ 与此同时,新闻回避的日趋普遍性也揭示出数字媒体生态的某些既存的结构性偏见:在传统新闻专业标准式

---

① 参见"Digital News Report 2023," Reuters Institute, June 21, 2023, https://reutersinstitute.politics.ox.ac.uk/digital-news-report/2023,2024年10月14日访问。
② 参见 Amy Watson, "Reasons for Avoiding News Worldwide as of February 2022," Statista, June 14, 2023, https://www.statista.com/statistics/718610/news-avoidance-reasons/, 2024年10月14日访问。
③ 参见常江、李思雪:《数字媒体生态下的新闻回避:内涵、逻辑与应对策略》,《南京社会科学》2022年第9期,第100—109页。
④ 参见田浩:《从情感卷入到信任调适:新闻回避的日常文化解析》,《中国出版》2023年第14期,第18—24页。

论数字媒体生态：自动化、后人类与行动主义

微之后，一套新的、更直接的文化资本体系成为支配新闻经验的基础逻辑，其通过付费墙（paywall）、订阅制（subscription）和大量需要技术设备支持的创新样态来为新闻用户分层，通过为"品质"和"专注度"定价的方式区隔人群。其结果就是，那些具备相应经济条件和数字技能的用户得以独享高品质的新闻报道，而大量普通网民则不得不依赖平台上免费而低质的碎片化新闻获取关于社会的知识。正因如此，约翰·林戴尔（Johan Lindell）和埃尔斯·博格（Else Båge）才提示我们，要密切关注新闻回避现象中被忽视的社会阶层问题：新闻回避的本质，是数字媒体生态对文化资本的重新分配及其制造的新的不平等状况。[①] 2023年8月，《华盛顿邮报》的调查记者发现，那些选择以回避新闻来抵制入侵性媒体生态的人通常属于传统意义上的"非精英"和"无权者"（the less privileged），在无孔不入的碎片化信息的轰炸下，他们只能通过"做减法"来实现对自己日常媒介经验的部分掌控。[②]

从很多方面看，对新闻以及新闻所代表的公共信息环境进行极简主义处理，是个体能够以最低成本对数字媒体生态做出的文化抵抗实践，这决定了对"回避"的行为和心理要素的考察应当成为我们分析数字时代个体与媒介环境之间关系的一个关键出发点。在文化的角度，我们既要将新闻回避视为人基于其能动性对日益恶化的信息环境做出的自觉回应，也要看到这种看似消极的个体行动中包孕的阶层抵抗要素——它实际上是一种最微观、最本能的"非暴力不合作运动"。新闻回避的实践者通过有意识地消减新闻"摄入"的方式，来避免新的数字文化资本体系对自己媒介经验的"殖民"，从而追求一种更具自主性

[①] 参见 Johan Lindell, and Else Mikkelsen Båge, "Disconnecting from Digital News: News Avoidance and the Ignored Role of Social Class," *Journalism*, 24(9), 2023, pp. 1980–1997.

[②] 参见 Paul Farhi, "Do You Avoid the News? You're in Growing Company," The Washington Post, August 1, 2023, https://www.washingtonpost.com/media/2023/08/01/news-avoid-depressing/, 2024年10月14日访问。

的信息主体身份。

（二）数字戒断

数字戒断（digital detox）是媒体用户作为"技术使用者"所开展的数字极简主义实践,是一种通过减少或中止数字媒体服务或数字通信工具使用以降低自身对技术的依赖性的自律行为。

"戒断"一词的英文表述"detox",本义是"排毒"或"脱瘾",精确地传达了这种实践在身体和精神两个维度上的意涵:在身体维度上,个体通过自觉与数字媒体环境进行物理隔绝的方式,减少对网络信息、舆论和流行情绪的卷入,从而追求更好的专注度（concentration）；在精神维度上,个体不断反思并戒除对数字工具的心理依赖,以更具反思性的方式看待技术发展带来的"红利",追求某种不被"中介化"的满足感（satisfaction）。数字戒断运动最主要的倡导者丹麦心理学家斯万德·布林克曼（Svend Brinkmann）将其核心理念凝练为一句吸引人的口号——"错失的快乐"（the joy of missing out, JOMO）。这一方面与网络成瘾者所普遍表现出的"错失的恐惧"（the fear of missing out, FOMO）形成尖锐的修辞张力[①],另一方面也为这场运动设定了意识形态边界——在认同环境的基本合理性的前提下致力于对个体快感的追求。

因此,在欧美国家,数字戒断主要作为一场"精神运动"存在,有着丰富多样的具体形式,且大多明确表现出非对抗性。例如,数字戒断旅游（digital detox tourism）就在近年来被欧美中产阶级广泛推崇——这是一种主张旅游者到数字基础设施不发达国家或地区旅游以"强制"自己实现与互联网物理隔绝的主张——只有在断网的情况下,人们才能专注于自己的思考以及"真正的快乐"。国际知名旅游网站

---

① 参见 Svend Brinkmann, *The Joy of Missing Out: The Art of Self-Restraint in an Age of Excess*, Polity Press, 2019。

论数字媒体生态：自动化、后人类与行动主义

Retreat Guru 根据用户评分选出了 633 个最适宜的数字戒断旅游目的地，包括坦桑尼亚的桑给巴尔岛（Zanzibar）、墨西哥的某热带雨林中心、哥斯达黎加的某个偏远省份，以及印度北部喜马拉雅山麓的小城里希盖什（Rishikesh）等。不过，这些旅游项目大多价格昂贵，单人 5 天的旅程通常需要花费 3000 美元左右。① 另一个著名的数字戒断项目则是使用总部位于美国纽约布鲁克林的"轻手机"（Light Phone）——这是一款仅能接打电话和收发短信、不能使用绝大多数媒体应用的手机，其设计和生产是通过 1 万多名支持者的网络众筹实现的。厂商的宣传话语体现出数字极简主义的精髓："笨手机"（dumb phone，与 smartphone 相对）才是"真正尊重你（的自主性）的手机"，因为它以你的注意力为中心而从不让自己成为注意力的中心。② 尽管这款手机几乎没有任何智能化应用，但官网售价仍达到 299 美元（不含税）。③

对流行的数字戒断话语的分析表明，这一"精神运动"具有鲜明的保守性——它的主要目标在于提升个体的幸福感以助益其追求世俗意义上的成功，而非对数字媒体生态的总体性批判与抵制。④ 事实上，大量以数字戒断为名的社会行动都有或隐或显的商业背景，其对参与者的精神健康、人际关系、专注度和社会表现的影响目前仍没有定论且难以测量。⑤ 更有批评者尖锐地指出，数字戒断的本质是一种在有

---

① 参见 "Highly Rated Digital Detox Retreats," Retreat.guru, https://retreat.guru/be/digital-detox-retreats，2024 年 10 月 14 日访问。
② 参见 John Herrman, "Is a Dumber Phone a Better Phone?," The New York Times, May 16, 2018, https://www.nytimes.com/2018/05/16/magazine/is-a-dumber-phone-a-better-phone.html，2024 年 10 月 14 日访问。
③ 参见轻手机官方网站，https://www.thelightphone.com/，2025 年 5 月 19 日访问。
④ 参见常江：《当"断联"成为奢侈品：数字戒断的媒介文化想象》，《西南民族大学学报（人文社会科学版）》2023 年第 9 期，第 119—129 页。
⑤ 参见 Theda Radtke, et al., "Digital Detox: An Effective Solution in the Smartphone Era? A Systematic Literature Review," Mobile Media & Communication, 10(2), 2022, pp. 190-215.

钱人中流行的"时尚减肥法"(fad diet),而"没有普通人胆敢在大裁员的背景下……断联十天"。① 对于那些依靠数字平台维生的数码零工(比如外卖骑手)而言,与生存工具"戒断"更是完全不可想象的。

因此,尽管从形式上看,数字戒断是一种个体尝试解除媒介依赖、追求真实感的意义生产活动,但其实践模式却体现出典型的"中产阶级性"(middle-classness)——在英国社会学家露易丝·阿尔彻(Louise Archer)看来,这是一种"游弋于本真性和自命不凡之间的妥协性姿态"。② 数字戒断的这种阶层局限性决定了其践行者更倾向于在精神健康和环保主义的话语体系中寻找合法性依据,唯此方能避免直面那些令人不舒服的结构性问题。通过将"戒断"界定为一种追求精神福祉和"减少碳足迹"的活动,这一运动的倡导者在基础逻辑层面拒绝了对数字技术革命进行结构性审视。

三、文化挪用:作为商品的数字极简主义

从信息接受、技术使用和媒介专业主义三个方面的代表性实践出发,我们得以归纳出数字极简主义作为一种抵抗性文化意识形态的三个核心特征。第一,数字极简主义首先是一种修正性的(reactionary)行动体系,其基本主张是对媒介经验中"过分盈余"(excess)的部分进行直接消减以追求一种预想中的主体性和客观经验的平衡关系。无论是对"过多"的新闻的回避,对"过度入侵"的数字工具的戒断,还是对"过快"的媒介生产的降速,都在某种程度上体现出了一种头痛医

---

① 参见 Sarah Green Carmichael, "Digital Detox Is a Fantasy, Do This Instead," Bloomberg, February 23, 2023, https://www.bloomberg.com/opinion/articles/2023-02-23/craving-a-marc-benioff-style-digital-detox-good-luck?embedded-checkout=true, 2024 年 10 月 14 日访问。

② 参见 Louise Archer, "'Between Authenticity and Pretension': Parents', Pupils' and Young Professionals' Negotiations of Minority Ethnic Middle-Class Identity," The Sociological Review, 60(1), 2012, pp. 129-148。

论数字媒体生态：自动化、后人类与行动主义

头、脚痛医脚的抵抗逻辑。第二，数字极简主义行动方案的实施建立在特定经济和文化资本体系之上，且这种行动无法也无意于反对这一体系。数字极简主义实践的这一结构基础之所以如此牢固，在很大程度上是由数字媒体生态的高度渗透性（penetrative）特征决定的——当外部环境的力量弥散到令人无处可逃的程度，一切抵抗文化都只能在适应这种环境的基本规则的前提下以相当有限的方式进行。第三，数字极简主义存在理念与实践相脱离的倾向，至少在当下，在思想领域关于极简主义哲学的探讨和实践范畴展开的数字极简主义行动之间仅存在名义上的关联。在大多数时候，可观察的数字极简主义文化抵抗不过是借用了极简主义的话语资源为自身既有的价值目标背书而已——这固然不会损伤数字极简主义作为一种认识论的正当性，但却很容易将其在历史中形成的复杂观念与行动体系简化为一种逃避主义的行为艺术。上述三个核心特征在当下所产生的直接效应，就是科技资本主义对数字极简主义的挪用（appropriation）以及数字极简主义抵抗文化的商品化。

至少在当下的实践之中，各种类型的数字极简主义行动方案在本质上都是以新的媒介商品或商品化媒介经验来实现对旧商品或旧经验的替代，且人们须付出的成本往往变得更高而非更低。例如，针对愈演愈烈的新闻回避现象，英国资深媒介理论家和媒体从业者给出的一个核心建议是鼓励提供简易信息聚合（really simple syndication，RSS）服务的新闻产品的开发——RSS 作为数字信息传播的一项早期技术被重新重视，仅仅因为它比平台推荐算法更加"不智能"，所以被假设能够给予用户更大的自主权[1]，其本质仍是坚持数字新闻的产品化。至于数字戒断，如前文所述，在经过了初始阶段的激进探索之后，

---

[1] 参见 Jacob Granger, "Countering News Avoidance: Focus on Relevance and Value," journalism.co.uk, May 24, 2023, https://www.journalism.co.uk/news/countering-news-avoidance-focus-on-relevance-and-value/s2/a1038053/，2024 年 10 月 14 日访问。

几乎完全成为一种被精心包装的、用于展示中产阶级理想生活方式的文化景观,在超出其阶层边界的群体看来,这与过去好莱坞电影和电视广告所兜售的梦幻没什么分别。[1] 例如,非营利组织"断线联盟"(Unplug Collaborative)在全球范围内推出的著名数字戒断项目"全球断线日"(Global Day of Unplugging),尽管提出了诸如"让不被技术控制的经验更有意义与更加普惠"这样激动人心的口号,但其行动方案只是每年选定一天在若干大城市举行断网活动。在欧美国家中,拥有类似主张的机构和团体数量众多,其运营项目也大抵相似。但即使是这样仅具象征意义的行动也很快被科技资本主义体系所吸纳——由美国犹太非营利组织"安息日宣言"(Sabbath Manifesto)发起的"全国断线日"就与著名约会软件 Hinge 展开了深度合作,后者在每一个"断线日"于纽约、洛杉矶、芝加哥、迈阿密等大城市举办大型线下相亲活动,并向当天选择关闭该软件"discover"(类似于微信的"摇一摇")功能的用户发出邀请,据此推广其"梦幻约会"的理念。[2] 至于慢传媒运动,在媒介经济的视角下本身就是一种新的注意力经济(attention economy)形式,各种类型的慢传媒机构能够在短时间内兴起并实现发展,根源在于其表现出了将用户的专注度转化为可持续收益的潜能,这种潜能让高科技公司看到了新的传媒商业模式的潜力并乐于投资。[3]

数字极简主义的商品化还体现在其实践者将这种理念塑造为一种"品位"(taste)的倾向。这一倾向部分源自极简主义作为一种审美

---

[1] 参见 Chelsea Fagan, "Minimalism: Another Boring Product Wealthy People Can Buy," The Guardian, March 4, 2017, https://www.theguardian.com/lifeandstyle/2017/mar/04/minimalism-conspicuous-consumption-class, 2024 年 10 月 14 日访问。

[2] 参见 Nina Godlewski, "What's National Day of Unplugging? Why Is 'Discover' Missing from Hinge Account?," Newsweek, March 1, 2019, https://www.newsweek.com/national-unplugging-day-hinge-discover-gone-meaning-1345071, 2024 年 10 月 14 日。

[3] 参见 David Dowling, "The Business of Slow Journalism: Deep Storytelling's Alternative Economies," Digital Journalism, 4(4), 2016, pp. 530-546。

论数字媒体生态：自动化、后人类与行动主义

意识形态的历史基因，但其更主要的当代症结则在于数字极简主义倡导者的阶层局限性，以及由这种局限性所导致的"维系现状"（pro-establishment）的集体价值选择。数字媒体生态因其"声色的厚度"而天然具有感官化特征①，这种特征在很多时候被数字极简主义倡导者作为一种身份标签加以利用，他们尝试为创新信息产品、新媒介使用行为和各种"另类"文化创衍活动中包孕的美学要素赋予进步性的含义，并在此基础上将自身的文化抵抗意图风格化和圈层化。② 因此，修辞、形式、宏大叙事以及情感话语是几乎所有数字极简主义行动所普遍采用的策略，这些策略帮助行动者将数字极简主义装扮成一场以个体之力对抗庞大环境的崇高而悲壮的文化战争。但实际上，对于绝大多数参与者和旁观者来说，数字极简主义首先是一种中产阶级的精神仪式而非具有普遍性价值的进步运动。对此，科技评论家杰弗里·塔克（Jeffrey Tucker）的观点是非常中肯的：真正令数字极简主义成为一种审美选择的是全球资本主义，我们之所以能够选择拥有更精简的媒介经验，是因为存在着一套无比复杂的国际劳动分工体系。③ 作为著名的自由意志主义者（libertarian），塔克做出这番评论显然不是为了批评全球资本主义，但他清楚地看到了不断推动数字极简主义的审美化转型以消解其意识形态性的支配性力量究竟是什么。在经验领域，至少数字戒断和慢传媒运动的参与者主体均为传统意义上的中产阶级或专业精英，他们将数字媒体生态的入侵性效应解释为自律能力欠佳或专业主义走偏的结果，并将拥有复杂历史与文化层次的极简主义意识形态"还原"为一种兼具优越感和排他性的"品位"，在根本上还是由

---

① 参见王晓培：《声色的厚度：数字新闻的感官化实践趋势探析》，《新闻界》2023 年第 7 期，第 13—22 页。
② 参见何天平：《可视化、沉浸化与游戏化：数字新闻美学的实践逻辑》，《江西师范大学学报（哲学社会科学版）》2023 年第 1 期，第 83—91 页。
③ 参见 Jeffrey Tucker, "Global Capitalism Makes Your Hipster Minimalism Possible," The Daily Economy, June 27, 2019, https://www.aier.org/article/global-capitalism-makes-your-hipster-minimalism-possible/，2024 年 10 月 14 日访问。

于他们并非"入侵的媒介"的真正受害者。在这个意义上,数字媒体生态下的极简主义和网络民粹主义有着极为相似的本质:两者通过将宏大系统问题化约为微观身份话语的方式,遮蔽数字技术革命所制造的新的不平等结构。

四、何以燎原:数字极简主义的潜能与局限

本章尽管以数字极简主义为考察对象,但论述的意图并不局限于数字极简主义本身,而在于触及其观念和实践体系中折射出的当代数字媒体生态的一般性问题。质言之,数字技术革命之于文化进步事业如同双刃剑:它既在更大范围内推动了资源和知识的普惠,塑造了在形式上更加扁平的社会关系网络;也通过构筑高度智能化的媒介环境不断挤压人参与社会进程的主体性空间,在社会心态和社会结构层面制造了一系列深层危机。在这一语境中,数字极简主义作为一种抵抗文化意识形态的兴起有其历史必然性,它推动媒介行动者从个体自觉出发,以追求精神福祉和重建文化自主权为诉求,探索对高度琐碎、过载和入侵性的媒介生态予以修正或替代的行动方案,并通过一些富有成效的实践,为我们揭示出数字媒体生态既存的诸多结构性问题。然而,数字极简主义的发展受到其倡导者的阶层属性的极大局限,其观念和实践之间始终存在关联性薄弱的问题,其源自历史的审美基因始终制约着真正意义上的抵抗文化的生发。因此,在全球科技资本主义的虹吸和挪用效应的作用下,数字极简主义加速演变成一种被用于标榜品位的商品,或作为一种身份想象或姿态被浪漫化,或作为一种面向未来的经济模式被主流化,其抵抗的对象和目标反而变得更加面目模糊。

上述判断或许有些悲观,但我们还是能够从数字极简主义的流变轨迹中看到人类主体性复归的希望,这种希望存在于为各个阶层——普通网络用户、中产阶级、传媒专业精英——所共享的人本主义价值

论数字媒体生态:自动化、后人类与行动主义

信念之中。尽管我们可以在理论层面严肃审视数字极简主义的局限性,但事实上,愿意并勇于"逃避"媒介环境本身,在哪怕是极为有限的时空条件下积极获取不为技术所中介化的生活经验并坚持从自身作为人的需求出发对这些经验做出评判,已经是人类行为模式的重大突破。这种行为模式所承载的以人的自主意志为中心的价值要素,在一个不断趋向人机系统性整合的信息文明中,有着不可替代的认识论意义。① 在这个意义上,数字极简主义的历史价值或许恰恰源于其象征性色彩,它的存在确保人本主义的仪式得以在既存的媒介生态中被反复践行。

与此同时,我们也要看到那些更具现实干预意识和进步文化意图的媒介传播实践,比如介入性新闻(engaged journalism)和开源运动(open source movement)等,它们其实也直接或间接地从数字极简主义认识论中汲取了观念资源——这些实践大多主张媒介用户以自觉的文化、情感或关系需求为基础,主动参与对媒体生态的塑造。② 因此,从观念进化的视角出发,与其将数字极简主义视为一种"完成态"的媒介抵抗文化样式,不如将其看作在数字时代重建意义、信任和权威的宏大文化议程的一个阶段或一种方法。它的发展或许因种种结构性局限而难以实现自洽,但正如安东尼奥·葛兰西(Antonio Gramsci)所指出的,一切旨在抵抗文化霸权的实践都应被视为"建设性的意志活动"(a constructive act of the will),它们只要形成了某种稳定的实践机制,就会作为"历史的蓄水池"(historical reservoir)永远地存留于媒介环境中③,成为后来那些更纯粹也更具进步性的文化实践的参照物。

---

① 参见宋美杰、刘云:《智能新物种崛起与人机传播模式重构》,《福建师范大学学报(哲学社会科学版)》2023年第5期,第90—100页。

② 参见田浩:《以亲密关系重塑公共生活:介入性新闻的观念、实践及创新限度》,《新闻界》2023年第8期,第14—23页。

③ 参见 Antonio Gramsci, *Selections from the Prison Notebooks of Antonio Gramsci*, Lawrence and Wishart, 1971, pp. 174-175。

当然,我们也不能忽视数字媒体生态持续演化和自我修补的能力——这种能力不断对人的自主意志构成新的挑战。2023 年 9 月 23 日,拥有 132 年历史的老牌报纸《西雅图时报》(*The Seattle Times*)刊登了其历史上第一篇由人工智能(AI)撰写的社论。在这篇社论中,AI 机器人动情地说:新闻业要拥有人情味,因此人类记者的角色永远不该由机器人来替代。这一带有浓烈荒诞色彩的媒介事件精准地揭示出数字媒体生态在智能化方向上进化的惊人速度:AI 不但可以拥有人类难以企及的理智和判断,而且也完全可以展现出曾被认为专属于人类的同理心和情感,而这些都在极短的时间内发生。这提醒我们,对于数字媒体生态的观察一定要超越功能层面,认清每一个技术发展的"关键事件"所隐喻的结构性震荡。[①] 数字极简主义的初始行动逻辑是"消减",这或许是因为技术的颗粒度尚且粗疏,为隐遁性的文化活动预留了充分的空间;可若有一天我们骤然发现智能化的媒介应用已完全侵占了我们所能选择的所有生活场景——一如《黑镜》所描摹的那个世界一般——我们又将向哪儿回避、如何戒断呢?再耀眼的星星之火,也无法在寸草不生的大地上燎原。唯有时刻对技术乌托邦主义的神话投以审慎和怀疑的目光,且坚持将全人类视为真正意义上的命运共同体,我们才有希望再建立起一个以人为本的信息文明。

---

① 参见陈昌凤:《生成式人工智能与新闻传播:实务赋能、理念挑战与角色重塑》,《新闻界》2023 年第 6 期,第 4—12 页。

第十三章　被遗忘权：数字痕迹与自足人类历史主体的复归

2023年1月，全球高科技巨头Meta将一家名为Bright Data的以色列数据公司告上法庭，理由是该公司在未经允许的情况下擅自抓取其旗下两大平台Facebook和Instagram的用户留存在网站和移动应用上的个人数据。Meta在法庭上出示的证据表明，Bright Data总共获取了6.15亿条Instagram用户的数据，这些数据包括个人生物信息、地理位置、媒介使用习惯、职业、照片、喜好与兴趣、社交关系、电子邮箱地址等方方面面；Bright Data还对这些数据做了精细的结构化处理，并最终将其打造为一款商业数据库产品，使用权售价高达86万美元。然而，2024年1月，美国联邦法院却做出了令Meta震惊的裁决：由于Bright Data声称自己所抓取的全部数据都是公共数据（public data），且Meta无法提供证据否定这一点，因此依据当下的法律框架，Bright Data的行为并不涉嫌违法。2024年2月，无奈之下的Meta不得不选择撤诉。①

---

① 参见 Isabela Rodriguez, "The Case of Bright Data vs. Meta," Medium, February 11, 2024, https://medium.com/nerd-for-tech/the-case-of-bright-data-vs-meta-0c4a2d817bcd，2024年10月14日访问。

下　编　实践观察与行动想象

　　在上述案例中,Bright Data 所做的事被称为"数据刮取/数据抓取"(data scraping),即对全球海量社交媒体用户留存在互联网上的不加密的历史数据进行收集、整合、结构化的工作。这些数据经商业化运营,正在形成数字媒体生态中的一个规模庞大的交易市场。资料显示,仅数据刮取工具(软件)销售的产业规模在 2023 年就达到了 4.89亿美元,且这一数值预计在 2036 年达到 24.5 亿美元。① 那些大型综合性社交媒体平台因存蓄了海量用户的行为和身份信息而成为丰饶的"数据牧场",这些平台背后的科技公司也大多涉足数据刮取产业,不遗余力地收集其他平台的用户数据以优化自己的商业决策。与此同时,欣欣向荣的人工智能技术让数据刮取的高效率和自动化成为可能,大语言模型对数据进行聚类、分析和结构化的能力与传统爬虫软件不可同日而语,且它们常常能够以跟人类用户极为相似的行动模式访问网页而难以被反爬虫技术察觉。

　　数据刮取在挑战既有法律框架的同时,也制造了多重文化困境:在数字媒体生态中,公共数据和非公共数据的界限在何处?人类基于过往的媒介使用行为在互联网环境中留下的各种痕迹,是否可以被第三方重组和再利用?而作为生活在数字时代的普普通通的个体,我们究竟有没有权利将自己留下的痕迹擦除,自主决定自己的"数字生活"?所有这些问题,其实都指向了一个终极诘问:面对人工智能崛起和科技资本主义生产关系的泛化,人类应当如何界定自身,并维系自身完整的"存在"?

　　本章就尝试通过一项思辨性研究,对上述虽抽象但至关重要的问题做出回答。具体而言,本章将辨析"数字痕迹"这一概念的内涵和认识论意义,讨论人工智能技术如何通过强化数字痕迹的生成与再组织

---

① 参见"Global Market Size, Forecast, and Trending Highlights Over 2024–2036," Research Nester, January 17, 2024, https://www.researchnester.com/reports/web-scraping-software-market/5041,2024 年 10 月 14 日访问。

论数字媒体生态：自动化、后人类与行动主义

来重塑人与文化的关系，并在此基础上拓展立法倡议和媒介理论中有关"被遗忘权"的思考。本章期望通过这项研究来丰富我们对数字媒体生态蔓延的文化后果的理解，并据此探讨在"后人类状况"下维护人类"存在权"的行动方案。

一、数字痕迹及其数据化

数字痕迹（digital trace）即行为和事件在互联网空间中留下的记录[①]，是人类行动者与数字媒体生态进行互动的证据。数字痕迹既是数字时代中人类书写其实践史的档案，也是数字技术环境将人类思想和记忆外置化（externalization）的基本形式。

与现实世界中的物理痕迹相比，数字痕迹具有易得性、反擦除和数据化的特征。易得性主要源于用来捕捉和存储数字痕迹的技术装置的遍在性（ubiquity）。在日常生活全面数字化的进程中，各种类型的智能终端成为人们须臾不可离开的基础设施，这使得人的绝大多数公共和私人的活动都会及时地被技术环境记录下来——登录手机应用、接受网站的 cookies 协议、佩戴智能手环、进入楼宇时刷脸……凡此种种，不一而足。[②] 这些数据记录几乎可以涵盖人完整的社会生活，因而让一个与"物理自我"完全平行的"数字自我"的出现成为可能。反擦除源于互联网作为信息储存介质的数字媒介属性。以比特（byte）形式呈现的数字痕迹既不会因流通时间、距离和层级的存在而衰减，也不会在被各种社会力量复制、收集和扩散的过程中失去其原

[①] 参见 Deen Freelon, "On the Interpretation of Digital Trace Data in Communication and Social Computing Research," *Journal of Broadcasting & Electronic Media*, 58(1), 2014, pp. 59-75。

[②] 参见 Carsten Østerlund, Kevin Crowston, and Corey Jackson, "Building an Apparatus: Refractive, Reflective, and Diffractive Readings of Trace Data," *Journal of Association for Information Systems*, 21(1), 2020, pp. 1-22。

始构成要素。这就意味着人一旦在互联网空间中留下痕迹，这一痕迹在理论上就获得了一种永久的可追溯性，成为媒介考古的对象。① 而数据化则源于数字痕迹的政治经济意涵。在全球科技资本主义体系中，网站、应用和平台的本质都是公司，而数据则是这一体系赖以维系的流通货币，是体系内各部门在经济上彼此连通、交换利益的一般性中介。② 毕竟信息是多样且易"挥发"的，而数据才是标准化和高度可控的，故平台必须首先将各种人类行动者留存的痕迹转化为数据，才能实现对用户的商品化。

基于上述特征，数字痕迹在互联网 30 余年的发展历程中累积了令人难以想象的庞大体量。2024 年的统计数据显示：每个互联网用户日均生成大约 143 GB 的数据，仅 Facebook 一个平台日均生成的数据量就达到 420 万 GB（4 PB），搜索引擎巨头谷歌平均每天处理的数据量则高达 2097 万 GB（20 PB）③；由于人工智能和自动化数据分析技术的广泛应用，过去 15 年间全球互联网生成的数据总量以年均超过 30% 的幅度递增，在增速最高的年份甚至达到 150%。④ 这天文数字般的数据量，构成了所有人在数字媒体生中的完整行动档案。在处理技术方面，现有的数据分析模型已经可以实现对绝大多数社交媒体用户性格特点的准确勾勒，其中最重要的一类数字痕迹是用户在不同社交媒体留下的人口统计学资料，对这些资料的刮取和分析能够显著提升

---

① 参见陈氚：《时间、痕迹与网络的考古学——对抗信息遗忘的互联网记忆》，《福建论坛（人文社会科学版）》2019 年第 10 期，第 162—169 页。

② 参见蓝江：《一般数据、虚体、数字资本——数字资本主义的三重逻辑》，《哲学研究》2018 年第 3 期，第 26—33+128 页。

③ 参见"Breaking Down the Numbers: How Much Data Does the World Create Daily in 2024？," March 11, 2024, Edge Delta, https://edgedelta.com/company/blog/how-much-data-is-created-per-day, 2024 年 10 月 14 日访问。

④ 参见 Fabio Duarte, "Amount of Data Created Daily (2024)," Exploding Topics, June 13, 2024, https://explodingtopics.com/blog/data-generated-per-day, 2024 年 10 月 14 日访问。

论数字媒体生态：自动化、后人类与行动主义

行为预测的准确性①，数字痕迹因此成为平台、政府、广告商和数据公司预测人类行为、引导媒介文化的重要凭证。与此同时，绝大多数媒介应用与社交媒体平台的技术配置也都努力使用户数据朝更具"算法辨识度"的方向进行结构化，这又使得数字痕迹日益拥有深刻介入当下的政治、经济和社会秩序的能力。② 此外，数字痕迹由于其具有的持久性及考古学特征，逐渐使人类行动成为一种景观③，这在某种程度上稀释了数字媒介行动主义的文化政治色彩，使之面临被"博物馆化"的风险。对此，两位欧洲学者的观点很有代表性：数字痕迹的生成和存储就是将人类日常行动不断转化为"可机读对象"的过程。④ 因此，与其说数据化的数字痕迹是一种资产（property），不如说它是一种社会性的资本装置。

不过，对于这些痕迹的"主人"，也即普通数字媒体用户来说，这些自己于日常生活中生成的数据却在绝大多数情况下不可见——他们既不清楚自己的媒介使用行为会以何种形式被互联网记录和储存，也无法准确获知自己提供的各类生物与社会信息会在什么情况下被使用。这不单是一个技术或数据素养问题，更折射出一种系统性的遮蔽机制。既有研究表明，数字媒体生态的弥散网络、可计算性和自动化技术构型未能带来预期的信息多元与民主，却反而造就了区隔更精细、环境更不透明的新型监控文化（参见第三章）。因此，在每个人看来，自己的数字痕迹几乎无处不在、难以消除，但这些痕迹的数据化机

---

① 参见 Michele Settanni, Danny Azucar, and Davide Marengo, "Predicting Individual Characteristics from Digital Traces on Social Media: A Meta-Analysis," *Cyberpsychology, Behavior, and Social Networking*, 21(4), 2018, pp. 217-228。

② 参见 Mikkel Flyverbom, and John Murray, "Datastructuring—Organizing and Curating Digital Traces into Action," *Big Data & Society*, 5(2), 2018, pp. 1-12。

③ 参见陆朦朦：《数字空间中的阅读痕迹：类型、意义与影响》，《中国编辑》2021年第9期，第87—91页。

④ 参见 Paško Bilić, and Mislav Žitko, "Personal Data As Pseudo-Property: Between Commodification and Assetization," *European Journal of Communication*, 39(5), 2024, pp. 426-437。

制却是高度不可知的,只能通过后续的媒介经验来判断自己是否遭遇了数据滥用;然而,这又会留下新的痕迹并生成新的数据,反而让自己成为被数字痕迹支配的对象。① 数据不安全感遂在全球范围内弥漫。皮尤研究中心于2023年在美国展开的调查显示,81%的人不清楚自己留存在网络上的信息会被如何处理,73%的人认为自己无法阻挡科技公司随意使用自己的个人数据,81%的人对人工智能被用于收集和分析个人信息持负面态度,而将近60%的人表示自己在点击接受平台或媒体提供的冗长且晦涩的隐私协议之前从未认真阅读过里面的内容。② 人类行动者遍布互联网空间里每个角落的数字痕迹及其转化生成的海量数据已经成为社会焦虑的主要来源。面对这一局面,很多人开始倡导"量化自我",以更激进的方式将自己的身体和生活数据化,以追求对数字文明更高程度的融入③;而另一些人则选择以极简主义作为抗争策略,通过践行一种隐士般的生活逻辑来逃避数据主义对媒介经验的改造。

数字痕迹是当代媒介文化最重要的物质载体之一,它重新界定了人类实践与历史进程之间的关系。一方面,数字痕迹的堆叠、层累和数据化如厚重的外壳一般包裹着全人类的数字生活,不仅将行动与记忆隔绝开来,更为每一个人创建了独一无二的历史监控档案。不同于那些由印刷品记录、由图书馆保存的档案,数字痕迹的档案无须一个庞大而昂贵的保障制度维系,它们极为自然和有机地存身在属于自己的角落,随时欢迎一切到访者的阅读、解释和改写。因此,数字时代的

---

① 参见 Matthias Hoffmann, and Annett Heft, "'Here, There and Everywhere': Classifying Location Information in Social Media Data-Possibilities and Limitations," *Communication Methods and Measures*, 14(3), 2020, pp. 184—203。

② 参见 Colleen McClain, et al., "How Americans View Data Privacy," Pew Research Center, October 18, 2023, https://www.pewresearch.org/internet/2023/10/18/how-americans-view-data-privacy/, 2025年7月9日访问。

③ 参见俞立根、顾理平:《隐私何以让渡:量化自我与私人数据的日常实践》,《苏州大学学报(哲学社会科学版)》2024年第2期,第172—181页。

论数字媒体生态：自动化、后人类与行动主义

人类实践史既不由人类自己书写，也不由任何单一的机构或实体讲述，而是成为整个数字媒体生态与其全部行动者动态交互、协同生成的产物。另一方面，在互联网的世界里，数字痕迹成为与其对应的行动曾经发生的唯一乃至永久的凭证，这就在理论上将"遗忘"这种对于人的自主和自由而言至关重要的文化机制抹除了，建立起了永恒的"记忆政体"，并在这一过程中不断强化人有关自身存在的不朽感的幻觉。① 遗忘对于文化的有机性和秩序感的维系不可或缺，它如同人类行动与社会规范之间的道德缓冲区，灵活调适着"惩戒"与"宽恕"之间的关系，避免文化完全成为意识形态。② 在失去被遗忘的权利后，人自主规划自身存在的空间变得极为逼仄，不仅被不断褫夺对过往行动做出反思和纠正的选择权，而且要时刻面临一个被历史的幽灵不断困扰的未来——过去留下的痕迹会持续消解以后所做决定的合法性，且这些痕迹及其承载的历史也会处于永恒的监视之中。尽管在漫长的文明历史中，人类从来未曾实现独立、完整地界定自己，但在这个被无尽的数字痕迹所包裹的新世界里，人的存在竟成为一个自动且持续性自我否定的时间悖论。

二、人工智能重写人与文化的关系

如果说数字媒体生态对数字痕迹的生成、存储和展示为人类存在赋予了一种新的悖论形式，那么人工智能作为关键技术类行动者的崛起则通过对数字痕迹的配置和再组织重写了人与文化的关系。作为一个伞状概念，人工智能所包含的对象广泛而复杂；但对于当代媒介文化的构成而言，有三种具体的技术类型发挥了至关重要的作用：推

---

① 参见 Susannah Radstone, and Katharine Hodgkin, "Regimes of Memory: An Introduction," in Susannah Radstone, and Katharine Hodgkin, eds., *Regimes of Memory*, Routledge, 2003, pp. 1-22。

② 参见 Marc Augé, *Oblivion*, University of Minnesota Press, 2004。

荐算法、社交机器人,以及大语言模型。

  推荐算法(recommendation algorithms)是当下媒体机构所广泛应用的信息分发技术,目前已成为数字媒体生态中新闻流通、关系构建与经验生成的基本架构。① 算法内置于绝大多数应用和平台的技术构型(technological figuration)之中,可以自动收集、实时分析用户与界面进行交互时产生的各种数据,据此为每个用户生成独一无二的画像,并将其运用于后续的个性化信息推送和精准营销之中。因此,智能推荐算法是自动化数据刮取的技术基础,它让数据的收集和分析超越人力的极限,并令人类行动产生的数据拥有了脱离人类身体,继而将人的存在"它异化"的可能。② 在数字媒体生态的演化逻辑中,算法既是一种技术配置,也标识着一种文化趋势,那就是:一切信息只有在自身能够被算法识别、捕捉和诠释的前提下,才能获得意义。一种认知优先性等级体系自此确立起来。在这一等级体系中,那些结构化程度高、可计算性强、具有自我复述(self-iteration)机制的话语和行动因高度贴合算法的运作原理而被赋予高度的可见性;相反,那些间接的、隐喻的以及内省式的实践则往往因难以被算法数据化而被放逐至意义的荒原。澳大利亚学者保罗·道森(Paul Dawson)用"涌现叙事"(emergent storytelling)这一概念来描述借助算法机制产生全球影响力的标签运动,它指的是行动者围绕突发公共事件进行反复的、程式化的故事讲述活动,其潜在的目标就是赋予千差万别的私人叙事以数据化的势能,从而让自己的行动成功吸引算法的注意力。③ 借助数字媒体用户作为情感公众的集体文化特征,自我算法化的媒介行动可以实

---

  ① 参见杨洸、佘佳玲:《新闻算法推荐的信息可见性、用户主动性与信息茧房效应:算法与用户互动的视角》,《新闻大学》2020年第2期,第102—118+123页。

  ② 参见蒋晓丽、钟棣冰:《智能传播时代人与算法技术的关系交迭》,《新闻界》2022年第1期,第118—126页。

  ③ 参见 Paul Dawson, "Hashtag Narrative: Emergent Storytelling and Affective Publics in the Digital Age," *International Journal of Cultural Studies*, 23(6), 2020, pp. 968-983。

论数字媒体生态：自动化、后人类与行动主义

现对一种体验性真实（experiential truth）的营造。①

社交机器人是活跃于数字媒体生态中的各种类型的拟人智能体的统称，它们通常由专门的算法直接控制，被用于在各种类型的媒体平台上自动发布内容和输出观点。与作为信息分发一般性架构的推荐算法不同，社交机器人的应用往往有着明确的意图：通过"扮演"人类用户以获取利益、施加影响或干预舆论。在数字媒体生态开放和离散结构的支持下，社交机器人的规模和仿真程度往往超出人们的想象。据估算，在 Instagram 超过 20 亿的月活用户中，有大约 10% 是社交机器人，它们不但能够如人类用户一样发布"原创性"内容，而且可以与人类用户进行基本的交流②；《中国新闻周刊》于 2022 年展开的调查显示，一个普通人仅需花费 760 元，就能购买 10 万微博"僵尸粉"、获得 2 万点赞数以及 1 万转发数，揭示了网络水军产业链条的巨大规模③；而现有研究表明，在新冠肺炎疫情、俄乌冲突等全球性公共事件中，社交机器人已经体现出高度协调一致的"机器行为学"特征，尤其在充当意见领袖、扩大流通中心节点影响力、制造沉默的螺旋效应等方面具有人类行动者难以比拟的优势④。社交机器人在数字媒体生态中的几何式增殖和高度拟人的行动特征，挑战了我们对于"文化作为有意义的日常经验"的理解，持续消解着人类实践的独异性：一方面，建基于人类复杂语言机能的文化创衍与阐释模式被单线程、任务式的机器逻辑取代，我们在难以分辨"人类痕迹"和"机器痕迹"的同时也

---

① 参见田浩：《数字媒体生态下体验真实观的生成与阐释》，《学习与探索》2024 年第 5 期，第 161—168 页。

② 参见 Gregory Taslaud, "Instagram Bots: Should You Use Automation in 2023?," INSG, September 4, 2023, https://www.insg.co/en/use-instagram-bots/, 2024 年 10 月 14 日访问。

③ 参见苑苏文：《760 元推动一次网暴：起底"水军产业链"》，中国新闻网，2022 年 11 月 11 日, https://www.chinanews.com.cn/sh/2022/11-11/9892238.shtml, 2024 年 10 月 14 日访问。

④ 参见张洪忠、王競一：《社交机器人参与社交网络舆论建构的策略分析——基于机器行为学的研究视角》，《新闻与写作》2023 年第 2 期，第 35—42 页。

将不可避免地失去有关自身文化实践的完整历史；另一方面，社交机器人的行动也加速了整个数字媒体生态的数据主义倾向，其作为"数据主体"渐渐获得与人类主体极为相似的能动性和目的论意图，并完全有可能因持续的人机交互而被人类行动者内化为自身主体性的一部分，最终导致一种"液态监视环境"的形成。①

至于大语言模型，则指拥有机器学习和自然语言处理能力的智能模型。大语言模型通过自我监督式地反复学习不同事物和概念之间的统计学关系（statistical relationships）来实现对于现实世界的物理规律与因果律的理解，从而能够自动生成合乎人类文化惯习与规范的多模态信息。OpenAI推出的ChatGPT已在人们日常的工作与生活领域得到广泛应用，其引领的自动化媒介生产趋势不仅重塑了全球传媒业态，而且引发了大规模的社会认知效应。研究显示，越来越多的人开始将ChatGPT这样成熟的大语言模型默认为"半人类"（seli-humans），因为他们无法通过其生成的内容产品来区分其技术特征与社会特征。② 而2024年年初问世的文生视频大语言模型Sora已经进化出了与人类想象力极为相似的机能，可以在完全无须人力干预的情况下建构起符合包括模仿、拟像和仿真三个层次的"超真实"虚拟世界。资料显示，目前技术最尖端的大语言模型已经拥有高度精细的句法（syntax）、语义（semantics）和本体（ontologies）规则，以及由输入数据资源导致的文化偏见，其在构成原理上已经与人类语言十分相似。③ 与社交机器人的意图性生产不同，大语言模型的文化创衍方式是"润物无声"的，我们无法在认识论意义上区分它留下的痕迹究竟是否或在

---

① 参见赵海明、郭小安：《液态监视情景中数字身体的技术宰制与自主性之辨》，《新闻界》2023年第6期，第62—72页。
② 参见Abdulrahman Essa Al Lily, et al., "ChatGPT and the Rise of Semi-Humans," *Humanities and Social Sciences Communications*, 10(626), 2023, pp. 1-12.
③ 参见Anthony Alcaraz, "Leveraging Ontologies and Language Models for Accurate Question Answering," Medium, May 22, 2024, https://medium.com/codex/leveraging-ontologies-and-language-models-for-accurate-question-answering-de41056c370f, 2024年10月14日访问。

多大程度上可被视为人类行动者的数字痕迹——毕竟大语言模型不会无中生有地创造文化,它生成的全部内容都来源于对人类既有数字痕迹的学习。正是在这个意义上,大语言模型实现了对以数据方式存在的数字痕迹的重新组织和再结构化。在这一过程中,原始数字痕迹的历史被擦除,高度仿真的"半人类"数字痕迹在不间断的"自创生"中以机器逻辑书写媒介文化的全新历史。① 至于数字媒体生态下的人,则被困在数据监视和意义虚无的夹缝之间,徒劳地尝试用新的数字痕迹来佐证自己的存在,最终的结果却不过是为大语言模型提供新的养料。

总而言之,人工智能的崛起让原本只是作为人类行动外置化证据和监控档案的数字痕迹成为一场大规模存在危机的表征:数字痕迹本应被用于确证自己在数字媒体生态中的存在,如今却因推荐算法的数据转化、社交机器人的意图性操纵和大语言模型的重新历史化而成为对人类存在的本质(活在世上、创造意义)的嘲弄。因此,唯有将抹除自己留存的数字痕迹视为数字时代的一项基本人权,并围绕其展开观念和制度建设的行动,方能实现对人类作为文明和历史主体的重申。正是对人工智能崛起背景下数字痕迹的内涵与认识论意义的上述思考,将我们引导至被遗忘权这一概念的面前——它将成为我们纾解人工智能时代的人类存在危机的关键线索。

三、对被遗忘权的媒介文化解读

在全世界范围内,被遗忘权首先作为一种立法倡议被把握,它指的是人将自己的个人信息从互联网环境中抹除的权利。

在法理上,数字时代的被遗忘权主要源于欧洲的人权法传统。例如,英国制定的《1974 年罪犯前科消除法》(Rehabilitation of Offenders

---

① 参见 Jaime Cárdenas-García, "Info-Autopoiesis and the Limits of Artificial General Intelligence," *Computers*, 12(5), 2023, pp. 1-16。

Act 1974)就明确了人不应因过去的行为而承受永久污名的基本原则,因此公共信息档案中有关个人行动的记录都应视具体情况而有特定的保存时限。法国议会开风气之先,于 2010 年正式提出被遗忘权的立法理念,并将其界定为互联网时代的一项基本人权。2014 年 5 月 15 日,欧洲法院在对著名的"谷歌西班牙公司和谷歌公司诉西班牙数据保护局和冈萨雷斯案"的判决中,援引法国议会对被遗忘权的界定,裁定普通人有权利要求网络搜索引擎将其个人信息从公开可见的网络页面移除,并明确规定公权力可以在搜索引擎服务提供者拒绝上述要求的情况下介入。此后,全球各大互联网公司(大多数总部位于美国)不得不更改其面向欧盟用户的数据和隐私条例,设立比其他地区远为严格的信息处理标准。① 2018 年 5 月,欧盟《通用数据保护条例》(General Data Protection Regulation)正式生效,并在全世界范围内激发了有关数字时代的尊严、言论与隐私等问题的持续讨论。② 在中国,2021 年通过的《中华人民共和国个人信息保护法》中有关的规定被视为实现被遗忘权的一种手段,不少中国法律学者认为被遗忘权应当是一项正当、独立的人格法益。③

从文化理论的角度看,被遗忘权的认识论根基是一种人本主义的理念,即人有免于因自己过去的特定行为而受到持续性或周期性污名化,进而自主地决定生活应如何发展的权利④。因此,将被遗忘权视为一项数字媒体生态下的基本人权,在本质上是对人类界定其自身存在

---

① 参见 Frances Robinson, Sam Schechner, and Amir Mizroch, "EU Orders Google to Let Users Erase Past," The Wall Street Journal, May 13, 2014, https://www.wsj.com/articles/SB10001424052702303851804579559280623224964, 2024 年 10 月 14 日访问。

② 参见令倩、王晓培:《尊严、言论与隐私:网络时代"被遗忘权"的多重维度》,《新闻界》2019 年第 7 期,第 74—82 页。

③ 参见王苑:《中国语境下被遗忘权的内涵、价值及其实现》,《武汉大学学报(哲学社会科学版)》2023 年第 5 期,第 162—172 页。

④ 参见 Alessandro Mantelero, "The EU Proposal for a General Data Protection Regulation and the Roots of the 'Right to Be Forgotten'," Computer Law & Security Review, 29(3), 2013, pp. 229-235.

论数字媒体生态：自动化、后人类与行动主义

方式的历史与逻辑合法性的尊重。作为一种文化理念，被遗忘权强调人对自己过往留存的一切数字痕迹拥有毋庸置疑的所有权，同时坚定地将"记忆政体"政治化——在互联网的世界里，"谁能被记忆"与"谁能被遗忘"从来不是简单的个体选择问题，而是关乎整个数字媒体生态的技术逻辑与权力结构。[①]

被遗忘权能够通过打破现实世界权力结构和互联网世界权力结构间的"次元壁"的方式，阻断数字媒体生态的"自创生"机制，削弱数据主义意识形态赖以维系的技术文化架构的影响。被遗忘权的倡导者主张法律乃至公权力介入高科技公司与人类行动者之间的关系，以现实世界的制度性权力运作"法则"干预互联网世界的惯习式权力运作"规则"，从而实现对数字痕迹的自动化捕捉、记录、存储过程的严格监测，以及对数字痕迹的数据化、商业化和政治化机制的破坏。被遗忘权绕开有关个人数据处理的具体流程的烦琐规定，直接从"基本人权"的角度出发，在本体论意义上否定了平台、算法公司和搜索引擎与所有人类行动者共享数字痕迹支配权的"惯例"，明确了各种技术类行动者对于人类用户数据的使用权源于人类用户对个人数据所有权的让渡这一法理依据，进而毫不含糊地申明了人类在任何时候都理应拥有完整"数字存在"的价值理想。正如有研究者指出的，面对人工智能无与伦比的模仿和学习能力，"记忆"已经不是将人和机器区分开来的凭证，"遗忘"才是。[②] 因此，人类必须掌握"遗忘的艺术"并围绕其实践积极探索干预性的行动方案，如此才有可能避免自身真正的"记忆"——整个人类文明的历史——被机器逻辑擦除的命运。

---

① 参见 Elizabeth Stainforth, "Collective Memory or the Right to Be Forgotten? Cultures of Digital Memory and Forgetting in the European Union," *Memory Studies*, 15(2), 2022, pp. 257–270。

② 参见 Eduard Fosch Villaronga, Peter Kieseberg, and Tiffany Li, "Humans Forget, Machines Remember: Artificial Intelligence and the Right to Be Forgotten," *Computer Law & Security Review*, 34(2), 2018, pp. 304–313。

此外，被遗忘权还能够通过持续的立法和文化实践不断消解技术乌托邦主义的神话，促使人类行动者保持对数字痕迹的物质与政治经济属性的清醒认知，推动人类媒介行动始终朝向自主、自洽的主体性文化理想发展。作为全球高科技公司用于掩盖其剥削本质的"加利福尼亚意识形态"①，技术乌托邦主义鼓吹人类社会的一切结构性不平等都可以在技术进步中解决。这一话语尝试以"落后—进步"的简单历史二元论和解决主义（solutionism）的实用行动哲学来回应极为复杂的、在本质上具有"现实主义反对称性的"（realistic antisymmetric）社会结构②，从而让越来越多的人心甘情愿地让渡自己的数据主权、默许平台和算法将自己过往的媒介行动转化为科技资本的生产资料。对此，英国社会学家艾芙琳·鲁伯特（Evelyn Ruppert）和安金·伊辛（Engin Isin）的后殖民主义批评有着可贵的启发意义：他们将数字痕迹的数据化和档案化视为当代人类的心智、灵魂、身体和生活空间被数据暴政不断捕获的过程，数字媒体生态通过自动化数据处理系统实施文化操纵的原理与19世纪欧洲帝国通过有效的人口统计数据收集和分析机器维系殖民统治的原理有异曲同工之处。③ 而被遗忘权完全可以是人类行动者对"数据帝国"进行抵抗的合法性依据，它提醒每一个人时刻关注由自己生成却不完全由自己支配的数字痕迹的物质性、政治经济特征，以及被操纵的危险。人只有始终保持对被遗忘权这一基本人权的笃定认知，才能真正看清遍布互联网世界且仍在一刻不停堆叠的数字痕迹中隐藏着多么深刻的存在危机，并通过集体努力来探索在日益"后人类"的数字媒体生态下捍卫人类自足历史主体性的行动方案。

---

① 参见 Richard Barbrook, and Andy Cameron, "The Californian Ideology," *Science as Culture*, 6(1), 1996, pp. 44-72。

② 参见 Yu-Xiao Dai, and Su-Tong Hao, "Transcending the Opposition between Techno-Utopianism and Techno-Dystopianism," *Technology in Society*, 53(1), 2018, pp. 9-13。

③ 参见 Evelyn Ruppert, and Engin Isin, "Data's Empire: Postcolonial Data Politics," in Didier Bigo, Engin Isin, and Evelyn Ruppert, eds., *Data Politics: Worlds, Subjects, Rights*, Routledge, 2019, pp. 207-227。

四、"被遗忘"的认识论价值

全球媒介生态的数字化和智能化是既成事实的历史趋势,对此人力无法阻挡。在这样的技术架构中,人类实践的一切痕迹都会被记录、保存和数据化,这也是当代信息文明演化的基本规律。人工智能作为关键媒介行动者的崛起,塑造了全球数字媒体生态的日益自动化、非历史和后人类的结构特征,人类日益失去对自身存在的历史进行界定的能力,使数字痕迹的文化政治效应溢出人类主体性范畴,甚至"反客为主"地对其创造者实施监控。正是在这样的背景下,"被遗忘权"成为需要每一个人坚守和捍卫的基本人权,它为现实世界的权力机制对数字不平等结构介入以及技术乌托邦主义在人类普遍认知中的祛魅提供了坚实的合法性。

当然,即使是在立法实践中成功彰显了人本主义认识论价值的被遗忘权,也不可能阻挡数字痕迹的几何式增殖和人工智能对日常生活的去历史化改造。如同以"断舍离"为行动方案的数字戒断一样,对被遗忘权的实践也至多是人类个体出于精神健康诉求做出的"消极抵抗",不但难以对强大而隐蔽的机器逻辑构成根本性挑战,而且也时刻面临着被科技资本主义商品化的可能。[①] 尽管如此,我们仍应努力提升被遗忘权在社会生活组织和社会秩序建设中的重要性,因为它能够帮助人类克服深刻烙印在自我认知结构中的"被记忆"的那耳喀索斯情结[②],坚定地走出文化循证主义的认知舒适区,以"相忘于网络"的方式拆除媒介生态借由数字痕迹加诸自身的监控装置,以期最终实现对自足的历史主体的复归。

[①] 参见常江:《当"断联"成为奢侈品:数字戒断的媒介文化想象》,《西南民族大学学报(人文社会科学版)》2023年第9期,第119—129页。

[②] 参见 Richard Sennett, "Narcissism and Modern Culture," *October*, 4(1), 1977, pp. 70-79.

天文学家卡尔·萨根(Carl Sagen)曾这样理解人类的存在:"我们是谁？我们不过是生活在某星系一颗乏味且普通的行星上的不知名物种;而在我们存在的这个被遗忘的角落之外,则是有着比全人类数量更多的星系的壮观宇宙。"①在足够大的文明尺度上,人类所留存的一切痕迹——物理的或数字的——最终都会成为我们无法想象的宏阔时空的一个"被遗忘的角落"。或许正是在这个意义上,"被遗忘"比"被记忆"更加崇高——后者终究是对自身媒介投影的物恋,而前者才是对人类存在初始意义的接纳和效忠。

---

① 参见 Howard Smith, "Questioning Copernican Mediocrity: Modern Astrophysics Can Intimate Our Cosmic Significance," *American Scientist*, 105(4), 2017, pp. 232-239。

参 考 文 献

Abid, Abubakar, Maheen Farooqi, and James Zou, "Large Language Models Associate Muslims with Violence," *Nature Machine Intelligence*, 3(6), 2021, pp. 461-463.

Ajana, Btihaj, "Digital Health and the Biopolitics of the Quantified Self," *Digital Health*, 3(1), 2017, pp. 1-18.

Alley, Ronald, *Henri Rousseau: Portrait of a Primitive*, Chartwell, 1978.

Allinson, Robert, "Do We Need a New Enlightenment for the 21st Century?," *Dialogue and Universalism*, 32(1), 2022, pp. 5-18.

Althusser, Louis, *On Ideology*, Verso Books, 2020.

Anderson, C. W., "Practice, Interpretation, and Meaning in Today's Digital Media Ecosystem," *Journalism & Mass Communication Quarterly*, 97(2), 2020, pp. 342-359.

Anderson, Susan, "Asimov's 'Three Laws of Robotics' and Machine Metaethics," *AI & Society*, 22(4), 2008, pp. 477-493.

Andrejevic, Mark, et al., "Automated Culture: Introduction," *Cultural Studies*, 37(1), 2023, pp. 1-19.

Aouragh, Miriyam, and Paula Chakravartty, "Infrastructures of Empire: Towards a Critical Geopolitics of Media and Information Studies," *Media, Culture & Society*, 38(4), 2016, pp. 559-575.

Araujo, Theo, et al., "In AI We Trust? Perceptions about Automated Decision-Making by Artificial Intelligence," *AI & Society*, 35(1), 2020, pp. 611-623.

Archer, Louise, "'Between Authenticity and Pretension': Parents', Pupils' and Young Professionals' Negotiations of Minority Ethnic Middle-Class Identity," *The Sociological Review*, 60(1), 2012, pp. 129-148.

Arendt, Hannah, *Lectures on Kant's Political Philosophy*, University of Chicago Press, 1982.

Augé, Marc, *Oblivion*, University of Minnesota Press, 2004.

Aylsworth, Timothy, and Clinton Castro, "Is There a Duty to Be a Digital Minimalist?," *Journal of Applied Philosophy*, 38(4), 2021, pp. 662-673.

Bail, Christopher, et al., "Exposure to Opposing Views on Social Media Can Increase Political Polarization," *Proceedings of the National Academy of Sciences*, 115(37), 2018, pp. 9216-9221.

Barbrook, Richard, and Andy Cameron, "The Californian Ideology," *Science as Culture*, 6(1), 1996, pp. 44-72.

Barnidge, Matthew, "Exposure to Political Disagreement in Social Media Versus Face-to-Face and Anonymous Online Settings," *Political Communication*, 34(2), 2017, pp. 302-321.

Baron, Naomi, "Reading in a Digital Age," *Phi Delta Kappan*, 99(2), 2017, pp. 15-20.

Bartmanski, Dominik, and Ian Woodward, "The Vinyl: The Analogue Medium in the Age of Digital Reproduction," *Journal of Consumer Culture*, 15(1), 2015, pp. 3-27.

Baudrillard, Jean, *Simulacres et Simulation*, Galilée, 1981.

Beagle, Donald, "From Walled-Garden to Wilderness: Publishing in the Digital Age," *Against the Grain*, 25(3), 2013, pp. 22-23.

Belting, Hans, and Dietmar Kamper, eds., *Der zweite Blick: Bildgeschichte und Bildreflexion*, Fink, 2000.

Bennett, Tony, "Habitus Clivé: Aesthetics and Politics in the Work of Pierre Bourdieu," *New Literary History*, 38(1), 2007, pp. 201-228.

Bennett, Tony, et al., eds., *Culture, Society and the Media*, Routledge, 2005.

参考文献

Bennett, W. Lance, and Alexandra Segerberg, *The Logic of Connective Action: Digital Media and the Personalization of Contentious Politics*, Cambridge University Press.

Biever, Celeste, "ChatGPT Broke the Turing Test: The Race Is on for New Ways to Assess AI," *Nature*, 619(7971), 2023, pp. 686-689.

Bigo, Didier, Engin Isin, and Evelyn Ruppert, eds., *Data Politics: Worlds, Subjects, Rights*, Routledge, 2019.

Birkner, Thomas, and André Donk, "Collective Memory and Social Media: Fostering a New Historical Consciousness in the Digital Age?," *Memory Studies*, 13(4), 2020, pp. 367-383.

Bitterli, Urs, *Cultures in Conflict: Encounters Between European and Non-European Cultures, 1492-1800*, Stanford University Press, 1989.

Brinkmann, Svend, *The Joy of Missing Out: The Art of Self-Restraint in an Age of Excess*, Polity Press, 2019.

Bourdieu, Pierre, *Distinction: A Social Critique of the Judgement of Taste*, trans. Richard Nice, Harvard University Press, 1984.

Boyer, Robert, "Platform Capitalism: A Socio-Economic Analysis," *Socio-Economic Review*, 20(4), 2022, pp. 1857-1879.

Boym, Svetlana, *The Future of Nostalgia*, Basic Books, 2008.

Brunner, Christoph, Roberto Nigro, and Gerald Raunig, "Post-Media Activism, Social Ecology and Eco-Art," *Third Text*, 27(1), 2013, pp. 10-16.

Buccoliero, Luca, et al., "Twitter and Politics: Evidence from the US Presidential Elections 2016," *Journal of Marketing Communications*, 26(1), 2018, pp. 88-114.

Bucher, Taina, "'Machines Don't Have Instincts': Articulating the Computational in Journalism," *New Media & Society*, 19(6), 2017, pp. 918-993.

Calvo-Rubio, Luis-Mauricio, and José-Luis Rojas-Torrijos, "Criteria for Journalistic Quality in the Use of Artificial Intelligence," *Communication & Society*, 37(2), 2024, pp. 247-259.

Carayannis, Elias, David F. J. Campbell, and Scheherazade S. Reh, "Mode 3 Knowledge Production: Systems and Systems Theory, Clusters and Networks," *Journal of Innovation and Entrepreneurship*, 5(17), 2016, pp. 1-24.

Carey, James W., *Communication as Culture*, Revised Edition: *Essays on Media and Society*, Routledge, 2008.

Carlson, Matt, *Journalistic Authority: Legitimating News in the Digital Era*, Columbia University Press, 2017.

Carlson, Matt, "The Robotic Reporter: Automated Journalism and the Redefinition of Labor, Compositional Forms, and Journalistic Authority," *Digital Journalism*, 3(3), 2015, pp. 416-431.

Carpentier, Nico, "Identity, Contingency and Rigidity: The (Counter-) Hegemonic Constructions of the Identity of the Media Professional," *Journalism*, 6(2), 2005, pp. 199-219.

Carr, Nicholas, *The Shallows: How the Internet Is Changing the Way We Think, Read and Remember*, Atlantic Books, 2010.

Carreiro, Erin, "Electronic Books: How Digital Devices and Supplementary New Technologies Are Changing the Face of the Publishing Industry," *Publishing Research Quarterly*, 26(4), 2010, pp. 219-235.

Carrigan, Mark, and Douglas V. Porpora, eds., *Post-Human Futures: Human Enhancement, Artificial Intelligence and Social Theory*, Routledge, 2021.

Cárdenas-García, Jaime, "Info-Autopoiesis and the Limits of Artificial General Intelligence," *Computers*, 12(5), 2023, pp. 1-16.

Christians, Clifford G., et al., *Normative Theories of the Media: Journalism in Democratic Societies*, University of Illinois Press, 2009.

Clark, Robert, *American Literary Minimalism*, The University of Alabama Press, 2014.

Coddington, Mark, "Clarifying Journalism's Quantitative Turn: A Typology for Evaluating Data Journalism, Computational Journalism, and Computer-Assisted Reporting," *Digital Journalism*, 3(3), 2015, pp. 331-348.

Coleman, Danielle, "Digital Colonialism: The 21st Century Scramble for Africa through the Extraction and Control of User Data and the Limitations of Data Protection Laws," *Michigan Journal of Race and Law*, 24(2), 2019, pp. 417-439.

Cools, Hannes, and Michael Koliska, "News Automation and Algorithmic Transparency in the Newsroom: The Case of *The Washington Post*," *Journalism Studies*, 25(6), 2024, pp. 662-680.

Corcoran, Marlena, "Digital Transformations of Time: The Aesthetics of the Internet," *Leonardo*, 29(5), 1996, pp. 375-378.

Couldry, Nick, *Media, Society, World: Social Theory and Digital Media Practice*, Polity Press, 2012.

Couldry, Nick, and Anna McCarth, eds., *MediaSpace: Place, Scale and Culture in a Media Age*, Routledge, 2004.

Crain, Matthew, "The Limits of Transparency: Data Brokers and Commodification," *New Media & Society*, 20(1), 2016, pp. 88-104.

Crowther, Paul, *Digital Art, Aesthetic Creation: The Birth of a Medium*, Routledge, 2019.

Crowley, David, and David Mitchell, eds., *Communication Theory Today*, Polity Press, 1994.

Dahlgren, Peter, "Media, Knowledge and Trust: The Deepening Epistemic Crisis of Democracy," *Javnost-The Public*, 25(1-2), 2018, pp. 20-27.

Dai, Yu-Xiao, and Su-Tong Hao, "Transcending the Opposition between Techno-Utopianism and Techno-Dystopianism," *Technology in Society*, 53(1), 2018, pp. 9-13.

Dawson, Paul, "Hashtag Narrative: Emergent Storytelling and Affective Publics in the Digital Age", *International Journal of Cultural Studies*, 23(6), 2020, pp. 968-983.

Dayan, Daniel, "Conquering Visibility, Conferring Visibility: Visibility Seekers and Media Performance," *International Journal of Communication*, 7(1), 2013, pp. 137-153.

Deleuze, Gilles, "Post-Scriptum sur Les Sociétés de Contrôle," *L'autre Journal*, 1(1), 1990, pp. 5-12.

Derrida, Jacques, and Bernard Stiegler, *Echographies of Television*, Polity Press, 2002.

Deuze, Mark, "Journalism Studies Beyond Media: On Ideology and Identity," *Ecquid Novi: African Journalism Studies*, 25(2), 2004, pp. 275-293.

Diakopoulos, Nicholas, and Michael Koliska, "Algorithmic Transparency in the News Media," *Digital Journalism*, 5(7), 2017, pp. 809-828.

Dijck, José van, Thomas Poell, and Martijn de Waal, *The Platform Society: Public Values in a Connective World*, Oxford University Press, 2018.

Dilmaghani, Mitra, et al., "Function of Knowledge Culture in the Effectiveness of Knowledge Management Procedures: A Case Study of a Knowledge-Based Organization," *Webology*, 12(1), 2015, pp. 1-21.

Dixon-Román, Ezekiel, "Toward a Hauntology on Data: On the Sociopolitical Forces of Data Assemblages," *Research in Education*, 98(1), 2017, pp. 44-58.

Dooyeweerd, Herman, *A New Critique of Theoretical Thought*, Paideia Press, 1984.

Dowling, David, "The Business of Slow Journalism: Deep Storytelling's Alternative Economies," *Digital Journalism*, 4(4), 2016, pp. 530-546.

Dynel, Marta, "Lessons in Linguistics with ChatGPT: Metapragmatics, Metacommunication, Metadiscourse and Metalanguage in Human-AI Interactions," *Language & Communication*, 93(1), 2023, pp. 107-124.

Eisenstein, Elizabeth, *The Printing Press as an Agent of Change*, Cambridge University Press, 1979.

Erll, Astrid, and Ansgar Nünning, eds., *Cultural Memory Studies: An International and Interdisciplinary Handbook*, Walter de Gruyter, 2008.

Evans, David, Andrei Hagiu, and Richard Schmalensee, *Invisible Engines: How Software Platforms Drive Innovation and Transform Industries*, The MIT Press, 2006.

Fiske, John, *Television Culture*, Routledge, 1987.

Flyverbom, Mikkel, and John Murray, "Datastructuring—Organizing and Curating Digital Traces into Action," *Big Data & Society*, 5(2), 2018, pp. 1-12.

Fortunati, Leopoldina, "Robotization and the Domestic Sphere," *New Media & Society*, 20(8), 2018, pp. 2673-2690.

Franklin, M. I., "Reading Walter Benjamin and Donna Haraway in the Age of Digital

Reproduction," *Information, Communication and Society*, 5(4), 2002, pp. 591–624.

Franklin, Seb, *Control: Digitality as Cultural Logic*, The MIT Press, 2015.

Freelon, Deen, "On the Interpretation of Digital Trace Data in Communication and Social Computing Research", *Journal of Broadcasting & Electronic Media*, 58(1), 2014, pp. 59–75.

Foucault, Michel, "The Eye of Power," *Semiotexte*, 3(2), 1978, pp. 6–19.

Fuchs, Christian, *Digital Capitalism: Media, Communication and Society*, Routledge, 2022.

Gaafar, Rania, "Glitch: Art & Technology: Processing Media Matter," *European Journal of Media Studies*, 9(2), 2020, pp. 421–433.

Garnham, Nicholas, "Contribution to a Political Economy of Mass-Communication," *Media, Culture & Society*, 1(2), 1979, pp. 123–146.

Garnham, Nicholas, *Emancipation, the Media, and Modernity*, Oxford University Press, 2000.

Gaudreault, André, and Philippe Marion, "The Cinema as a Model for the Genealogy of Media," *Convergence*, 8(4), 2002, pp. 12–18.

Gelman, Susan, "Generics in Society," *Language in Society*, 50(4), 2021, pp. 517–532.

Gencarelli, Thomas, "The Intellectual Roots of Media Ecology in the Work and Thought of Neil Postman," *New Jersey Journal of Communication*, 8(1), 2000, pp. 91–103.

Geyer, Felix, "The Challenge of Sociocybernetics," *Kybernetes*, 24(4), 1995, pp. 6–32.

Geyer, Felix, and Johannes van der Zouwen, eds., *Sociocybernetic Paradoxes: Observation, Control and Evolution of Self-Steering Systems*, Sage, 1986.

Ghazawneh, Ahmad, and Ola Henfridsson, "Balancing Platform Control and External Contribution in Third-Party Development: The Boundary Resources Model," *Information Systems Journal*, 23(2), 2013, pp. 173–192.

Gibbons, Michael, et al., *The New Production of Knowledge: The Dynamics of*

Science and Research in Contemporary Societies, Sage, 1994.

Gildart, Keith, et al., eds., Hebdige and Subculture in the Twenty-First Century: Through the Subcultural Lens, Palgrave Macmillan, 2020.

Glaros, Michelle, "The Academy in the Age of Digital Labor," Academe, 90(1), 2004, pp. 42-46.

Gramsci, Antonio, Selections from the Prison Notebooks of Antonio Gramsci, Lawrence and Wishart, 1971.

Gunkel, David, "Communication and Artificial Intelligence: Opportunities and Challenges for the 21st Century," Communication+1, 1(1), 2012, pp. 1-25.

Guzman, Andrea, and Seth C. Lewis, "Artificial Intelligence and Communication: A Human-Machine Communication Research Agenda," New Media & Society, 22(1), 2020, pp. 70-86.

Hafez, Kai, "Journalism Ethics Revisited: A Comparison of Ethics Codes in Europe, North Africa, the Middle East, and Muslim Asia," Political Communication, 19(2), 2002, pp. 225-250.

Hagendorff, Thilo, Sarah Fabi, and Michal Kosinski, "Human-Like Intuitive Behavior and Reasoning Biases Emerged in Large Language Models but Disappeared in ChatGPT," Nature Computational Science, 3(10), 2023, pp. 833-838.

Hall, J. Storrs, Beyond AI: Creating the Conscience of the Machine, Prometheus Books, 2007.

Hand, David, "Aspects of Data Ethics in a Changing World: Where Are We Now?," Big Data, 6(3), 2018, pp. 176-190.

Hansen, Mark B. N., "Media Theory," Theory, Culture & Society, 23(2-3), 2006, pp. 297-306.

Hansen, Miriam, "Why Media Aesthetics?," Critical Inquiry, 30(2), 2004, pp. 391-395.

Haraway, Donna J., When Species Meet, University of Minnesota Press, 2008.

Harcup, Tony, and Deirdre O'Neill, "What Is News? News Values Revisited (Again)," Journalism Studies, 18(12), 2017, pp. 1470-1488.

Harré, Rom, "Wittgenstein and Artificial Intelligence," *Philosophical Psychology*, 1(1), 1988, pp. 105-115.

Hart, P. Sol, Sedona Chinn, and Stuart Soroka, "Politicization and Polarization in COVID-19 News Coverage," *Science Communication*, 42(5), 2020, pp. 679-697.

Hartley, John, and Jason Potts, *Cultural Science: A Natural History of Stories, Demes, Knowledge and Innovation*, Bloomsbury Academic, 2014.

Hauser, Marc D., Noam Chomsky, and W. Tecumseh Fitch, "The Faculty of Language: What Is It, Who Has It, and How did It Evolve?," *Science*, 298(5598), 2002, pp. 1569-1579.

Hayles, N. Katherine, *How We Became Posthuman: Virtual Bodies in Cybernetics, Literature, and Informatics*, The University of Chicago Press, 1999.

Heffernan, Teresa, ed., *Cyborg Futures: Cross-Disciplinary Perspectives on Artificial Intelligence and Robotics*, Palgrave Macmillan, 2019.

Heidegger, Martin, *Being and Time*, Basil Blackwell, 1962.

Helberger, Natali, and Nicholas Diakopoulos, "The European AI Act and How It Matters for Research into AI in Media and Journalism," *Digital Journalism*, 11(9), 2023, pp. 1751-1760.

Hepp, Andrea, *Deep Mediatization*, Routledge, 2020.

Hepp, Andreas, Susan Alpen, and Piet Simon, "Beyond Empowerment, Experimentation and Reasoning: The Public Discourse around the Quantified Self Movement," *Communications*, 46(1), 2021, pp. 27-51.

Hermes, Joke, "Citizenship in the Age of the Internet," *European Journal of Communication*, 21(3), 2006, pp. 295-309.

Hesmondhalgh, David, et al., "Digital Platforms and Infrastructure in the Realm of Culture," *Media and Communication*, 11(2), 2023, pp. 296-306.

Higgins, Dick, "Intermedia," *Leonardo*, 34(1), 2001, pp. 49-54.

Himelboim, Itai, Stephen McCreery, and Marc Smith, "Birds of a Feather Tweet Together: Integrating Network and Content Analyses to Examine Cross-Ideology Exposure on Twitter," *Journal of Computer-Mediated Communication*, 18(2),

2013, pp. 154-174.

Hoffmann, Matthias, and Annett Heft, "'Here, There and Everywhere': Classifying Location Information in Social Media Data-Possibilities and Limitations," *Communication Methods and Measures*, 14(3), 2020, pp. 184-203.

Hohendahl, Peter, "Aesthetic Violence: The Concept of the Ugly in Adorno's Aesthetic Theory," *Cultural Critique*, 60(1), 2005, pp. 170-196.

Hong, Sounman, and Sun Hyoung Kim, "Political Polarization on Twitter: Implications for the Use of Social Media in Digital Governments," *Government Information Quarterly*, 33(4), 2016, pp. 777-782.

Horkheimer, Max, and Theodor Adorno, *Dialectic of Enlightenment: Philosophical Fragments*, Stanford University Press, 2002, pp. 35-62.

Huang, Ying, and Weishan Miao, "Re-Domesticating Social Media When It Becomes Disruptive: Evidence from China's 'Super App' WeChat," *Mobile Media & Communication*, 9(2), 2021, pp. 177-194.

Hutchinson, Jonathon, "Digital First Personality: Automation and Influence within Evolving Media Ecologies," *Convergence*, 26(5-6), 2020, pp. 1284-1300.

Innis, Harold, *The Bias of Communication*, University of Toronto Press, 2008.

Jai, Ben-Ray, and Meng-Fen Shih, "Technology: Limited or Infinite?," *Emerging Media*, 2(1), 2024, pp. 55-69.

Jensen, Klaus, et al., eds., *The International Encyclopedia of Communication Theory and Philosophy*, John Wiley & Son, 2016.

Ji, Ziwei, et al., "Survey of Hallucination in Natural Language Generation," *ACM Computing Surveys*, 55(12), 2023, pp. 1-38.

Jia, Lianrui, David B. Nieborg, and Thomas Poell, "On Super Apps and App Stores: Digital Media Logics in China's App Economy," *Media, Culture & Society*, 44(8), 2022, pp. 1437-1453.

Johnston, Kim A., and Maureen Taylor, eds., *The Handbook of Communication Engagement*, Wiley Blackwell, 2018.

Kahn, Richard, and Douglas Kellner, "Oppositional Politics and the Internet: A Critical/Reconstructive Approach," *Cultural Politics*, 1(1), 2005, pp. 75-100.

Karanasiou, Argyro, and Sharanjit Kang, "My Quantified Self, My FitBit and I: The Polymorphic Concept of Health Data and the Sharer's Dilemma," *Digital Culture & Society*, 2(1), 2016, pp. 123-142.

Karatzogianni, Athina, and Adi Kuntsman, eds., *Digital Cultures and the Politics of Emotion: Feelings, Affect and Technological Change*, Palgrave Macmillan, 2012.

Kaur-Gill, Satveer, "The Cultural Customization of TikTok: Subaltern Migrant Workers and Their Digital Cultures," *Media International Australia*, 186(1), 2023, pp. 29-47.

Kersting, Norbert, ed., *Electronic Democracy*, Barbara Budrich Publishers, 2012.

Kovač, Srećko. "Machines, Logic and Wittgenstein," *Philosophia*, 49(5), 2021, pp. 2103-2122.

Kuriyama, Shigehisa, "The Forgotten Fear of Excrement," *Journal of Medieval and Early Modern Studies*, 38(3), 2008, pp. 413-442.

Kühl, Stefan, *The Nazi Connection: Eugenics, American Racism, and German National Socialism*, Oxford University Press, 1994.

LaMarre, Heather L., and Yoshikazu Suzuki-Lambrecht, "Tweeting Democracy? Examining Twitter as an Online Public Relations Strategy for Congressional Campaigns'," *Public Relations Review*, 39(4), 2013, pp. 360-368.

Langlois, Ganaele, and Greg Elmer, "The Research Politics of Social Media Platforms," *Culture Machine*, 14(1), 2013, pp. 1-17.

Larivière, Vincent, Stefanie Haustein, and Philippe Mongeon, "Big Publishers, Bigger Profits: How the Scholarly Community Lost the Control of Its Journals," *Media Trope*, 5(2), 2015, pp. 102-110.

Latour, Bruno, *We Have Never Been Modern*, trans. Catherinhe Porter, Harvard University Press, 1993.

Lawson, Clive, "Technology and the Extension of Human Capabilities," *Journal for the Theory of Social Behavior*, 40(2), 2010, pp. 207-223.

LeCun, Yann, "Power and Limits of Deep Learning," *Research-Technology Manage-

ment, 61(6), 2018, pp. 22-27.

Lewis, Seth, Andrea L. Guzman, and Thomas R. Schmidt, "Automation, Journalism, and Human-Machine Communication: Rethinking Roles and Relationships of Humans and Machines in News," *Digital Journalism*, 7(4), 2019, pp. 409-427.

Lievrouw, Leah, "Social Media and the Production of Knowledge: A Return to Little Science?," *Social Epistemology*, 24(3), 2010, pp. 219-237.

Lily, Abdulrahman Essa Al, et al., "ChatGPT and the Rise of Semi-Humans", *Humanities and Social Sciences Communications*, 10(626), 2023, pp. 1-12.

Lin, Bibo, and Seth C. Lewis, "The One Thing Journalistic AI Just Might Do for Democracy," *Digital Journalism*, 10(10), 2022, pp. 1627-1649.

Lindell, Johan, "Battle of the Classes: News Consumption Inequalities and Symbolic Boundary Work," *Critical Studies in Media Communication*, 37(5), 2020, pp. 480-496.

Lindell, Johan, and Else Mikkelsen Båge, "Disconnecting from Digital News: News Avoidance and the Ignored Role of Social Class," *Journalism*, 24(9), 2023, pp. 1980-1997.

Lindgren, Mia, and Jason Loviglio, eds., *The Routledge Companion to Radio and Podcast Studies*, Routledge, 2022.

Lindsay, David, "Taming the Internet," *AQ: Australian Quarterly*, 72(2), 2000, pp. 19-20+40.

Lippmann, Walter, *Public Opinion*, Harcourt, Brace and Company, 1922.

Litt, Eden, et al., "What Are Meaningful Social Interactions in Today's Media Landscape? A Cross-Cultural Survey," *Social Media + Society*, 6(3), 2020, pp. 1-17.

Lowe, Gregory, and Charles Brown, eds., *Managing Media Firms and Industries: What's So Special about Media Management*, Springer, 2016.

Luhmann, Niklas, "What Is Communication?," *Communication Theory*, 2(3), 1992, pp. 251-259.

Luhmann, Niklas, *Observations on Modernity*, trans. William Whobrey, Stanford University Press, 1998.

Luhmann, Niklas, *Art as a Social System*, Stanford University Press, 2000.

Lung, Tracey, "The Impacts of E-Publishing and Smart Technology," *Current Trends in Publishing*, 1(1), 2014, pp. 1–10.

Malinowska, Ania, "Demonic Interventions: On Robots as Performing Subjects," *Performance Research*, 26(1–2), 2021, pp. 112–124.

Manovich, Lev, "Computer Vision, Human Senses, and Language of Art," *AI & Society*, 36(4), 2021, pp. 1145–1152.

Mantelero, Alessandro, "The EU Proposal for a General Data Protection Regulation and the Roots of the 'Right to Be Forgotten'", *Computer Law & Security Review*, 29(3), 2013, pp. 229–235.

Margolis, Michael, and Gerson Moreno-Riaño, *The Prospect of Internet Democracy*, Ashgate Publishing Limited, 2009.

McClure, Paul, "'You're Fired', Says the Robot: The Rise of Automation in the Workplace, Technophobes, and Fears of Unemployment," *Social Science Computer Review*, 36(2), 2018, pp. 139–156.

Mccracken, Allison, "Tumblr Youth Subcultures and Media Engagement," *Cinema Journal*, 57(1), 2017, pp. 151–161.

Menke, Manuel, "Seeking Comfort in Past Media: Modelling Media Nostalgia as a Way of Coping with Media Change," *International Journal of Communication*, 11, 2017, pp. 626–646.

Meyer, Philip, "The Limits of Intuition," *Columbia Journalism Review*, 10(2), 1971, pp. 119–125.

Mihailidis, Paul, and Bobbie Foster, "The Cost of Disbelief: Fracturing News Ecosystems in an Age of Rampant Media Cynicism," *American Behavioral Scientist*, 65(4), 2021, pp. 616–631.

Milner, Ryan M., "Pop Polyvocality: Internet Memes, Public Participation, and the Occupy Wall Street Movement," *International Journal of Communication*, 7(1), 2013, pp. 2357–2390.

Min, Seong Jae, *Rethinking the New Technology of Journalism: How Slowing Down*

Will Save the News, The Pennsylvania State University Press, 2022.

Mitchell, W. J. T., *Picture Theory: Essays on Verbal and Visual Representation*, University of Chicago Press, 1994.

Moe, Hallvard, and Ole Jacob Madsen, "Understanding Digital Disconnection beyond Media Studies," *Convergence*, 27(6), 2021, pp. 1584-1598.

Mole, Tom, *The Secret Life of Books: Why They Are More than Words*, Elliot & Thompson, 2019.

Moravec, Vaclav, et al., "Human or Machine? The Perception of Artificial Intelligence in Journalism, Its Socio-Economic Conditions, and Technological Developments toward the Digital Future," *Technological Forecasting and Social Change*, 200(1), 2024, pp. 123-162.

Morozov, Evgeny, *To Save Everything, Click Here: The Folly of Technological Solutionism*, Public Affairs, 2013.

Munster, Anna, *Materializing New Media: Embodiment in Information Aesthetics*, University Press of New England, 2006.

Murthy, Dhiraj, "From Hashtag Activism to Inclusion and Diversity in a Discipline," *Communication, Culture & Critique*, 13(2), 2020, pp. 259-264.

Müller, Philipp, and Anne Schulz, "Alternative Media for a Populist Audience? Exploring Political and Media Use Predictors of Exposure to Breitbart, Sputnik, and Co.," *Information, Communication & Society*, 24(2), 2021, pp. 277-293.

Münker, Stefan, Alexander Roesler, and Mike Sandbothe, eds., *Medienphilosophie*, Fischer, 2003.

Neff, Gina, and Dawn Nafus, *Self-Tracking*, The MIT Press, 2016.

Negroponte, Nicholas, *Being Digital*, Knopf, 1995.

Neilson, Tai, *Journalism and Digital Labor: Experiences of Online News Production*, Routledge, 2021, pp. 105-115.

Newman, Oscar, "Community of Interest," *Society*, 18(1), 1980, pp. 52-57.

Newport, Cal, *Digital Minimalism: Choosing a Focused Life in a Noisy World*, Penguin, 2019.

Ohlsson, Jonas, Johan Lindell, and Sofia Arkhede, "A Matter of Cultural Distinction: News Consumption in the Online Media Landscape," *European Journal of Communication*, 32(2), 2017, pp. 116-130.

Ojo, Adegboyega, and Bahareh Heravi, "Patterns in Award Winning Data Storytelling: Story Types, Enabling Tools and Competences," *Digital Journalism*, 6(6), 2017, pp. 693-718.

Ong, Walter, *Orality and Literacy*, Methuen, 1982.

Østerlund, Carsten, Kevin Crowston, and Corey Jackson, "Building an Apparatus: Refractive, Reflective, and Diffractive Readings of Trace Data", *Journal of Association for Information Systems*, 21(1), 2020, pp. 1-22.

Papacharissi, Zizi, *Affective Publics: Sentiment, Technology, and Politics*, Oxford University Press, 2015.

Parks, Lisa, *Cultures in Orbit: Satellites and the Televisual*, Duke University Press, 2005.

Pendakur, Manjunath, "The New International Information Order after the MacBride Commission Report: An International Powerplay between the Core and the Periphery Countries," *Media, Culture & Society*, 5(3-4), 1983, pp. 395-411.

Plantin, Jean-Christophe, and Aswin Punathambekar, "Digital Media Infrastructures: Pipes, Platforms, and Politics," *Media, Culture & Society*, 41(2), 2019, pp. 163-174.

Plantin, Jean-Christophe, et al., "Infrastructure Studies Meet Platform Studies in the Age of Google and Facebook," *New Media & Society*, 20(1), 2018, pp. 293-310.

Plantin, Jean-Christophe, and Gabriele de Seta, "WeChat as Infrastructure: The Techno-Nationalist Shaping of Chinese Digital Platforms," *Chinese Journal of Communication*, 12(3), 2019, pp. 257-273.

Poell, Thomas, David Nieborg, and José van Dijck, "Phantomization," *Internet Policy Review*, 8(4), 2019, pp. 1-13.

Porlezza, Colin, "The Datafication of Digital Journalism: A History of Everlasting Challenges between Ethical Issues and Regulation," *Journalism*, 25(5), 2023, pp. 1167-1185.

Porlezza, Colin, and Giulia Ferri, "The Missing Piece: Ethics and the Ontological Boundaries of Automated Journalism," *International Symposium on Online Journalism*, 12(1), 2022, pp. 71-98.

Powers, Thomas, ed., *Philosophy and Computing: Essays in Epistemology, Philosophy of Mind, Logic, and Ethics*, Springer, 2017.

Price, Sally, *Primitive Art in Civilized Places*, University of Chicago Press, 2001.

Radsch, Courtney, *Cyberactivism and Citizen Journalism in Egypt: Digital Dissidence and Political Change*, Palgrave Macmillan, 2016.

Radstone, Susannah, and Katharine Hodgkin, eds., *Regimes of Memory*, Routledge, 2003.

Radtke, Theda, et al., "Digital Detox: An Effective Solution in the Smartphone Era? A Systematic Literature Review," *Mobile Media & Communication*, 10(2), 2022, pp. 190-215.

Rajewsky, Irina O., "Intermediality, Intertextuality, and Remediation: A Literary Perspective on Intermediality," *Intermediality*, 6(1), 2005, pp. 43-64.

Rauch, Jennifer, *Slow Media: Why "Slow" Is Satisfying, Sustainable, and Smart*, Oxford University Press, 2018.

Reeves, Byron, and Clifford Nass, *The Media Equation: How People Treat Computers, Television, and New Media like Real People and Places*, Cambridge University Press, 1996.

Reeves, Joshua, "Automatic for the People: The Automation of Communicative Labor," *Communication and Critical/Cultural Studies*, 13(2), 2016, pp. 150-165.

Risius, Marten, et al., "The Digital Augmentation of Extremism: Reviewing and Guiding Online Extremism Research from a Sociotechnical Perspective," *Information Systems Journal*, 34(3), 2024, pp. 931-963.

Rochet, Jean-Charles, and Jean Tirole, "Platform Competition in Two-Sided Markets," *Journal of the European Economic Association*, 1(4), 2003, pp. 990-1029.

Rosa, Hartmut, *Alienation and Acceleration: Towards a Critical Theory of Late-Modern Temporality*, NSU Press, 2010.

Rothe, Dawn, and Victoria E. Collins, "The Illusion of Resistance: Commodification and Reification of Neoliberalism and the State," *Critical Criminology*, 25(1), 2017, pp. 609-618.

Ruse, Michael, *Darwinism as Religion: What Literature Tells Us about Evolution*, Oxford University Press, 2017.

Rush, Michael, *New Media in Late 20th-Century Art*, Thames & Hudson, 1999.

Russell, Adrienne, *Journalism as Activism: Recoding Media Power*, Polity, 2016.

Ryfe, David, "Actor-Network Theory and Digital Journalism," *Digital Journalism*, 10(2), 2022, pp. 267-283.

Sadowski, Jathan, "When Data Is Capital: Datafication, Accumulation, and Extraction," *Big Data & Society*, 6(1), 2019, pp. 1-12.

Sammut, Gordon, Paul Daanen, and Fathali Moghaddam, eds., *Understanding the Self and Others: Explorations in Intersubjectivity and Interobjectivity*, Routledge, 2013.

Santini, Rose, et al., "Making up Audience: Media Bots and the Falsification of the Public Sphere", *Communication Studies*, 71(3), 2020, pp. 466-487.

Sarpong, David, Shi Dong, and Gloria Appiah, "'Vinyl Never Say Die': The Re-Incarnation, Adoption and Diffusion of Retro-Technologies," *Technological Forecasting and Social Change*, 103(3), 2016, pp. 109-118.

Savelyev, Alexander, "Copyright in the Blockchain Era: Promises and Challenges," *Computer Law & Security Review*, 34(3), 2018, pp. 550-561.

Schaffzin, Gabi, "Resolving the Incommensurability of Eugenics and the Quantified Self," *Gnovis*, 18(1), 2017, pp. 3-15.

Schatzki, Theodore R., Karin Knorr Cetina, and Eike von Savigny, eds., *The Practice Turn in Contemporary Theory*, Routledge, 2001.

Schroeder, Ralph, "Towards a Theory of Digital Media," *Information, Communication & Society*, 21(3), 2017, pp. 323-339.

Schultz, Ida, "The Journalistic Gut Feeling: Journalistic Doxa, News Habitus and Orthodox News Values," *Journalism Practice*, 1(2), 2007, pp. 190-207.

Schwarzenegger, Christian, "Personal Epistemologies of the Media: Selective Criticality, Pragmatic Trust, and Competence-Confidence in Navigating Media Repertoires in the Digital Age," *New Media & Society*, 22(2), 2020, pp. 361-377.

Schweitzer, Shane, Kyle S. H. Dobson, and Adam Waytz, "Political Bot Bias in the Perception of Online Discourse," *Social Psychological and Personality Science*, 15(2), 2024, pp. 234-244.

Sennett, Richard, "Narcissism and Modern Culture," *October*, 4(1), 1977, pp. 70-79.

Seth, James, *The Roots of Agnosticism*, Nabu Press, 2012.

Settanni, Michele, Danny Azucar, and Davide Marengo, "Predicting Individual Characteristics from Digital Traces on Social Media: A Meta-Analysis", *Cyberpsychology, Behavior, and Social Networking*, 21(4), 2018, pp. 217-228.

Shao, Chengcheng, et al., "The Spread of Low-Credibility Content by Social Bots," *Nature Communications*, 9(1), 2018, p. 4787.

Sharon, Tamar, and Dorien Zandbergen, "From Data Fetishism to Quantifying Selves: Self-Tracking Practices and the Other Values of Data," *New Media & Society*, 19(11), 2017, pp. 1695-1709.

Sherman, Rose, and Tanya M. Cohn, "Embracing Digital Minimalism: Reduce Technology Use to Reduce Anxiety and Increase Productivity," *American Nurse Journal*, 15(10), 2020, pp. 32-34.

Shin, Dong-Hee, and Frank Biocca, "Health Experience Model of Personal Informatics: The Case of a Quantified Self," *Computers in Human Behavior*, 69(2), 2017, pp. 62-74.

Shinn, Terry, "The Triple Helix and New Production of Knowledge: Prepackaged Thinking on Science and Technology," *Social Studies of Science*, 32(4), 2002, pp. 599-614.

Silva, Jaime, "The Matthew Effect Impacts Science and Academic Publishing by Preferentially Amplifying Citations, Metrics and Status," *Scientometrics*, 126(6), 2021, pp. 5373-5377.

Small, Helen, *The Value of the Humanities*, Oxford University Press, 2013.

Smith, Howard, "Questioning Copernican Mediocrity: Modern Astrophysics Can Intimate

Our Cosmic Significance," *American Scientist*, 105(4), 2017, pp. 232-239.

Smith, Owen, *Fluxus: The History of an Attitude*, San Diego State University Press, 1998.

Smith, Shawn Michelle, and Sharon Sliwinski, eds., *Photography and the Optical Unconscious*, Duke University Press, 2017.

Somdahl-Sands, Katrinka, and John C. Finn, "Media, Performance, and Pastpresents: Authenticity in the Digital Age," *GeoJournal*, 80(6), 2015, pp. 811-819.

Soriano-Ayala, Encarnación, María Bonillo Díaz, andVerónica C. Cala, "TikTok and Child Hypersexualization: Analysis of Videos and Narratives of Minors," *American Journal of Sexuality Education*, 18(2), 2023, pp. 210-230.

Souto, Patricia Nascimento, "E-Publishing Development and Changes in the Scholarly Communication System," *Ciência da Informação*, 36(1), 2007, pp. 158-166.

Spatola, Nicolas, and Karolina Urbanska, "God-Like Robots: The Semantic Overlap between Representation of Divine and Artificial Entities," *AI & Society*, 35(2), 2020, pp. 329-341.

Srnicek, Nick, "The Challenges of Platform Capitalism: Understanding the Logic of a New Business Model," *Juncture*, 23(4), 2017, pp. 254-257.

Stainforth, Elizabeth, "Collective Memory or the Right to Be Forgotten? Cultures of Digital Memory and Forgetting in the European Union," *Memory Studies*, 15(2), 2022, pp. 257-270.

Stambaugh, Joan, "An Inquiry into Authenticity and Inauthenticity in 'Being and Time'," *Research in Phenomenology*, 7(1), 1977, pp. 153-161.

Suciu, Marta-Christina, and Mina Fanea-Ivanovici, "The European Digital Library (Europeana): Concerns Related to Intellectual Property Rights," *Juridical Tribune-Review of Comparative and International Law*, 8(1), 2018, pp. 244-259.

Sunstein, Cass, *Infotopia: How Many Minds Produce Knowledge*, Oxford University Press, 2006.

Swart, Joëlle,et al.,"Advancing a Radical Audience Turn in Journalism. Fundamental Dilemmas for Journalism Studies," *Digital Journalism*, 10(1), 2022, pp. 8-22.

Syvertsen, Trine, and Gunn Enli, "Digital Detox: Media Resistance and the Promise of Authenticity," *Convergence*, 26(5-6), 2020, pp. 1269-1283.

Szeman, Imre, and Timothy Kaposy, eds., *Cultural Theory: An Anthology*, Wiley-Blackwell, 2011.

Taffel, Sy, *Digital Media Ecologies: Entanglements of Content, Code and Hardware*, Bloomsbury Academic, 2019.

Thacker, Jason, and Richard J. Mouw, *The Age of AI: Artificial Intelligence and the Future of Humanity*, Zondervan Thrive, 2020.

Thomas, Alexander, *The Politics and Ethics of Transhumanism*, Bristol University Press, 2024.

Thomas, Suzanne L., Dawn Nafus, and Jamie Sherman, "Algorithms as Fetish: Faith and Possibility in Algorithmic Work," *Big Data & Society*, 5(1), 2018, pp. 1-11.

Tian, Xiaoli, "An Interactional Space of Permanent Observability: WeChat and Reinforcing the Power Hierarchy in Chinese Workplaces," *Sociological Forum*, 36(1), 2020, pp. 51-69.

Toffoletti, Kim, and Holly Thorpe, "Female Athletes' Self-Representation on Social Media: A Feminist Analysis of Neoliberal Marketing Strategies in 'Economies of Visibility'," *Feminism & Psychology*, 28(1), 2018, pp. 11-31.

Törnberg, Petter, "How Digital Media Drive Affective Polarization through Partisan Sorting," *Proceedings of the National Academy of Sciences*, 119(42), 2022, pp. 1-11.

Turiel, Elliot, *The Culture of Morality: Social Development, Context, and Conflict*, Cambridge University Press, 2002.

Tyson, Laura, and John Zysman, "Automation, AI & Work," *Daedalus*, 151(2), 2022, pp. 256-271.

Villaronga, Eduard Fosch, Peter Kieseberg, and Tiffany Li, "Humans Forget, Machines Remember: Artificial Intelligence and the Right to Be Forgotten," *Computer Law & Security Review*, 34(2), 2018, pp. 304-313.

Vincent, Vinod V., "Integrating Intuition and Artificial Intelligence in Organizational

Decision-Making," *Business Horizons*, 64(4), 2021, pp. 425-438.

Vivian, Bradford, *Commonplace Witnessing: Rhetorical Invention, Historical Remembrance, and Public Culture*, Oxford University Press, 2017.

Wallach, Wendell, "Robot Minds and Human Ethics: The Need for a Comprehensive Model of Moral Decision Making," *Ethics and Information Technology*, 12(3), 2010, pp. 243-250.

Wang, Ying, et al., "Lonely, Impulsive, and Seeking Attention: Predictors of Narcissistic Adolescents' Antisocial and Prosocial Behaviors on Social Media," *International Journal of Behavioral Development*, 47(6), 2023, pp. 540-547.

Ward, Stephen J. A., "Journalism Ethics from the Public's Point of View," *Journalism Studies*, 6(3), 2005, pp. 315-330.

Welten, Ruud, "Paul Gauguin and the Complexity of the Primitivist Gaze," *Journal of Art Historiography*, 12(1), 2015, pp. 1-13.

Widholm, Andreas, Kristina Riegert, and Anna Roosvall, "Abundance or Crisis? Transformations in the Media Ecology of Swedish Cultural Journalism over Four Decades," *Journalism*, 22(6), 2021, pp. 1413-1430.

Widmer, Kingsley, "The Primitivistic Aesthetic: D. H. Lawrence," *The Journal of Aesthetics and Art Criticism*, 17(3), 1959, pp. 344-353.

Williams, J. Patrick, and Phillip Vannini, *Authenticity in Culture, Self, and Society*, Routledge, 2009.

Williams, Raymond, *Television: Technology and Cultural Form*, Routledge, 2003.

Wilmer, S. E., "The Spirit of Fluxus as a Nomadic Art Movement," *Nordic Theatre Studies*, 26(2), 2014, pp. 88-97.

Wittgenstein, Ludwig, *Philosophical Investigations*, The Macmillan Company, 1953.

Wittgenstein, Ludwig, *Tractatus Logico-Philosophicus*, Routledge, 1961.

Wolfe, Cary, *What Is Posthumanism?*, University of Minnesota Press, 2010.

Wolfe, Cary, ed., *Zoontologies: The Question of the Animal*, University of Minnesota Press, 2003.

Wood, David, and Torin Monahan, "Platform Surveillance," "Surveillance & Society,

17(1-2), 2019, pp. 1-6.

Zelizer Barbie, "Achieving Journalistic Authority through Narrative," Critical Studies in Mass Communication, 7(4), 1990, pp. 366-376.

蔡骐:《网络虚拟社区中的趣缘文化传播》,《新闻与传播研究》2014 年第 9 期,第 5—23+126 页。

常江:《原子化未来:技术变迁对报纸编辑室文化的重塑》,《编辑之友》2018 年第 10 期,第 62—68 页。

常江:《流媒体与未来的电影业:美学、产业、文化》,《当代电影》2020 年第 7 期,第 4—10 页。

常江:《当"断联"成为奢侈品:数字戒断的媒介文化想象》,《西南民族大学学报(人文社会科学版)》2023 年第 9 期,第 119—129 页。

常江、狄丰琳:《从智能分发到"审美茧房":数字时代的文化公共性反思》,《中国出版》2023 年第 14 期,第 3—10 页。

常江、何仁亿:《新闻生态理论:缘起、演变与前景》,《江西师范大学学报(哲学社会科学版)》2022 年第 2 期,第 101—110 页。

常江、何仁亿:《物质·情感·网络:数字新闻业的流程再造》,《中国编辑》2022 年第 4 期,第 29—35 页。

常江、李思雪:《数字媒体生态下的新闻回避:内涵、逻辑与应对策略》,《南京社会科学》2022 年第 9 期,第 100—109 页。

常江、罗雅琴:《"新闻人":数字新闻生产的主体泛化与文化重构》,《福建师范大学学报(哲学社会科学版)》2023 年第 2 期,第 119—128+171 页。

常江、罗雅琴:《新闻实践的"开放时代":技术成因、结构特征与文化反思》,《中国出版》2024 年第 14 期,第 3—10 页。

常江、潘露:《元伦理的重建:人工智能时代的个人信息隐私问题研究》,《南方传媒研究》2022 年第 4 期,第 46—51 页。

常江、田浩:《从数字性到介入性:建设性新闻的媒介逻辑分析》,《中国编辑》2020 年第 10 期,第 23—28 页。

常江、朱思垒:《从主动受众到情感公众:介入性新闻的技术缘起与文化阐释》,《新闻界》2023 年第 8 期,第 4—13 页。

参考文献

陈昌凤:《人机何以共生:传播的结构性变革与滞后的伦理观》,《新闻与写作》2022年第10期,第5—16页。

陈昌凤:《生成式人工智能与新闻传播:实务赋能、理念挑战与角色重塑》,《新闻界》2023年第6期,第4—12页。

陈昌凤、仇筠茜:《"信息茧房"在西方:似是而非的概念与算法的"破茧"求解》,《新闻大学》2020年第1期,第1—14+124页。

陈昌凤、雅畅帕:《颠覆与重构:数字时代的新闻伦理》,《新闻记者》2021年第8期,第39—47页。

陈昌凤、袁雨晴:《社交机器人的"计算宣传"特征和模式研究——以中国新冠疫苗的议题参与为例》,《新闻与写作》2021年第11期,第77—88页。

陈昌凤、袁雨晴:《智能新闻业:生成式人工智能成为基础设施》,《内蒙古社会科学》2024年第1期,第40—48页。

陈氚:《时间、痕迹与网络的考古学——对抗信息遗忘的互联网记忆》,《福建论坛(人文社会科学版)》2019年第10期,第162—169页。

陈凯宁:《附身的技术:"可穿戴新闻"的生命数据与生活叙事》,《新闻界》2024年第5期,第23—34+45页。

范敬宜:《新闻敏感与文化积累》,《新闻战线》2007年第10期,第26—27页。

方师师:《搜索引擎中的新闻呈现:从新闻等级到千人千搜》,《新闻记者》2018年第12期,第45—57页。

何天平:《可视化、沉浸化与游戏化:数字新闻美学的实践逻辑》,《江西师范大学学报(哲学社会科学版)》2023年第1期,第83—91页。

何天平:《从文本构造到界面连接:生成式人工智能对数字新闻叙事的重塑》,《新闻界》2023年第6期,第13—21+61页。

胡国祥:《"出版"概念考辨》,《武汉大学学报(哲学社会科学版)》2008年第3期,第437—442页。

黄文森:《可供性、扩散、秩序:数字新闻流通的网络》,《新闻与写作》2022年第3期,第24—34页。

黄文森:《创新行动:数字新闻样态的兴起、扩散与主流化》,《新闻与写作》2023年第7期,第35—44页。

论数字媒体生态:自动化、后人类与行动主义

黄文森、廖圣清:《同质的连接、异质的流动:社交网络新闻生产与扩散机制》,《新闻与传播研究》2021年第2期,第18—36+126页。

黄雅兰:《感官新闻初探:数字新闻的媒介形态与研究路径创新》,《新闻界》2023年第7期,第4—12+22页。

黄雅兰、罗雅琴:《可供性与认识论:数字新闻学的研究路径创新》,《新闻界》2021年第10期,第13—20+32页。

姜红、印心悦.:《作为"实践"的新闻——一个后科学知识社会学的视角》,《国际新闻界》2021年第8期,第41—53页。

姜华:《从机械复制到数智传收:论新闻世界的内涵、价值构造与延展》,《新闻界》2024年第3期,第16—27+61页。

蒋晓丽、钟棣冰:《智能传播时代人与算法技术的关系交迭》,《新闻界》2022年第1期,第118—126页。

蓝江:《一般数据、虚体、数字资本——数字资本主义的三重逻辑》,《哲学研究》2018年第3期,第26—33+128页。

李恪:《超文本和超链接》,新星出版社2021年版。

李雪娇、胡泳:《听觉复兴:从"媒介四定律"看中文播客的解构与重构》,《中国编辑》2022年第12期,第77—81+91页。

李泽厚:《人类学历史本体论》,人民文学出版社2019年版。

林颖、谢杭萍:《何以情动:人工智能时代的物体间性逻辑与"人—物"认识论新进路》,《福建师范大学学报(哲学社会科学版)》2024年第4期,第99—110页。

令倩、王晓培:《尊严、言论与隐私:网络时代"被遗忘权"的多重维度》,《新闻界》2019年第7期,第74—82页。

刘国强、蒋效妹:《反结构化的突围:网络粉丝社群建构中情感能量的动力机制分析——以肖战王一博粉丝群为例》,《国际新闻界》2020年第12期,第6—25页。

刘俊:《体验变动不羁的惊颤:科技对视听传媒艺术接受感知的塑造》,《西南民族大学学报(人文社会科学版)》2023年第4期,第148—154页。

刘涛:《社会化媒体与空间的社会化生产——列斐伏尔"空间生产理论"的当代阐释》,《当代传播》2013年第3期,第13—16页。

刘涛:《社会化媒体与空间的社会化生产——列斐伏尔和福柯"空间思想"的批判与对话机制研究》,《新闻与传播研究》2015年第5期,第73—92+127—128页。

刘瑀钒、薛梦珂:《数据化睡眠:数字资本主义语境下的量化自我实践》,《新闻界》2024年第6期,第32—42页。

陆朦朦:《数字空间中的阅读痕迹:类型、意义与影响》,《中国编辑》2021年第9期,第87—91页。

罗力群:《"社会达尔文主义"的由来与争议》,《自然辩证法通讯》2019年第8期,第106—114页。

〔美〕马特·卡尔森、李思雪:《数字新闻流通与数字新闻认识论》,《新闻界》2021年第10期,第4—12+32页。

彭兰:《算法社会的"囚徒"风险》,《全球传媒学刊》2021年第1期,第3—18页。

彭兰:《数字时代新闻生态的"破壁"与重构》,《现代出版》2021年第3期,第17—25页。

彭兰:《如何实现"与算法共存"——算法社会中的算法素养及其两大面向》,《探索与争鸣》2021年第3期,第13—15+2页。

彭兰:《数字新闻业中的人—机关系》,《新闻界》2022年第1期,第5—14+84页。

彭兰:《AIGC与智能时代的新生存特征》,《南京社会科学》2023年第5期,第104—111页。

仇筠茜:《再造信任:数字新闻生态下新闻回避的路径与应对策略》,《新闻与写作》2023年第7期,第16—25页。

任剑涛:《人工智能与社会控制》,《人文杂志》2020年第1期,第33—44页。

宋美杰、刘云:《智能新物种崛起与人机传播模式重构》,《福建师范大学学报(哲学社会科学版)》2023年第5期,第90—100页。

陶文静、张宇昭:《"策略式舞步":加速时代数据新闻生产中的工作节奏创新——基于澎湃美数课栏目的田野考察》,《新闻记者》2023年第3期,第23—38页。

师文、陈昌凤:《社交分发与算法分发融合:信息传播新规则及其价值挑战》,《当代传播》2018年第6期,第31—33+50页。

论数字媒体生态:自动化、后人类与行动主义

隋岩、唐忠敏:《网络叙事的生成机制及其群体传播的互文性》,《中国社会科学》2020年第10期,第167—182+208页。

孙玮:《"视频化社会"的来临——从 ChatGPT 展望媒介通用性变革》,《探索与争鸣》2023年第12期,第55—62+193页。

孙玮、李梦颖:《数字出版:超文本与交互性的知识生产新形态》,《现代出版》2021年第3期,第11—16页。

田浩:《原子化认知及反思性社群:数字新闻接受的情感网络》,《新闻与写作》2022年第3期,第35—44页。

田浩:《数字新闻剧场:情感连接与社区构建》,《中国出版》2022年第22期,第29—35页。

田浩:《数字新闻的美学化:形式创新、文化共生与价值反思》,《江西师范大学学报(哲学社会科学版)》,2023年第1期,第74—82页。

田浩:《文本疗愈:数字新闻业的情感化叙事及其介入性效应》,《新闻与写作》2023年第7期,第26—24页。

田浩:《以亲密关系重塑公共生活:介入性新闻的观念、实践及创新限度》,《新闻界》2023年第8期,第14—23页。

田浩:《从情感卷入到信任调适:新闻回避的日常文化解析》,《中国出版》2023年第14期,第18—24页。

田浩:《重估"情感公众":用户行动与数字新闻研究的链路拓展》,《新闻界》2024年第6期,第13—21页。

田浩:《数字媒体生态下体验真实观的生成与阐释》,《学习与探索》2024年第5期,第161—168页。

田浩、常江:《回归社区与重构真实:剧场新闻的理念与实践》,《中国编辑》2023第Z1期,第105—112页。

王文敬:《数据计算、动态优化、量化自我——论数据化劳动的异化形式及其超越可能》,《自然辩证法研究》2022年第7期,第116—122页。

王晓培:《从技术赋权到平台逻辑:社交媒体舆论极化形成与治理》,《中国出版》2023年第14期,第11—17页。

王晓培:《声色的厚度:数字新闻的感观化实践趋势探析》,《新闻界》2023年第7

期,第 13—22 页。

王昕:《媒体深度融合中的"中央厨房"模式探析》,《现代传播(中国传媒大学学报)》2017 年第 9 期,第 125—129 页。

王苑:《中国语境下被遗忘权的内涵、价值及其实现》,《武汉大学学报(哲学社会科学版)》2023 年第 5 期,第 162—172 页。

吴帮乐:《人工智能终结了个人隐私吗?——从〈咖啡机中的间谍:个人隐私的终结〉谈起》,《科学与社会》2021 年第 2 期,第 79—93 页。

徐笛、胡雅晗:《数字时代记者职业的重新领地化》,《中国出版》2023 年第 16 期,第 15—20 页。

徐笛、梁鹤:《循迹网络:深度造假与新闻真实体制》,《全球传媒学刊》2023 年第 3 期,第 153—169 页。

徐笛、许芯蕾、陈铭:《数字新闻生产协同网络:如何生成、如何联结》,《新闻与写作》2022 年第 3 期,第 15—23 页。

许加彪、梁少怡:《播客复兴:听觉媒介社交化发展的价值优势与理性反思》,《当代传播》2023 年第 3 期,第 103—105+112 页。

徐英瑾:《心智、语言和机器:维特根斯坦哲学和人工智能科学的对话》,人民出版社,2013 年。

杨保军、刘泽溪:《论介质视野中的新闻真实》,《当代传播》2023 年第 3 期,第 4—8+20 页。

杨洸、佘佳玲:《新闻算法推荐的信息可见性、用户主动性与信息茧房效应:算法与用户互动的视角》,《新闻大学》2020 年第 2 期,第 102—118+123 页。

杨洸、邹艳雪:《数字媒体与情感极化:表征、成因与对策》,《新闻界》2023 年第 9 期,第 15—24 页。

杨奇光:《从参与到众包:数字新闻业的开放生产机制与理念衍替》,《新闻界》2023 年第 12 期,第 4—12 页。

杨奇光、王润泽:《数字时代新闻价值构建的历史考察与中西比较》,《新闻记者》2021 年第 8 期,第 28—38 页。

杨章文:《数据拜物教的哲学实质及意识形态批判》,《学术交流》2023 年第 6 期,第 16—30 页。

论数字媒体生态：自动化、后人类与行动主义

俞立根、顾理平：《隐私何以让渡：量化自我与私人数据的日常实践》，《苏州大学学报（哲学社会科学版）》2024年第2期，第172—181页。

臧海群：《后疫情时代社交媒体公共治理和媒介素养的多维建构——以网络亚文化社群冲突为例》，《新闻与写作》2020年第8期，第24—30页。

战迪：《感官转向与联觉生产：数字新闻的美学革命及其文化后果》，《新闻大学》2024年第7期，第15—26+117—118页。

张洪忠、王兢一：《社交机器人参与社交网络舆论建构的策略分析——基于机器行为学的研究视角》，《新闻与写作》2023年第2期，第35—42页。

张梦晗、陈泽：《信息迷雾视域下社交机器人对战时宣传的控制及影响》，《新闻与传播研究》2023年第6期，第86—105+128页。

张一兵：《拟像、拟真与内爆的布尔乔亚世界——鲍德里亚〈象征交换与死亡〉研究》，《江苏社会科学》2008年第6期，第32—38页。

张一兵：《回到胡塞尔：第三持存所激活的深层意识支配——斯蒂格勒〈技术与时间〉的解读》，《广东社会科学》2017年第3期，第37—46+254页。

赵海明、郭小安：《液态监视情景中数字身体的技术宰制与自主性之辨》，《新闻界》2023年第6期，第62—72页。

周莉、陈沐恩：《邂逅"算法时光机"：AI化记忆的技术嵌合与主体逃逸》，《新闻与传播研究》2024年第1期，第67—82+127页。

后　记

本书是我在过去五年中对数字媒体生态理论进行探索和思考的结果。在我看来，"数字媒体生态"这个概念中蕴藏着巨大的认识论和话语潜能，它将革新我们对媒介、信息和文化的一般性理解，也将为整个媒介文化理论的发展提供极为有益的启发。

在研究的过程中，我曾尝试为我所理解的数字媒体生态建立一般性的理论框架，但深思熟虑之后，暂时放弃了这一"野心"。原因有二：第一，作为一个正在发展中的概念，数字媒体生态的非体系性或许正是它巨大的认识论价值的一个来源，很多理论都在初期的"野蛮生长"阶段培育出了令人意想不到的闪光思想；第二，我所观察的全部现象、所归纳的全部规律，在事实上也均处于持续的演化状态之中，数字媒体生态的这种当下经验特征显然彰显了对封闭系统的拒斥和对开放阐释的欢迎。于是，本书就有了它最终的形态。受到福柯和德勒兹的启发，我期望本书在给当代媒介文化理论提供一些新的观念和资料的同时，也能昭示一种与这个嘈杂、流动、挥发的数字时代相匹配的"后系统性"理论化路径的价值。

在写作本书的过程中，我曾将一些阶段性的探讨和结论在新闻传播学和综合性人文社会科学学术期刊上发表。在此，诚挚感谢《现代传播》《南京社会科学》《学习与探索》《福建师范大学学报(哲学社会科学版)》《西北师大学报(社会科学版)》《当代传播》《新闻界》《新闻与写作》《中国编辑》《苏州大学学报(哲学社会科学版)》《现代出版》《信息技术与管理应用》《中国出版》等刊物的编辑老师的批评指正。正是在对这些阶段性成果的修订和提升中,本书才得以最终完成。

深圳大学助理研究员朱思垒,博士后王鸿坤、王雅韵,在读博士生杨惠涵、狄丰琳、罗雅琴等团队伙伴,以不同方式对这项研究给予了有力的协助,谨此表示真诚的谢意。

过去五年中,我还曾受邀赴北京大学、清华大学、复旦大学、中山大学、暨南大学、赫尔辛基大学、日内瓦大学等高校做讲座,在分享自己的理论观点的同时,也得到了这些学校师生同人的大量宝贵意见。对于这些帮助,我同样铭感于心。

此外,哥伦比亚大学的迈克尔·舒德森(Michael Schudson)教授、赫尔辛基大学的陈玉文(Julie Chen)教授、利兹大学的 C. W. 安德森(C. W. Anderson)教授、日内瓦大学的陈亚丽博士等同人为我的思考提供了可贵的跨文化视角,丰富了这项研究的经验维度,让我深感他山之石的珍贵。

最后,特别感谢北京大学出版社一如既往的支持。

常 江

2024 年 10 月 30 日